颐和园须弥灵境建筑群遗址保护与修复工程大修实录

北京市颐和园管理处◎编

文物出版社

图书在版编目（CIP）数据

颐和园须弥灵境建筑群遗址保护与修复工程大修实录 / 北京市颐和园管理处编 . -- 北京 : 文物出版社 , 2023.2
ISBN 978-7-5010-7847-9

Ⅰ . ①颐… Ⅱ . ① 北… Ⅲ . ① 颐和园—古建筑遗址—保护 ② 颐和园—古建筑遗址—修缮加固 Ⅳ . ① TU-87

中国版本图书馆 CIP 数据核字 (2022) 第 206950 号

颐和园须弥灵境建筑群遗址保护与修复工程大修实录

编　　者：北京市颐和园管理处

责任编辑：王霄凡
封面设计：孙　鹏
责任印制：张　丽

出版发行：文物出版社
地　　址：北京市东城区东直门内北小街 2 号楼
网　　址：https://www.wenwu.com
经　　销：新华书店
印　　刷：宝蕾元仁浩（天津）印刷有限公司
开　　本：787mm × 1092mm　1/8
印　　张：32.5
版　　次：2023 年 2 月第 1 版
印　　次：2023 年 2 月第 1 次印刷
书　　号：ISBN 978-7-5010-7847-9
定　　价：560.00 元

编辑委员会

序

2019~2021 年，历时三年的颐和园须弥灵境建筑群遗址保护与修复工程顺利竣工，这是对颐和园文化遗产进行原真性保护和完整性恢复的重要工程项目。为全面、系统地留存工程档案，记录修复内容，呈现修复过程，展示修复细节，深化学术研究，总结工程经验，给文物保护工作者留下一本可资参考的工程记录，北京市颐和园管理处和相关设计单位用近一年时间，整理编写了这本大修实录，我认为很有意义和价值。

须弥灵境建筑群在颐和园建筑格局中的地位非常重要，是万寿山后山的中轴线建筑群。清乾隆十五年（1750 年），乾隆皇帝借整治北京西郊水系和为母祝寿之机，拉开了清漪园（今颐和园）建设的序幕。他下令于万寿山兴建寺庙，为太后祈福延寿——在前山营建大报恩延寿寺建筑群，在后山营建须弥灵境建筑群。须弥灵境建筑群坐南朝北，写仿藏地寺庙桑耶寺，呈汉藏结合式布局。其北部为汉式伽蓝七堂式布局，南部为藏式曼陀罗图式布局，具有极高的历史价值、艺术价值和社会价值。大报恩延寿寺和须弥灵境这两组大型宗教建筑群有效统领了万寿山前、后山的景观格局，是清漪园的景观核心。

不幸的是，咸丰十年（1860 年），英法联军焚掠西郊诸园，须弥灵境建筑群几乎全部被焚毁。光绪十二年（1886 年），清廷重修清漪园，但受时局及财力所限，万寿山后山的建筑几乎全部放弃修复。为庋藏清漪园残存佛像，须弥灵境建筑群中的香岩宗印之阁与南瞻部洲分别被改建为三世佛大殿和山门殿，其他建筑遗迹基本处于荒废状态。昔日富丽堂皇的建筑群历经风雨，已变得破败不堪。20 世纪 80 年代，颐和园对须弥灵境建筑群的藏式部分，即四大部洲、日光和月光殿、八小部洲、四色塔进行了修复；汉式部分的须弥灵境大殿遗址被作为广场使用，配楼基址上改建了单层的功能性值房，三座牌楼中仅慈福牌楼予以复建。

为维护颐和园的核心价值，恢复颐和园历史景观的完整性和真实性，更好地保护与展示须弥灵境建筑群遗址形象，展示中国古典皇家园林的文化魅力，北京市颐和园管理处多年来一直在积极推动须弥灵境建筑群遗址保护和古建筑修复工程项目。经过几代领导班子的持续努力，在国家文物局、北京市文物局、北京市公园管理中心及古建、园林等领域专家的大力支持和指导下，北京市颐和园管理处积极开展工作，联合天津大学、北京市文物研究所（北京市考古研究院）、北京兴中兴建筑设计有限公司、天津大学建筑设计规划研究总院有限公司等科研与设计机构，通过文献档案爬梳、现状测绘调查、考古发掘、复原展示研究，综合考虑乾隆、光绪两个时期的实物遗存及设计空间效果，依据《中华人民共和国文物保护法》《中国文物古迹保护准则》中对古建筑价值阐释、研究、展示方式与展示设施的相关要求，最终提出了将须弥灵境大殿恢复到台明，复建东、西配楼，东、西牌楼遗址保持现状的设计方案。经过十余年的方案完善、专家论证和申报流程，终于在 2018 年完成项目立项批复。

在施工过程中，北京市颐和园管理处依据施工方案和现场情况，严格、规范组织施工，尽最大可能保留文物的历史信息，全面、科学记录。通过这次保护修复项目，须弥灵境建筑群藏式部分的景观意象得以延续，万寿山后山中轴线建筑景观基本得以贯通，成为颐和园后山的景观核心。

在此工程完工之际，北京市颐和园管理处将相关研究和施工过程整理出版，以期为后续的建筑遗产保护与展示工程提供参考和借鉴。

北京市公园管理中心副主任 张亚红

前　言

乾隆十五年（1750年），为解决北京西郊水患，乾隆皇帝通过拓湖、清淤、堆山、修堤、筑岛，营造出山环水绕的景观格局，拉开了清漪园（今颐和园）建设的序幕。为庆贺乾隆十六年（1751年）的皇太后六十寿辰，乾隆皇帝下令在万寿山上广修庙宇，前山以大报恩延寿寺建筑群为核心，后山以须弥灵境建筑群为核心，营造出浓厚的宗教山林气氛。咸丰十年（1860年），英法联军焚掠圆明园，清漪园同时罹难。光绪十二年（1886年），清廷重修清漪园，重点修复环湖的廊、桥、亭、阁等点景建筑。此外，为满足慈禧太后的园居和庆典需求，颐和园东宫门内外还添修了大量功能性附属建筑；前山的大报恩延寿寺建筑群前半部分被改成适合庆典的排云殿建筑群，佛香阁、转轮藏、宝云阁作为宗教建筑予以保留。受时局及财力所限，后山大部分点景建筑未能修复。其中须弥灵境建筑群的香岩宗印之阁与南瞻部洲分别被改建为三世佛大殿和山门殿以庋藏劫后幸存的佛像，其余建筑则未能系统修复。重修的三世佛大殿虽然通过加大进深的平面处理方式，使屋顶高耸，在残存藏式建筑的簇拥下依然是整个建筑群的视觉中心，但已明显气势不足，昔日辉煌不再。民国时期，因疏于管理，后山残存的木构建筑出现不同程度的损坏。20世纪80年代，北京市颐和园管理处根据《中华人民共和国文物保护法》相关要求，经过严格的专家论证，对须弥灵境建筑群的藏式部分（四大部洲、八小部洲、日光和月光殿等）进行了一定程度上的整治和修复。之后又陆续完成了后山买卖街、景明楼、澹宁堂、耕织图景区等建筑的修复工作，对于延续颐和园的历史景观、保护建筑遗存、促进景观的完整性发挥了重要作用。

2009年，舒乙先生提出："北京有不少知名的藏式建筑……这些建筑都有明显的藏式风格，是藏文化在内地传播的不朽见证和永恒载体。"应保护和修复在北京的涉及西藏的历史文物。随后当时的国家主席胡锦涛作出重要批示。北京市文物局旋即组织专家就涉及西藏的古建筑修复保护工作进行了座谈，专家认为颐和园、北海、香山三个文物保护单位的古建筑修缮、复建项目均具有一定的必要性和可行性。颐和园须弥灵境建筑群的修缮与复建工作由此被提上日程。2010年，北京市颐和园管理处率先启动须弥灵境建筑群四大部洲部分建筑的修缮工程，同时分别委托北京市文物研究所与天津大学对须弥灵境建筑群汉式部分进行考古调查、发掘与复原研究。

2010~2017 年，基于现场调研、测绘与资料搜集，以及对须弥灵境建筑群的营建历史、建筑群复原及规划设计进行的深入研究，须弥灵境建筑群遗址保护与修复工程设计方案的编制工作正式展开。《关于古迹遗址保护与修复的国际宪章》(《威尼斯宪章》) 中说：“各个时代为一古迹之建筑物所做的正当贡献必须予以尊重，因为修复的目的不是追求风格的统一。”由于须弥灵境建筑群历经多次修缮、遗迹层次丰富，在对建筑群的现状与遗址价值进行整体评估的基础上，综合环境等各方面的考量，提出将大殿恢复到台明，对两配楼和东、西牌楼进行复建的遗址保护及展示方案，获得专家的一致认同。项目实施过程中，由于东、西两牌楼遗址保护项目与古树保护冲突，经多方商议最终决定取消东、西牌楼的复建工程。

须弥灵境建筑群遗址保护与修复工程于 2019 年 9 月正式启动，2021 年 12 月全面竣工。期间相关部门切实执行《雅典宪章》《关于古迹遗址保护与修复的国际宪章》《中国文物古迹保护准则》等宪章和准则，坚决贯彻文物保护原则，严格遵循传统的施工工艺和施工步骤，最大限度地保留原有建筑信息，保持文物的真实性和完整性。工程相关各部门认真勘察、精心设计、规范施工，并将此次工程的各个环节及工艺技术记录下来，为后续相关文物建筑保护和展示工程提供参考依据。

整个建筑群的保护、展示与环境整治指导思想严格遵循《中华人民共和国文物保护法》和《关于古迹遗址保护与修复的国际宪章》中的相关原则，在对建筑群进行保护展示的同时进行三维激光扫描及历史变迁、营建过程、设计分析等专项研究。希望通过这些科研工作的开展，对遗址本体及其周边景观的保护与展示体系进行探讨，对园林遗址的保护与展示工作经验进行总结，为清代皇家园林遗址保护展示提供参考，同时也为文物建筑工程中信息采集、管理、研究与成果展示的规范化作出贡献。

值此工程告竣，须弥灵境建筑群重新开放之际，北京市颐和园管理处联合天津大学建筑学院将综合研究、勘察设计、施工技术与工程管理相关的初步成果集结成册，敬请各位专家、同行不吝赐教！

北京市颐和园管理处

天津大学建筑学院

2022 年 11 月

目录

第一章

后山中轴线宗教建筑群营缮历史

藏传佛教与清代对西藏的治理密切相关，清初采用“政教分离”的方法，通过与蒙、藏上层合作来确定中央政府对西藏的管辖。至乾隆时期，为维护国家统一，采用“兴黄教”“安蒙古”的政策。颐和园后山中轴线宗教建筑群须弥灵境即是这一政策的产物，同时也是清代国家统一、民族团结的见证。

本章以对须弥灵境建筑群现状的测绘、调查为基础，通过对清宫档案、样式雷建筑图档、历史照片、修缮记录等材料的梳理分析，清晰地展现了须弥灵境建筑群从清漪园时期至今的历史变迁；揭示了建筑群除香岩宗印之阁、南瞻部洲及光绪时期添建值房外，整体格局，尤其是平面布局，完全延续乾隆时期设计的历史事实，为须弥灵境建筑群的保护与展示提供了重要指导。

第一节

肇建——乾隆时期

乾隆九年（1744 年），乾隆皇帝写下《圆明园后记》，昭告后人不再大兴土木[1]，然西湖水患频繁，而宫廷大内供水紧缺，西北郊水系亟须整治。乾隆皇帝在派人考察情况后，选择西湖作为蓄水库，同时汇集西山“伏流”，开河道、设堤闸，使西郊水系连成一脉，开拓后的西湖背倚瓮山，西临玉泉山，东接静宜园、圆明园。乾隆皇帝面对此钟灵毓秀之地，认为“既具湖山之盛，概能无亭台之点缀乎”[2]。于是，乾隆十五年（1750 年），以庆贺翌年皇太后寿辰之名，借整治北京西郊水系之机，乾隆皇帝拉开了清漪园（今颐和园）建设的序幕[3]。

清漪园（颐和园）前、后山中轴线上分别修建了大报恩延寿寺与须弥灵境以统领全局，同时营造出浓厚的宗教氛围，为皇太后祈福延寿。其中须弥灵境建筑群为后山景点总体规划的核心部分，对于控制后山后湖景区有着举足轻重的作用。

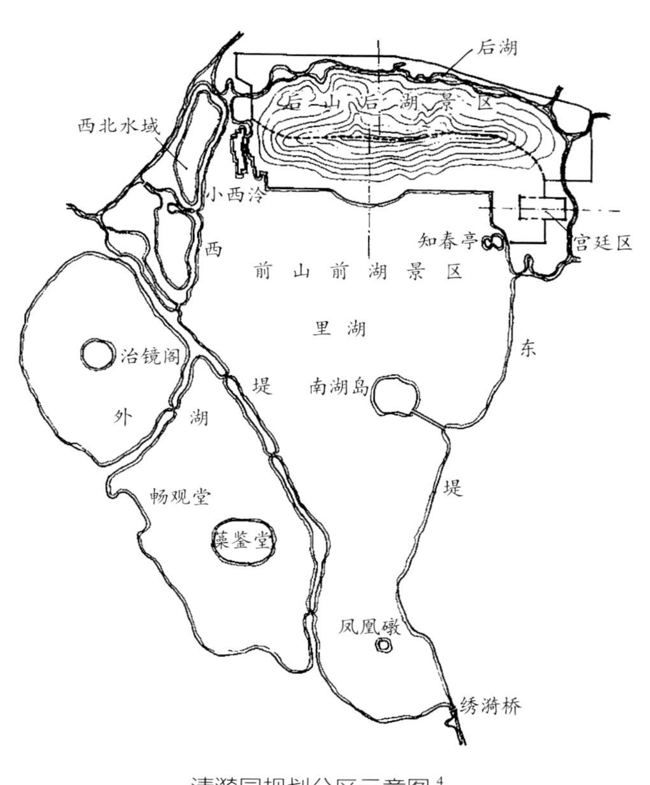

清漪园规划分区示意图[4]

1 “后世子孙必不舍此而重费民力以创建园囿，斯则深契朕发皇考勤俭之心以为心矣。”《清高宗御制文初集》卷四《圆明园后记》，文渊阁《四库全书》内联网版。

2 《清高宗御制文二集》卷十《万寿山清漪园记》，文渊阁《四库全书》内联网版。

3 乾隆皇帝御制诗《万寿山新齐成》中有“济运疏名泉，延寿创刹宇”之句。孙文起等：《乾隆皇帝咏万寿山风景诗》，北京出版社，1992 年，第 11 页。

4 清华大学建筑学院：《颐和园》，中国建筑工业出版社，2000 年，第 52 页。

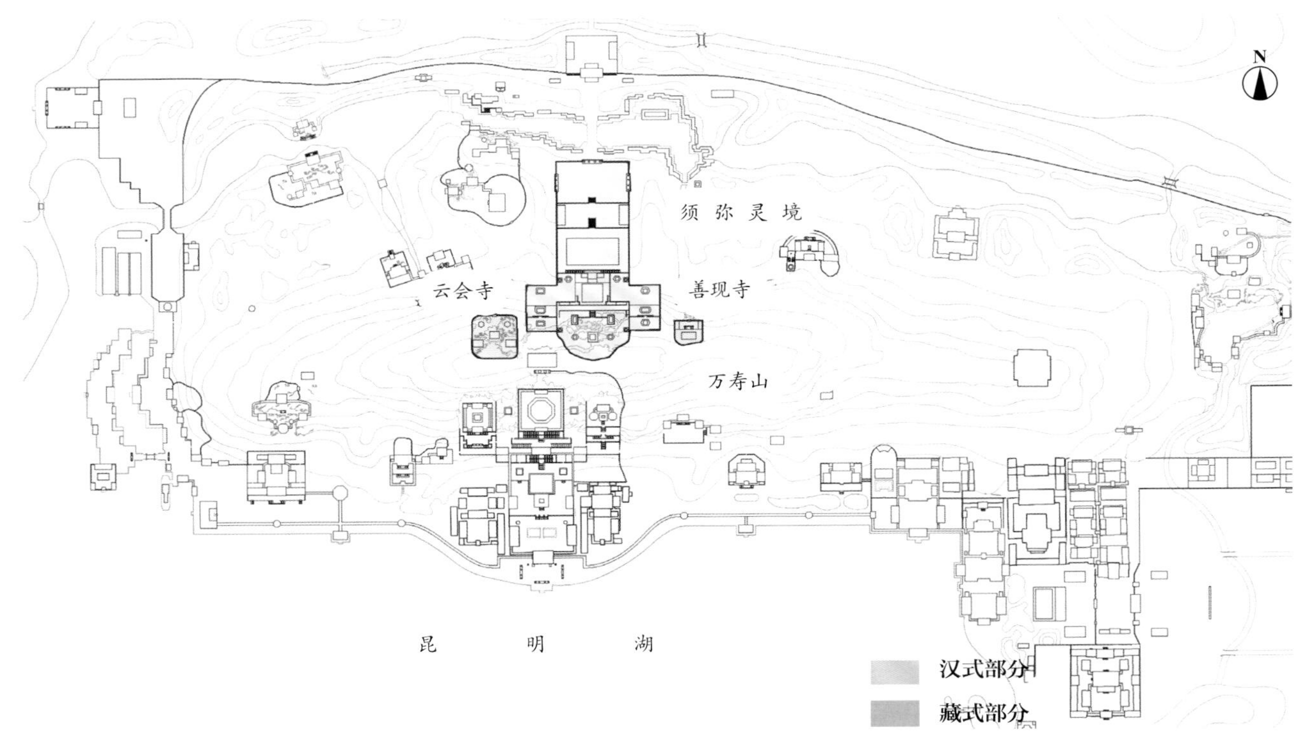

须弥灵境建筑群在颐和园中的区位图[1]

须弥灵境建筑群为汉藏结合式，北部为汉式部分，南部为藏式部分。整体坐南朝北，呈“T”形布局，建筑类型众多。其中汉式部分由北至南依次为三孔石桥，三牌楼[2]，东、西配楼[3]和须弥灵境大殿；藏式部分中，香岩宗印之阁与日光、月光殿位于中心区域，四周环绕布置有四大部洲、八小部洲与四色塔。一般认为须弥灵境藏式部分模仿了西藏的桑耶寺[4]。由于其南北跨度较大，故而在建造时因山就势，以数层平台解决高差过大的问题，平台从北至南可分为七层[5]。

据相关文献考证，须弥灵境建筑群在乾隆十六年（1751 年）前即已开工[6]。 此前与乾隆皇帝关系密切、

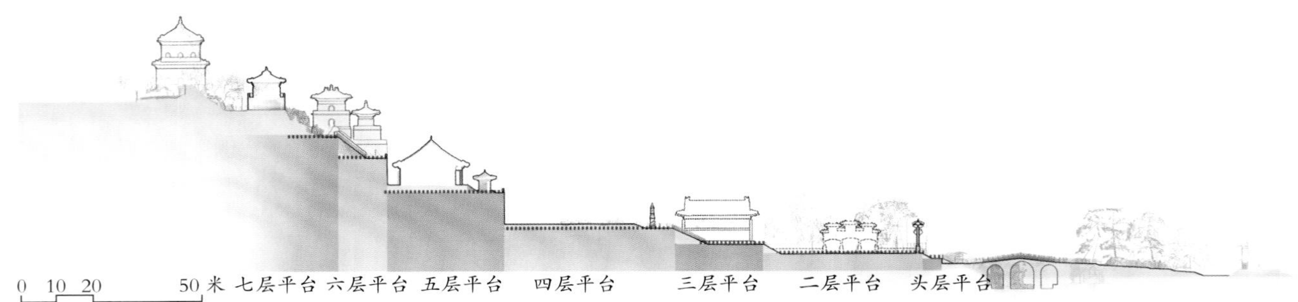

须弥灵境建筑群平台示意图[7]

1 改绘自北京市测绘设计研究院 2002 年 6 月修测与 2003 年 4 月编绘测绘图。

2 东牌楼题“旃林”“莲界”，西牌楼题“宝地”“梵天”，北牌楼北面题“慈福”、南面题“慧因”。

3 东配楼名为“宝华”、西配楼名为“法藏”。

4 乾隆皇帝在《御制普宁寺碑文》中明确表示普宁寺仿“西藏三摩耶”（即桑耶寺），而须弥灵境与普宁寺为姊妹建筑群，二者十分相似，应均仿桑耶寺所建，此点亦为学界共识。桑耶（鸢）寺汉译或作萨木秧寺、三摩耶寺，位于西藏自治区山南市扎囊县雅鲁藏布江北岸的哈布山下，是吐蕃前弘期的中心佛寺。宿白:《藏传佛教寺院考古》，文物出版社，1996 年，第 58 页。

5 由于须弥灵境建筑群平台数较多，不易叙述，遂参考光绪时期准底册中的描述来规定平台层数。

6 《颐和园大事记》中载：“公元 1751 年（乾隆十六年）11 月 20 日（十月初三日）内务府大臣三和传旨：后大殿两边画廊绘二十四诸天。公元 1752 年（乾隆十七年）10 月 28 日（十月初三日）奉旨：万寿山后大殿内，两边画廊二十四诸天不必著佛匠画，著春宇舒和处人画。”由此推测，须弥灵境在乾隆十六年前已开工。《颐和园大事记》编委会:《颐和园大事记（1261~2013）》，五洲传播出版社，2014 年，第 13~16 页。

7 此图中单体建筑为 2007 年天津大学建筑学院测绘，建筑格局为编者根据天津大学建筑学院张龙老师课题组于 2021 年扫描的后山中轴线宗教建筑群三维激光扫描模型绘制。

曾多次参与建筑设计的章嘉国师曾到访桑耶寺[1]，或为须弥灵境藏式建筑模仿桑耶寺埋下伏笔。此外，据说早在乾隆十三年（1748 年），乾隆皇帝即已指派两名大臣、一名画工和一名测工赴西藏摹绘当地庙宇，并于乾隆十七年（1752 年）测绘桑耶寺乌策殿[2]。

须弥灵境建筑群应至迟在乾隆二十四年（1759 年）初已基本建成。乾隆十九年闰四月初九日的奏折[3]中记载了截至当时完工时的建筑群名称，其中并无须弥灵境。而乾隆二十二年（1757 年）六月，乾隆皇帝御笔题写了须弥灵境各处的匾文、对联等[4]。乾隆二十四年正月十一日，总管太监文旦传旨"万寿山后大雄宝殿外檐金字匾对一分着罩漆钦此"，且乾隆皇帝于乾隆二十四年正月底接连两日至万寿山后大庙拈香[5]。同年二月初二日，因工程遗留砖瓦致使后大庙内供桌花头损坏，奏将相关官员议处[6]；二月初七日，乾隆皇帝又下旨在"后大庙三样楼缂丝佛"两边柱上挂"超无上乘闻思修并证，现具足相法化报常福"对联一副，并做黑漆金字一块玉抱月对丁[7]，且于当日派人至大报恩延寿寺及后山须弥灵境处敬香，并另派人整理、看守[8]；二月二十五日，又"催长六达子将罩漆匾对一分持赴挂讫"[9]。由此推测须弥灵境建筑群应至迟于乾隆二十四年初已建成，而"工程遗留砖瓦未收拾洁净"的记录则说明此时工程应完竣不久。

须弥灵境建筑群建筑基本形制表

建筑	面阔	进深	层数	屋顶形制
牌楼（三座）	三间	无	一层	庑殿
宝华、法藏配楼	五间	三间	二层	歇山
须弥灵境大殿	九间	六间	一层	重檐歇山
山门	三间	单间	一层	歇山
香岩宗印之阁	七间	五间	三层	歇山
日光、月光殿	一间	一间	二层	庑殿
北俱芦洲	一间	一间	二层	庑殿
东胜神洲	一间	一间	二层	庑殿
西牛贺洲	一间	一间	二层	庑殿

1 章嘉国师在护送达赖喇嘛从惠远寺返回拉萨之后到访过桑耶寺。洛桑却吉尼玛：《章嘉国师若多必吉传》，中国藏族出版社，1988 年，第 80 页。

2 清华大学建筑系：《建筑历史论文集》第 8 辑，清华大学出版社，1987 年，第 79 页。

3 中国第一历史档案馆藏：《清漪园总领、副总领、园丁、园户、园隶、匠役、闸军等分派各处数目清册》。

4 乾隆二十二年六月二十三日内务府造办处档案记载：二十三日太监董五经来说首领桂元交，御笔宣纸须弥灵境匾文一张，御笔宣纸"于万年斯，香林沾法雨；大千世界，福地涌祥云"对文一张。御笔宣纸"山接龙楼，佛光通御气；云开鹫岭，寿城护香林"对文一张。御笔宣纸"宝网九霄明，境自华严涌出；金铃三界彻，声从忉利传来"对文一副。传旨将须弥灵境匾文一张，并楼下殿内前檐对联一副，做黑漆金字一块玉匾一面，其余对联二副，做黑漆金字抱月对二副，随倒环托挂丁挺钧。中国第一历史档案馆、香港中文大学文物馆：《清宫内务府造办处档案总汇》第二十二册，人民出版社，2005 年，第 623 页。

5 中国第一历史档案馆：《乾隆帝起居注》第十八册，广西师范大学出版社，2002 年，第 29~32 页。

6 "清漪园万寿山后大庙安设紫檀供桌，因花头损坏并工程遗留砖瓦未收拾洁净，请将监督杨万育等官员，及三和、吉庆本人一并交内务府严加议处。"中国第一历史档案馆藏奏折，档号 05-04-000-000170-0011-0000。

7 太监董五经来说，首领桂元交御笔白纸"超无上乘闻思修并证一现具足相法化报常福"对一副，万寿山山后大庙三样楼缂丝佛两边柱上挂，传旨着做黑漆金字一块玉抱月对丁，钦此。中国第一历史档案馆、香港中文大学文物馆：《清宫内务府造办处档案总汇》第二十四册，人民出版社，2005 年，第 117 页。

8 乾隆二十四年二月初七日，著崇实寺择派喇嘛四十名前往万寿山后大庙、山前大报恩延寿寺点香洒扫，并另派员丁二十八名前往整理、看守。《颐和园大事记》编委会：《颐和园大事记（1261~2013）》，五洲传播出版社，2014 年，第 25 页。

9 中国第一历史档案馆、香港中文大学文物馆：《清宫内务府造办处档案总汇》第二十四册，人民出版社，2005 年，第 114 页。

续表

建筑	面阔	进深	层数	屋顶形制
红塔	一间	一间	二层	无
黑塔	一间	一间	二层	无
绿塔	一间	一间	二层	无
白塔	一间	一间	二层	无
各小部洲	一间	一间	二层	平顶

颇为奇怪的是，面对如此庞大、壮阔的建筑群，酷爱文学创作的乾隆皇帝竟未作诗。反而是在构虚轩相关的乾隆皇帝御制诗中多次出现佛教相关用语，暗指其南侧诸庙宇——须弥灵境、云会寺与善现寺。

▼ 乾隆时期构虚轩御制诗中与颐和园后山中轴线建筑群相关词句统计表[1]

诗题	时间	相关诗句
《构虚轩》	乾隆二十三年	飞阁冠峰具四临，豁然而敞静而深。 天风忽送塔铃响，却讶何人埋玉琴。
《构虚轩》	乾隆二十五年	回轩名构虚，疑取干闼譬。是语落第二，聊语第一谛。 须弥四天下，都大空中寄。齐州九点烟，日山河大地。 虚即实有邻，实离虚无际。谁能不盖物，与究甚深义。
《构虚轩口号》	乾隆二十七年	峰顶虚轩接颢空，别峰绀宇镜光中。 傥来构思于何会，缥渺依稀正复同。
《构虚轩》	乾隆二十九年	云轩据别峰，琳宫遥对望。讶如构于虚，何殊干闼状。 因悟四天下，于此应相仿。藏密弥六合，惟在一卷放。 每每会心殊，因之题壁上。
《构虚轩》	乾隆五十八年	崇岭降且止，别冈势复抬。北瞻极空阔，南眺耸崔嵬。 漫惜三春远，应知万景该。兴言何以构，原是自虚来。

须弥灵境的姊妹建筑群普宁寺建造时，整个工程仅用时四年[2]。据《军机处录副奏折》中吉庆奏报的乾隆二十二年五月二十九日查勘普宁寺等处工程情形可知，当时普宁寺大部分建筑工程进度已过半[3]。而乾隆二十四年，三和、吉庆奏请铸大悲菩萨一尊，依照清漪园三样楼内佛像样式，准备供奉在普宁寺内，又照蜡样再做大悲菩萨一尊，两尊菩萨共用工料银约三百五十两[4]。前后二者明显矛盾。由前者可知普宁寺大悲菩萨于乾隆二十二年时已“使头遍布”，不可能在乾隆二十四年“依清漪园三样楼内大悲菩萨式样铸造一尊”。目前尚不知其中原因，但普宁寺完工时间早于须弥灵境的可能性较大。

1 北京市颐和园管理处：《清代皇帝咏万寿山清漪园风景诗》，中国旅游出版社，2010年。

2 乾隆二十年（1755年）至乾隆二十四年。其中普宁寺主体工程仅用了一年时间，即乾隆二十年夏天动工，至次年春天便大体竣工。孙大章：《承德普宁寺——清代佛教建筑之杰作》，中国建筑工业出版社，2008年，第14页。

3 “普宁寺工程三样楼上架枋梁大木现在彩画合糙，下架柱木装修现使中灰，大悲菩萨现在使头遍布，善财龙女现压四遍布灰，楼内五方佛并三世佛现在安得八成，地面石俱已铺墁完竣，各部洲并日月台一已经彩画合，各部洲佛像俱已彩画合糙，北部洲两边抄手墙现安机脊沿砖，庙西喇嘛厨仓房马棚等座俱已完竣。”中国第一历史档案馆、承德市普宁寺管理处：《清宫普宁寺档案1》，中国档案出版社，2003年，第1~3页。

4 《颐和园大事记》编委会：《颐和园大事记（1261~2013）》，五洲传播出版社，2014年，第25页。此外，据《清宫避暑山庄档案》记载，乾隆二十五年七月初六日郎中白世秀、员外郎金辉来说：“太监胡世杰交旛上本文大小二张。传旨，热河普宁寺所挂之旛照万寿山三样楼现挂旛一样，交耕织图织做得，时交造办处，配旛头绣金字，钦此。于二十六年七月二十一日付领，催季国良将做得，热河普宁寺旛等持去安挂讫。”

第二节 维护——嘉庆、道光时期

嘉庆、道光时期国力愈下，但清漪园仍基本保持如初。期间，须弥灵境建筑群曾多次修缮[1]，其中以香岩宗印之阁修缮最为频繁。据相关档案记载，香岩宗印之阁自嘉庆时期至道光六年（1826年）经历六次修缮[2]，此或为后来阁内大柁坍塌一事埋下伏笔。

道光三十年（1850年）五月，香岩宗印之阁上层东一缝大柁折下[3]。九月初九日，兵部尚书裕诚查看后禀明清漪园内佛楼坍塌属实且情形严重，不易遮护，并奏请熟谙工程的官员再次查勘[4]。故宫博物院藏的两张样式雷图档《万寿山后山香岩宗印之阁拆修大柁地盘样》与《万寿山后山须弥灵境香岩宗印之阁勘察地盘样糙底》[5]中呈现的信息与档案记载相吻合。

《万寿山后山香岩宗印之阁拆修大柁地盘样》中，在图幅一侧记载大柁尺寸为"宽二尺六寸，厚二尺四寸"，又在旁边以简图示意。图中建筑顶层以红线勾勒大柁位置，并于一层平面图中用红圈示意添安用于加固支撑大柁的柱子的位置，除此之外仅标注月台以及建筑面阔、进深、高度尺寸和金柱、攒金柱的高度，没有构件尺寸。这说明大柁为此图重点，恰与佛楼坍塌一事吻合。另图中标示的月台东西踏跺的位置，在现存建筑中仍可见到一些遗迹；图中香岩宗印之阁与后金刚墙交接处，亦与2010年须弥灵境建筑群修缮时发现的砖通缝位置一致。推测此图应为道光三十年"佛楼工程"的修缮图，图中大略绘制了修缮位置及方案。

---

1 嘉庆八年（1803年），须弥灵境前泊岸一道长十丈，随宇墙照旧补砌，添补琉璃仙人桥，挑换木栏板六堂（中国第一历史档案馆藏《清漪园大雄宝殿前牌楼等座粘修销算银两总册》)。嘉庆十二年（1807年），修理须弥灵境等工取用官用纱（中国第一历史档案馆藏呈稿，档号05-08-002-000139-0012）。嘉庆十九年（1814年），修缮香岩宗印之阁，用琉璃瓦料四千三百四十三件（《颐和园大事记》编委会:《颐和园大事记（1261~2013）》，五洲传播出版社，2014年，第55页）。嘉庆二十二年（1817年）修缮香岩宗印之阁抱厦取用木料（中国第一历史档案馆藏咨文，档号05-08-030-000156-0041-0000）。嘉庆二十三年（1818年）四月初三日修理清漪园玉澜堂，香岩宗印之阁抱厦用杉木见方尺三千八百十五尺六寸五分三厘（《颐和园大事记》编委会:《颐和园大事记（1261~2013）》，五洲传播出版社，2014年，第58页）。道光元年（1821年）粘修须弥灵境大庙前牌楼（中国第一历史档案馆藏咨文，档号05-08-030-000222-0084）。道光二年（1822年），修理须弥灵境牌楼，挑换柱木、额枋桁、椽子，添安项椿、抱柱并拆换泄水暗沟（中国第一历史档案馆藏咨文，档号05-08-030-000225-0023）。同年八月二十三日取用木料（《颐和园大事记》编委会:《颐和园大事记（1261~2013）》，五洲传播出版社，2014年，第60页。道光六年十月十一日，为修理香岩宗印之阁需用大杉槁（《颐和园大事记》编委会:《颐和园大事记（1261~2013）》，五洲传播出版社，2014年，第62页）。

2 修缮时间分别为嘉庆十九年、嘉庆二十二年、嘉庆二十三年和道光六年。

3 《颐和园大事记》编委会:《颐和园大事记（1261~2013）》，五洲传播出版社，2014年。

4 《奏为清漪园内佛楼坍塌请饬查勘办事》记载："据三园郎中景绫等报称，清漪园北楼门内香岩宗印之阁三层佛楼一座，计五间殿内安供砧像四十二臂镌胎金漆大佛一尊连带神台通高七丈二尺，因建立年久大木间有钞朽于本年五月十七日楼之上层东一缝大柁拆下，致将大佛右臂压伤数双并砸伤佛座神台以及按上安供佛龛等项……报称均与之前所报相符，惟楼身尺寸较高，情形太重，不易遮护，相应请旨修交总管内务府大臣派委熟谙工程司员前往悉心查勘。"中国第一历史档案馆藏录副奏折，档号04-01-000-003646-0069-0000。

5 此二图无名，暂拟为《万寿山后山香岩宗印之阁拆修大柁地盘样》与《万寿山后山须弥灵境香岩宗印之阁勘察地盘样糙底》。照片为早期拍摄，原图现藏于故宫博物院。

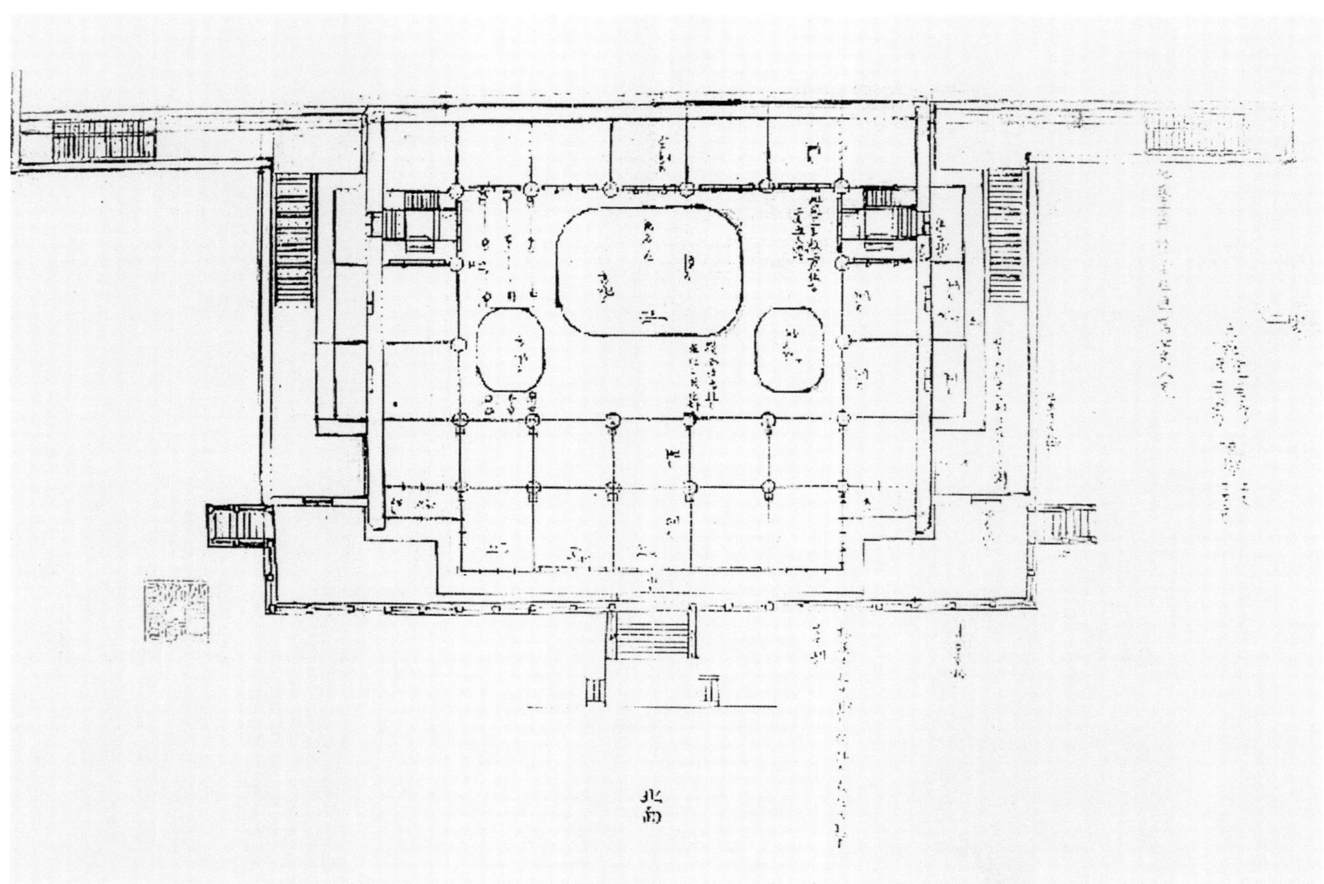

故宫博物院藏《万寿山后山香岩宗印之阁拆修大柁地盘样》[1]

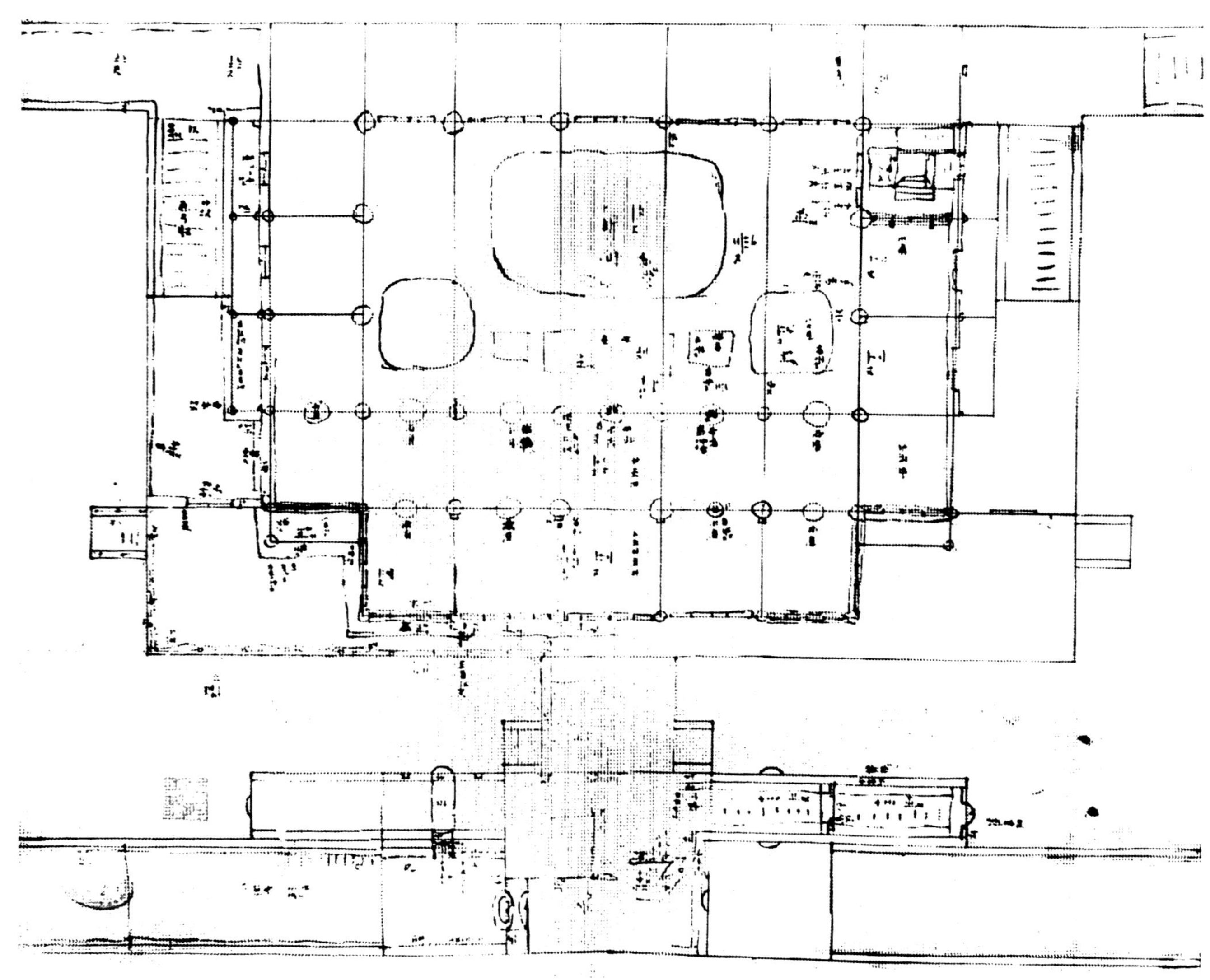

故宫博物院藏《万寿山后山须弥灵境香岩宗印之阁勘察地盘样糙底》

1　此图为层层样子（即多张平面图叠加），此图为一层平面图带仙楼。

《清漪园后山须弥灵境香岩宗印之阁勘察地盘样糙底》中记载尺寸与《万寿山后山香岩宗印之阁拆修大柁地盘样》所载较为吻合，不同的是，前者将香岩宗印之阁北侧的南瞻部洲亦画出，推测应为道光时期香岩宗印之阁修缮时的勘察图样。

咸丰九年（1859 年）的《清漪园须弥灵境供器清册》中仍记录了香岩宗印之阁内的陈设[1]，由此推测在道光三十年香岩宗印之阁局部坍塌后，应对其进行过修缮。咸丰十年（1860 年），香岩宗印之阁才被烧毁。

1　中国第一历史档案馆、北京市颐和园管理处:《清宫颐和园档案》第十七册，中华书局，2017 年，第 8047~8063 页。

第三节

焚修——咸丰、光绪时期

咸丰十年，英法联军火烧圆明园，清漪园亦被焚毁，须弥灵境内木构建筑物大多被毁。随着近几年一些晚清旧照的再现，加之 1934 年出版的《颐和园全图》，可看出须弥灵境仅三牌楼与藏式部分建筑砖石基址尚存，木构建筑物全部被毁[1]。

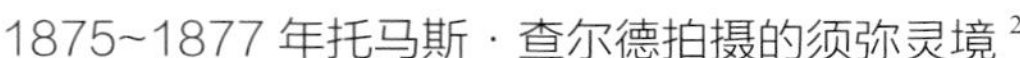

1875~1877 年托马斯·查尔德拍摄的须弥灵境[2]

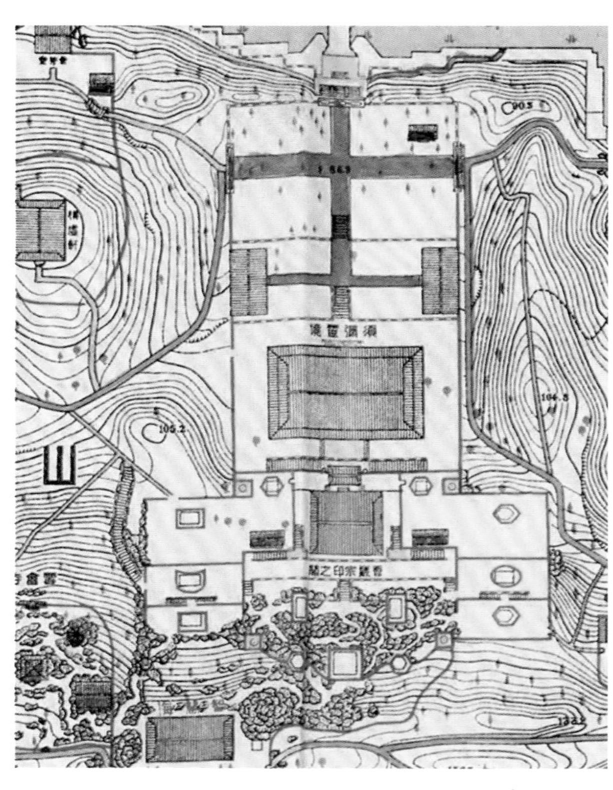

国立北平研究院《颐和园全图》局部[3]

光绪八年（1882 年），须弥灵境建筑群已被毁，遗址依稀可见。据历史照片可知，19 世纪 60 年代，须弥灵境仅存两侧山墙。1875~1877 年的照片则显示大殿残存山墙已被拆除，且此时在须弥灵境配楼平台上建有一值房，推测是为看守旧园而建，光绪时期重修须弥灵境后，此值房被拆除[4]。

1　根据 1875~1877 年托马斯·查尔德拍摄照片可知，须弥灵境建筑群藏式部分与须弥灵境大殿木构部分已不存，慈福牌楼尚存。而在 20 世纪 30 年代赫达·莫里逊拍摄照片中，须弥灵境建筑群汉式建筑木构部分亦皆不存。将 1934 年出版的《颐和园全图》与托马斯·查尔德所拍照片比对，可知此图可信度较高。由此推测，1934 年时，须弥灵境东、西牌楼尚存，之后数年内（赫达·莫里逊拍摄前）不知因何原因被毁。值得注意的是，三牌楼围合空间的东北侧有一房屋与东、西牌楼同一时期被毁，但在以往档案及样式雷图档中均未发现此房屋，推测或为民国时期建造。

2　北京市颐和园管理处：《名园旧影——颐和园老照片集萃》，文物出版社，2019 年，第 45~119 页。

3　国立北平研究院：《颐和园全图》，国立北京出版部，1934 年。

4　光绪时期历史照片中并未发现此值房。

1882 年谢满禄拍摄的须弥灵境建筑群

19 世纪 60 年代约翰 · 德贞拍摄的须弥灵境建筑群 [1]

19 世纪 70 年代托马斯 · 查尔德拍摄的须弥灵境建筑群 [2]

须弥灵境建筑群罹难后新修值房 [3]

1875~1877 年托马斯 · 查尔德拍摄的须弥灵境建筑群藏式部分火烧后景象 [4]

光绪十二年（1886 年），清廷为重修清漪园，对其残损情况进行勘察，光绪十三年的《万寿山准底册》详细记载了此次勘察的情况。由于国库空虚，此次重建仅对须弥灵境建筑群的部分建筑进行了修缮，如为

1 北京颐和园管理处：《名园旧影——颐和园老照片集萃》，文物出版社，2019 年，第 44 页。

2 北京颐和园管理处：《名园旧影——颐和园老照片集萃》，文物出版社，2019 年，第 44 页。

3 历史影像学者刘阳提供。

4 北京颐和园管理处：《名园旧影——颐和园老照片集萃》，文物出版社，2019 年，第 45 页。

庋藏原大报恩延寿寺大雄宝殿内残存的铜胎三世佛 3 尊和铜胎十八罗汉 18 尊[1]，在香岩宗印之阁与南瞻部洲的基址上新建三世佛大殿与山门[2]，中国第一历史档案馆藏舆 1672 附件中“后山佛殿均于年内立春前立供梁”的记载亦可为佐证。根据对文献的梳理，可知此次修缮具体情况为：光绪十三年（1887 年），在被毁的三层香岩宗印之阁遗址上改建单层九檩歇山三世佛大殿，仍用原名，同年十二月二十五日未刻，为新建的佛殿供梁；光绪十四年（1888 年）五月，三世佛大殿装修菱花隔扇，殿前建丹陛，殿北的南瞻部洲遗址改建为山门，内里照旧塑五彩神像立像两尊；添修宇墙，请运前山大报恩延寿寺内的铜三世佛及十八罗汉铜像[3]。

对比清漪园、颐和园时期藏式部分旧照，并结合样式雷图档，可知此次重修将南瞻部洲、香岩宗印之阁遗存两侧山墙与南侧墙体拆除，在原九檩歇山三世佛大殿与山门殿前建丹陛，并在两侧添建围墙。

光绪十五年（1889 年）十二月初十日，由样式房、算房共同编订了《三世佛大殿山门墙垣泊岸等工做法钱粮底册》[4]。次年，承办颐和园工程的算房对正在进行和准备进行的 56 项园内工程做了估价：前后山各处添修改修盘道甬路等银 57314.42 两，万寿山后山值房大墙银 2118.841 两，山北大墙增高并修涵洞银 3655.493 两[5]。此项工程至光绪二十年（1894 年）完成[6]，由样式房对后山佛殿重建工程进行设计。中国国家图书馆现存相关设计方案画样 4 件。

▼ 光绪时期后山中轴线宗教建筑群设计画样情况表

编号	核准题名	中国国家图书馆出版名称	绘制时间	色彩	尺寸（厘米）	类型	性质	所绘组群 / 建筑	备注
国 353-1639	《颐和园万寿山后山中路添修三世佛大殿及山门地盘样》	《后山中路全部地盘样》	光绪十三至十五年	墨线 + 褐色淡彩 + 青色淡彩 + 黄签	197×68	地盘样	呈样	智慧海、须弥灵境、北宫门	雷廷昌部分实施
国 349-1264	《颐和园万寿山后山中路地盘样》	《后山中路全部地盘样》	光绪十三至十五年	墨线	194×68.5	地盘样	呈样	智慧海、须弥灵境、北宫门	有拼接痕迹，三张拼接
国 392-0147	《万寿山后山香岩宗印之阁地盘样》	《万寿山后山佛殿地盘画样》	光绪时期	墨线 + 红、黄签	63×68	地盘样	准底	香岩宗印之阁、须弥灵境大殿	
国 113-006	《颐和园后山须弥灵境大木立样》	《须弥灵境大木立样歇山》	光绪十三至十五年或清漪园时期	墨线	32.7×40	立样	呈样	须弥灵境大殿	

国 353-1639[7] 与国 349-1264[8] 图样所绘建筑群格局几乎完全一致。相较之下，国 353-1639 虽多了淡彩与图签，但国 349-1264 用白粉覆盖修正了部分绘制错误的线条（修正了东胜神洲与西牛贺洲下侧及两洲之间

1 嘉庆十二年《大报恩延寿寺等处陈设清册》记载：“……大雄宝殿正中朝南供铜胎三世佛，两侧供阿难、迦叶……延东西山墙供十八罗汉。”中国第一历史档案馆、北京市颐和园管理处：《清宫颐和园档案》第一册，中华书局，2017 年，第 918~960 页。

2 中国国家图书馆藏《三世佛大殿山门墙垣泊岸等工做法钱粮底册》，王道成摘抄。

3 《颐和园大事记》编委会：《颐和园大事记（1261~2013）》，五洲传播出版社，2014 年，第 83 页。

4 中国国家图书馆藏，王道成摘抄。

5 北京市地方志编纂委员会：《北京志·世界文化遗产卷·颐和园卷》，北京出版社，2004 年，第 74~75 页。

6 包括香岩宗印之阁、山门头停布瓦，参见光绪十六年与十七年颐和园工程清单。

7 中国国家图书馆藏《颐和园万寿山后山中路添修三世佛大殿及山门地盘样》。

8 中国国家图书馆藏《颐和园万寿山后山中路地盘样》。

绘制错误的踏跺；将原画于东胜神洲旁的道路修正为其南侧小部洲通往智慧海及云会寺的道路，并补画山石），将后期未实施的卡门口亦进行覆盖。值得注意的是，国 349–1264 并未修正配楼北侧的拟盖山门及两侧踏跺，说明添盖山门的设计此时仍被采用，但后期不知因何改变方案，将其去除。由此推测国 349–1264 的绘制时间应晚于国 353–1639。

将国 353–1639 与测绘图进行对比，可以看出，在国 353–1639 中，须弥灵境第二层平台左、右两侧各有一座五开间单进深的配楼，并在牌楼与配楼平台处布置山门，在香岩宗印之阁北侧添盖。这些设计与现状测绘不符。由此推测光绪时期重修颐和园时应是局部实施了国 353–1639 的设计方案。

国 392–0147 似为国 353–1639 设计图的局部放大，二者格局完全一致且大部分图签相同，仅平台叠落高度不同。国 353–1639 所绘平台叠落高度与现状接近但现状高差更大，这可能是后期地面修整、地坪增高所导致。

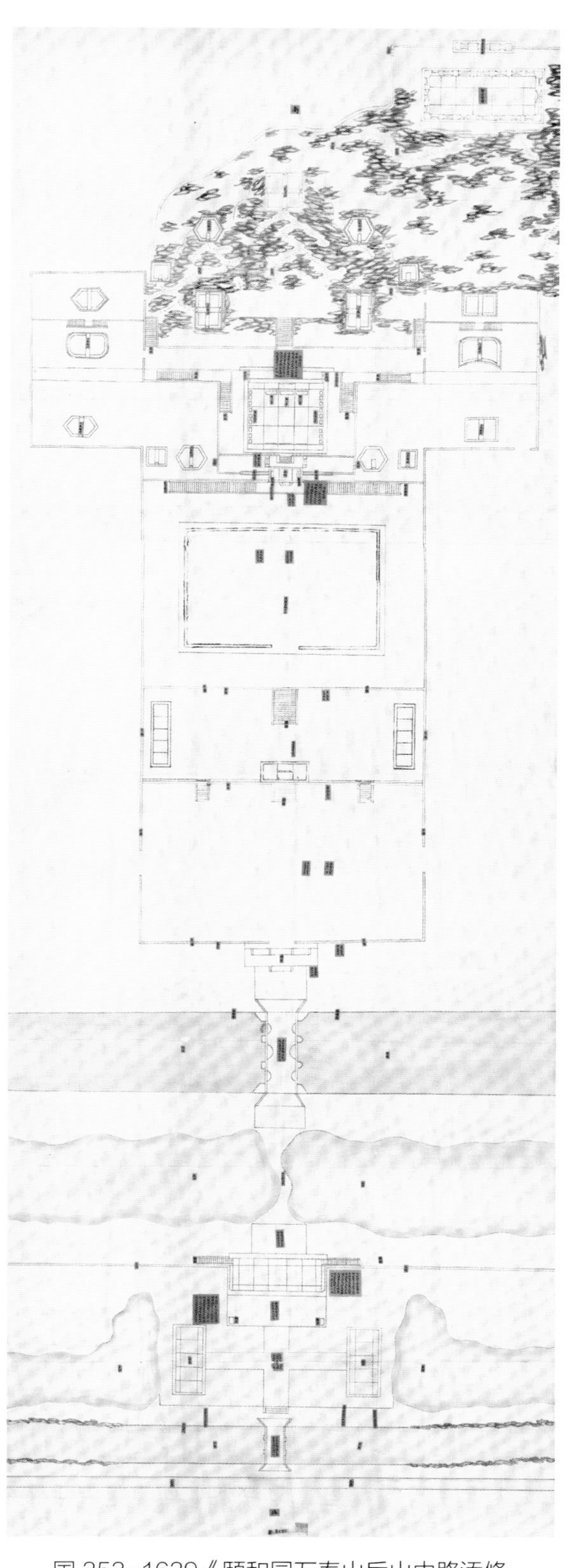

国 353–1639《颐和园万寿山后山中路添修三世佛大殿及山门地盘样》

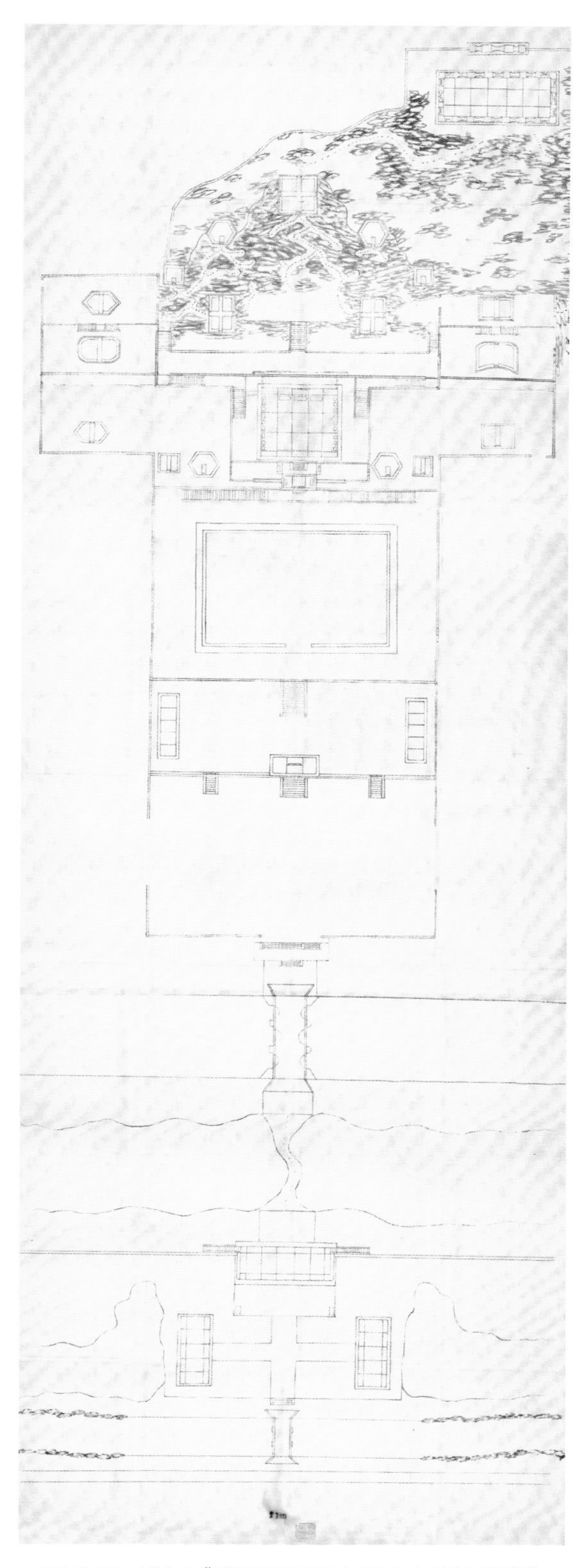

国 349–1264《颐和园万寿山后山中路地盘样》

▼ 香岩宗印之阁平台叠落相关尺寸对照表 单位：毫米

位置	国 353-1639	国 392-0147	现状
须弥灵境大殿与香岩宗印之阁平台高差	6880	11200	8320
香岩宗印之阁平台与香岩宗印之阁台基高差		2112	1530
香岩宗印之阁平台与日光、月光殿平台高差	6366	8320	8024

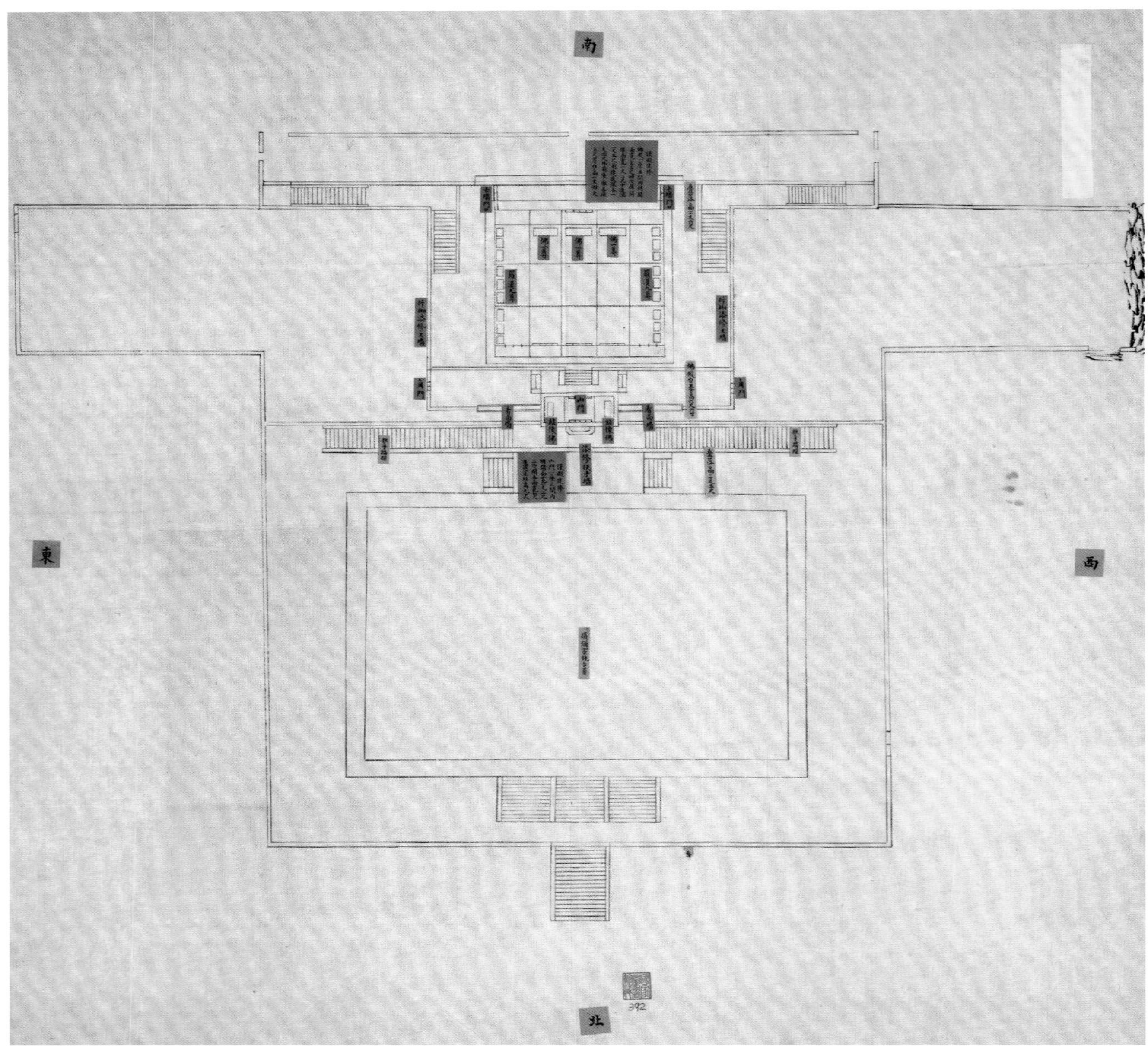

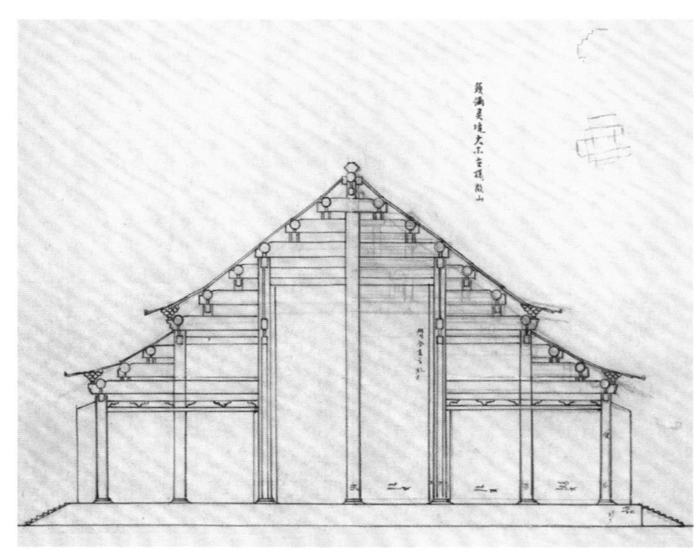

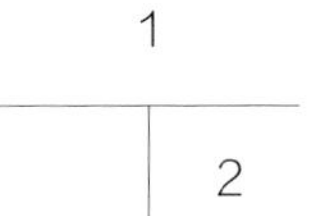

❶ 国 392-0147《万寿山后山香岩宗印之阁地盘样》

❷ 国 113-006《颐和园后山须弥灵境大木立样》

国113-006为设计过程画样，尺寸、题名等直接题在画面上，建筑线条绘制较潦草，有涂改痕迹。该画样与《清漪园须弥灵境大殿内里拆安天花销算银两黄册》[1]（以下简称《黄册》）记载的进深方向的格局一致，但尺寸略有差异，说明其并非《黄册》记载的那次修缮期间所绘，可能是另外某次修缮或光绪十三至十五年间重修所绘[2]。

须弥灵境相关尺寸对照表[3] **单位：毫米**

材料	檐柱高	檐柱径	金柱高	金柱径	钻金柱高	钻金柱径
《黄册》	6366	636	12732	763	15915	827
国113-006	6366	700		795	14642	

光绪十六年（1890年），出于安全和方便管理的角度考虑，三世佛大殿东、西两侧各添建值房一座。万寿山后山12座点景值房工程于光绪十七年（1891年）二月开工，十月工程告竣，费银约2000两[4]。

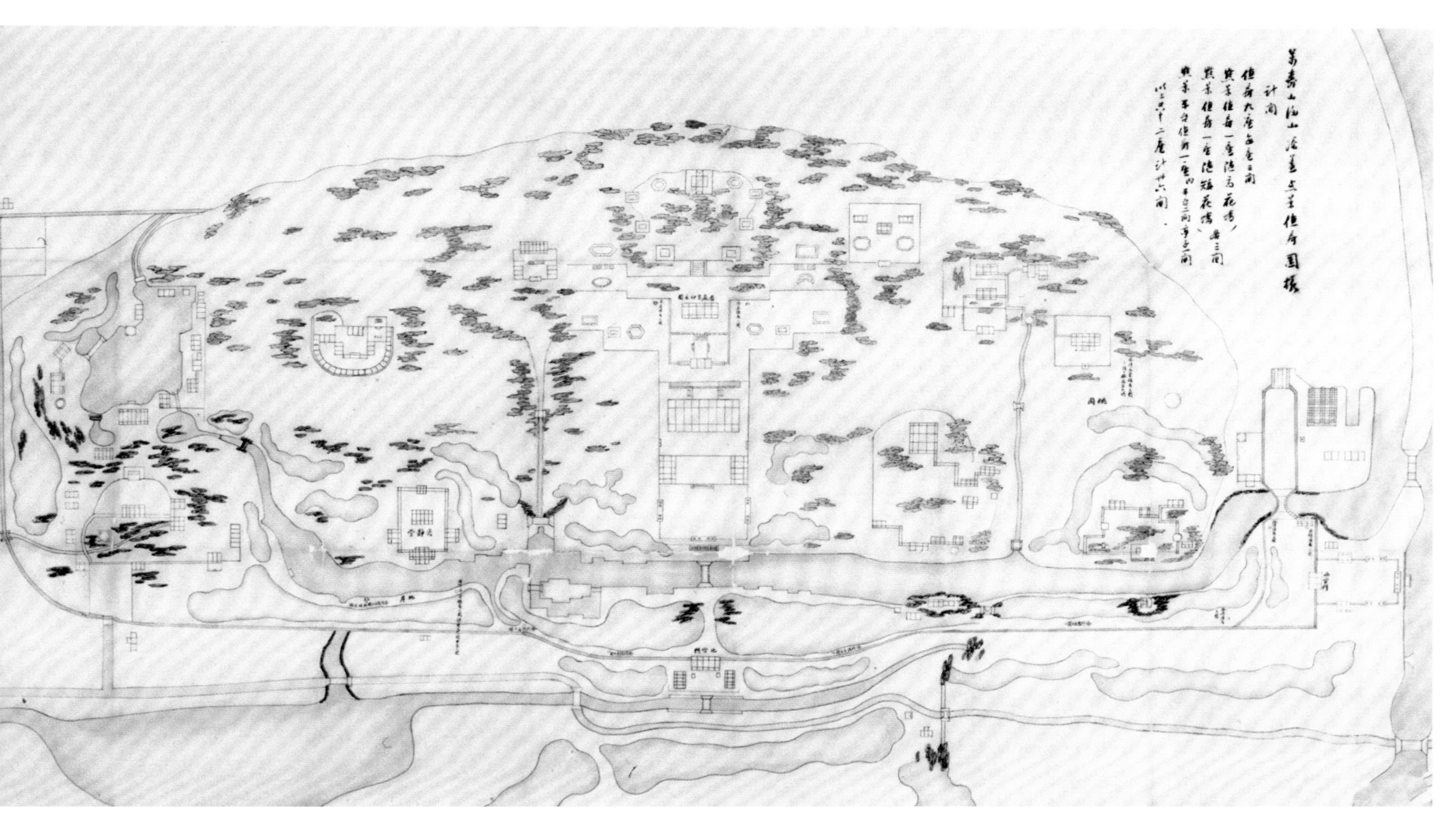

《万寿山后山添盖点景值房图样》[5]

1 中国第一历史档案馆藏《清漪园须弥灵境大殿内里拆安天花销算银两黄册》载：“须弥灵境大殿一座，计九间……进深六间，通进深九丈二尺，檐柱高二丈，径二尺四寸，钻金柱高五丈，径二尺六寸……下檐单翘重昂，上檐单翘三昂。”

2 此画样的绘制年代存在两种可能，一是清漪园时期某次修缮时所绘，二是在光绪十三到十五年之间所做的重修设计方案，后因经费紧张等因素而放弃。张龙：《颐和园样式雷建筑图档综合研究》，天津大学博士学位论文，2009年，第109页。

3 表中数据按1营造尺=31.83厘米换算。换算依据参见王其亨：《清代陵寝地宫研究》，天津大学硕士学位论文，1984年，第12~13页。

4 张龙：《颐和园样式雷建筑图档综合研究》，天津大学博士学位论文，2009年，第150页：

5 现藏于日本东京大学东洋文化研究所。图样中添修值房朱绘，题字记录了各座值房的位置与形制，其中两座即为三世佛大殿东、西两侧的值房。

其中慈福牌楼在1860年尚存，1912年前不知因何毁坏。推测是1886年重修颐和园时因缺乏木料而将其拆除以取材[1]；除此之外，组群内露天陈设及周围道路亦有所变动[2]。

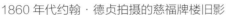

1860年代约翰·德贞拍摄的慈福牌楼旧影

1912年阿尔伯特·卡恩拍摄的颐和园后山中路旧影[3]

1 类似的例子有治镜阁、景明楼等。

2 嘉庆十二年的《清漪园须弥灵境佛像供器清册》中提到“安石座四件，上安乾隆朝铜辅耳有盖大鼎四件”，并无石狮与经幢，而在20世纪20年代，石狮已被置于大殿北侧，此时经幢可能未被搬运至此，或兰登·华尔纳未拍到经幢，前者可能性较大。20世纪30年代，石幢才出现在后山。据《清漪园添安石狮子》记载：乾隆四十六年十二月，在山门外添安青白石狮子一对，通高一丈四寸五分；石座高三尺，长七尺八寸，宽六尺二寸五分。此石狮应为大报恩延寿寺内所按石狮，后挪至须弥灵境组群。中国第一历史档案馆、北京市颐和园管理处：《清宫颐和园档案》第一册，中华书局，2017年，第354~408页。光绪时期，须弥灵境大殿平台西侧围墙曾开一门洞，门洞外侧小路隐约可见，1934年出版的《颐和园全图》上仍可见这一小门。门洞与小路现已不存。

3 北京市颐和园管理处：《名园旧影——颐和园老照片集萃》，文物出版社，2019年，第119页。

第四节

衰败——民国时期

1928~1948 年，国家多灾多难，民不聊生。抗日战争期间，北平沦陷，此时文物机构对于文物的保护工作亦相对薄弱。颐和园第三次遭受帝国主义侵略，全园破败，但票价昂贵，只为少数人服务[1]。由于疏于管理，后山部分木构建筑出现不同程度的损坏。

1933 年，三摩普印殿的残余木料被拆除用于取暖烧火[2]。1934 年，国立北平研究院出版《颐和园全图》，同年 10 月，北平管理颐和园事务所绘制颐和园《全园形势图》，二者所绘格局大体相同，不同之处在于前者在须弥灵境大殿平台西侧围墙上标志有一门洞，此门洞在旧照中亦可见到。1933~1946 年赫达·莫里逊拍摄的照片中隐约可见三牌楼围合平台东北向一灰顶小屋的坍塌墙体，由于光绪十六年《北京万寿山后山点景值房图样》中并无此房，推测其为光绪末年或民国初期（1934 年以前）所建。

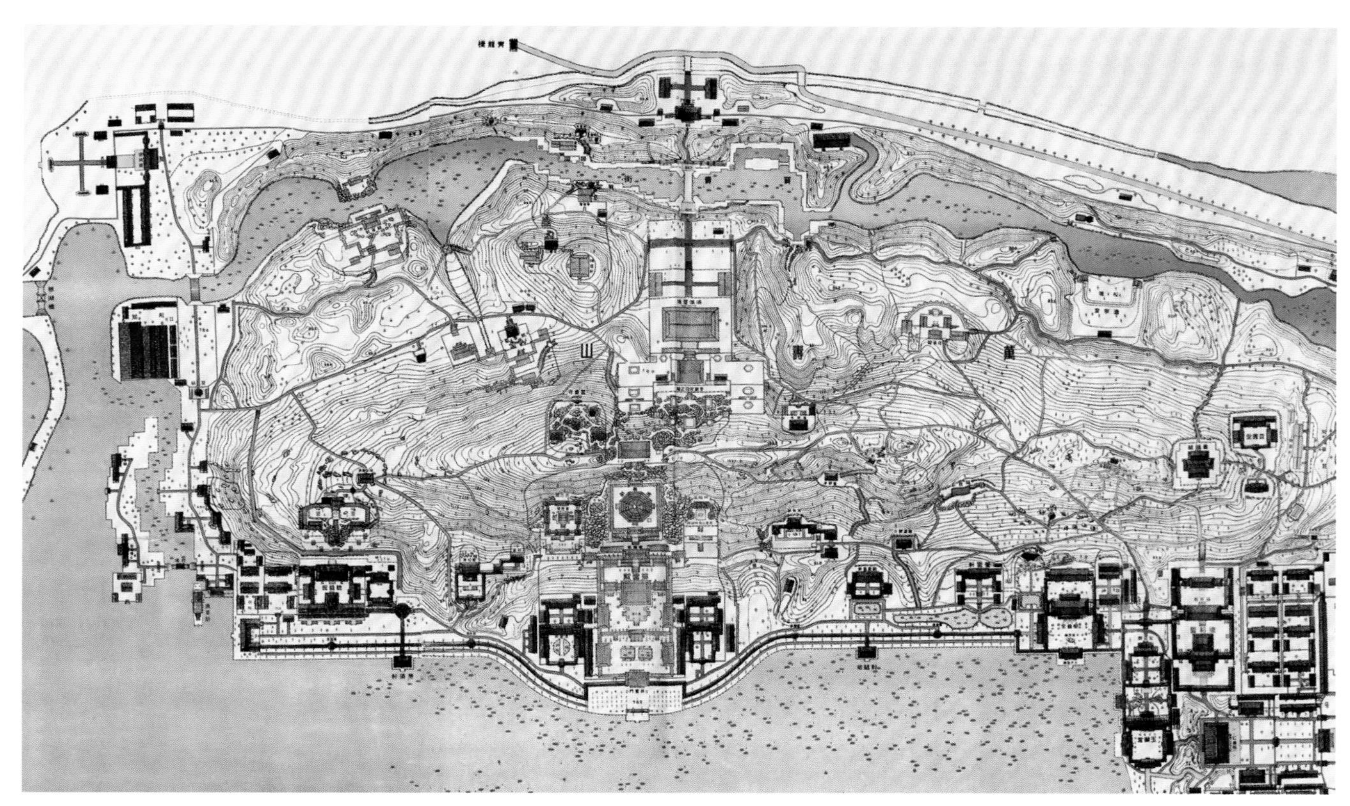

国立北平研究院《颐和园全图》局部

1 北京市地方志编纂委员会：《北京志·世界文化遗产卷·颐和园卷》，北京出版社，2004 年，第 76 页。

2 《颐和园大事记》编委会：《颐和园大事记（1261~2013）》，五洲传播出版社，2014 年，第 153 页。

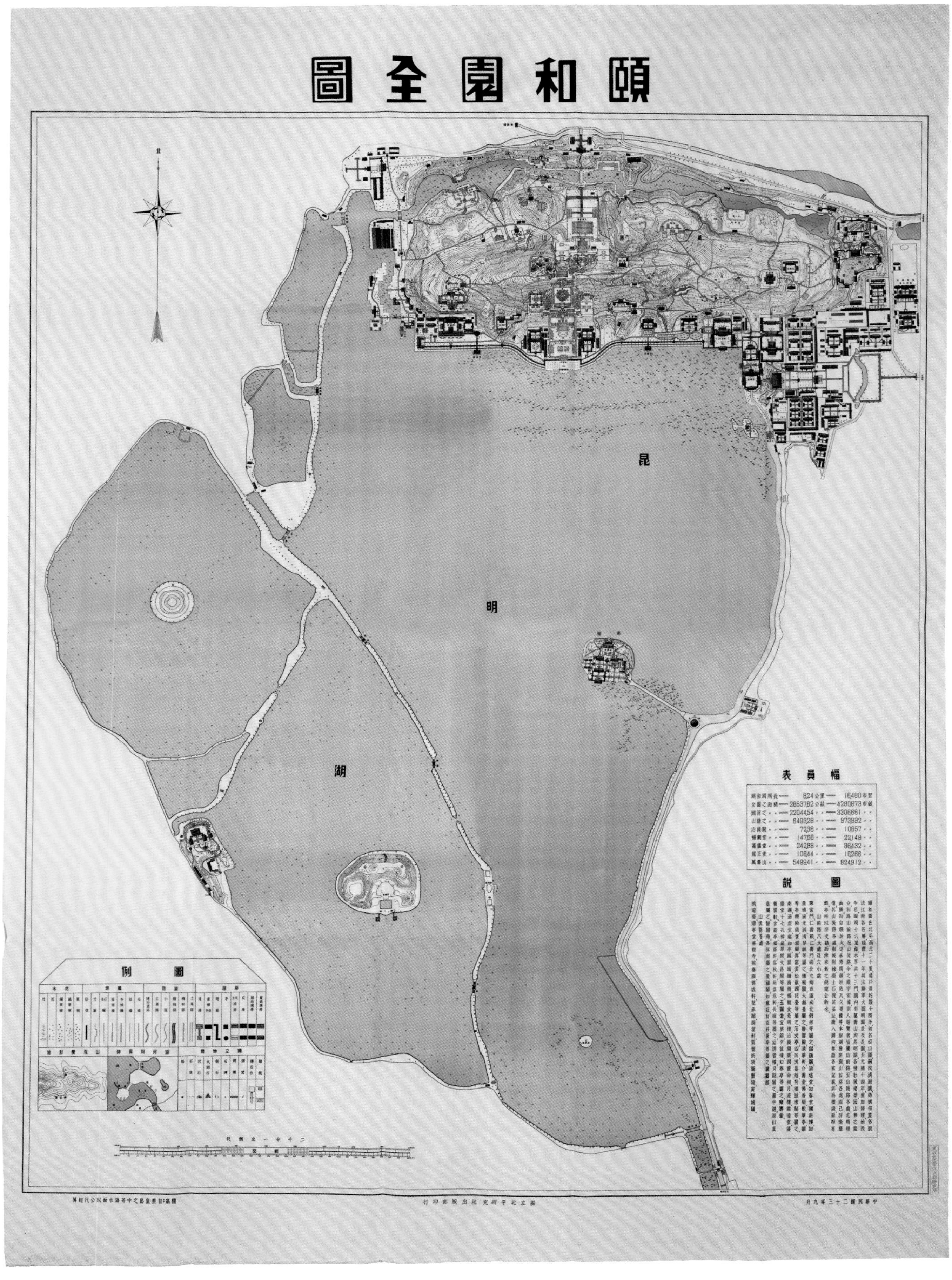

国立北平研究院《颐和园全图》

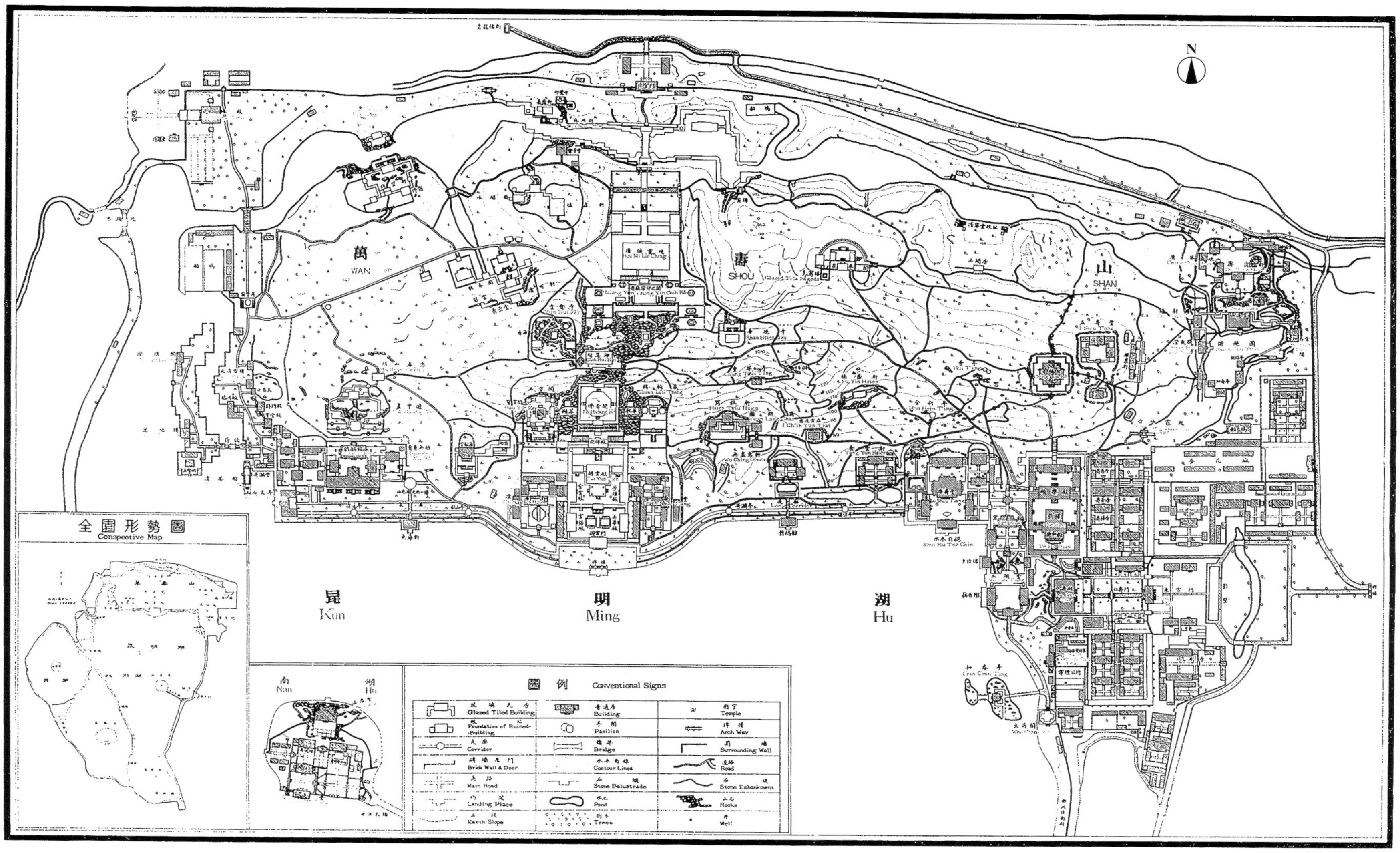

北平管理颐和园事务所绘颐和园《全园形势图》

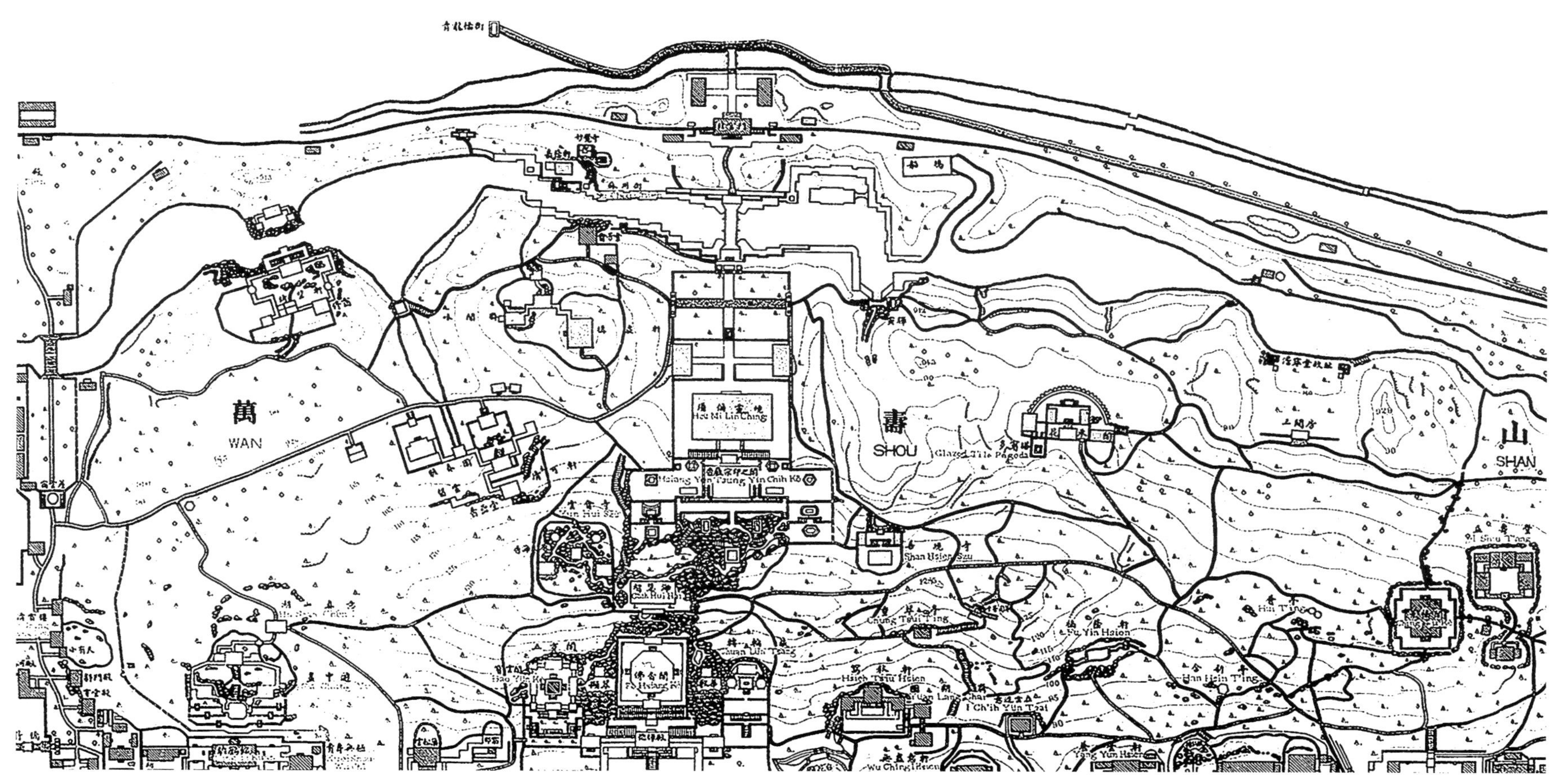

北平管理颐和园事务所绘颐和园《全园形势图》局部

须弥灵境大殿平台西侧围墙上的门洞[1]

三牌楼围合空间[2]

松堂东北侧值房[3]

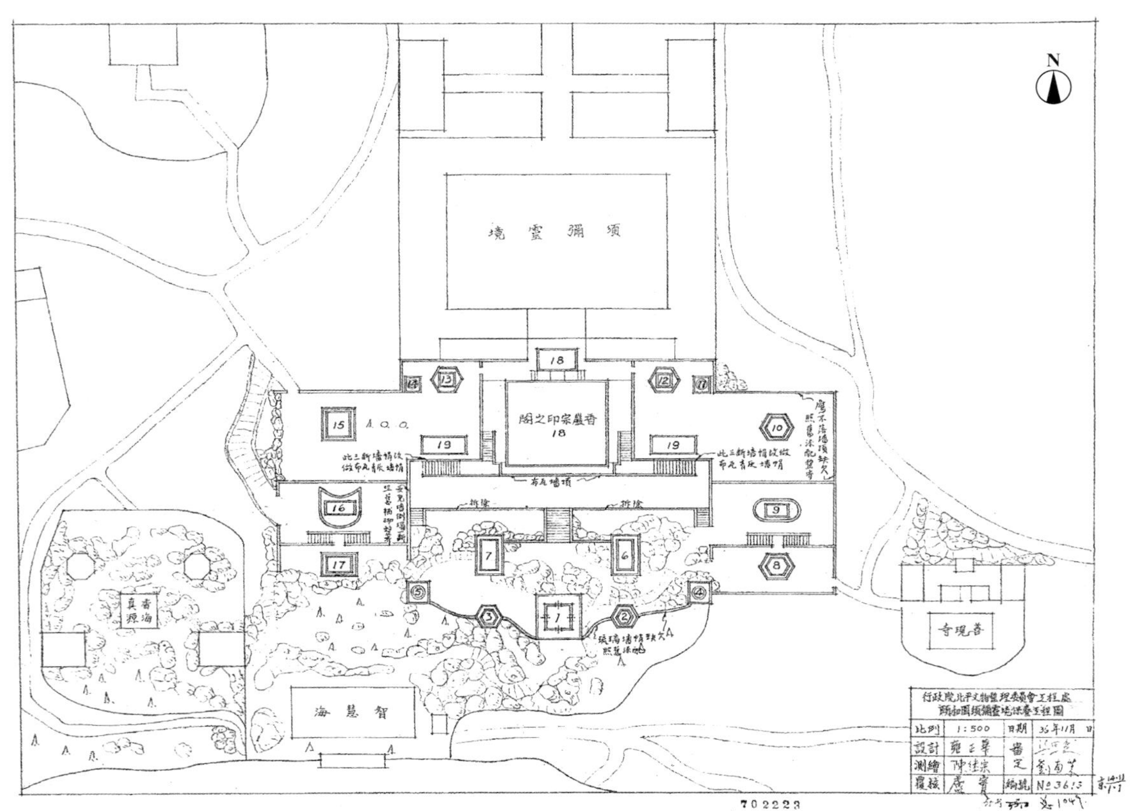

1936 年 11 月行政院北平文物整理委员会工程处《颐和园须弥灵境保养工程图》

1940 年 5 月，伪实业总署督办王荫泰出资修葺须弥灵境建筑群中年久失修的所谓石狮及石经幢[4]。1947 年，文物整理委员会根据梁思成先生亲自审定的方案图纸对须弥灵境建筑群进行了保养修缮。

1　1933~1946 年赫达 · 莫里逊的摄影集《莫里士中国老照片》(*Hedda Morrison Photographs of China*)。

2　北京市颐和园管理处：《名园旧影——颐和园老照片集萃》，文物出版社，2019 年，第 196 页。

3　1933~1946 年赫达 · 莫里逊的摄影集《莫里士中国老照片》(*Hedda Morrison Photographs of China*)。

4　北京市地方志编纂委员会：《北京志 · 世界文化遗产卷 · 颐和园卷》，北京出版社，2004 年，第 195~202 页。

第五节

复兴——中华人民共和国成立以后

后山中轴线宗教建筑群虽于1947年经文物整理委员会组织整修，但后山园区整体仍是一片荒凉景象。须弥灵境仅香岩宗印之阁和山门较完好，其余建筑木构部分几乎无存，成为万寿山后山最破败的区域。

中华人民共和国成立初期须弥灵境建筑群的破败景象[1]

1950年起，开始对颐和园进行全面整修，这也是光绪二十八年（1902年）后的第一次全面整修。1951年开始抢修四大部洲中的大殿，并在全园进行多处小修，其中就包括香岩宗印之阁、中御路及善现寺东配楼。须弥灵境藏式部分建筑于1956年进行修缮[2]。

1966年，“文化大革命”开始，颐和园作为御苑行宫，成为“封建文化典型”，受到破坏，园内一批具有历史文物价值的古建筑、佛像、匾联、字画等损失惨重。同年8月23日，香岩宗印之阁殿内乾隆年间所

1　1933~1946年赫达·莫里逊的摄影集《莫里士中国老照片》（*Hedda Morrison Photographs of China*）。

2 《颐和园大事记》编委会：《颐和园大事记（1261~2013）》，五洲传播出版社，2014年，第170~177页。

造三世佛和十八罗汉铜像部分被盗铜者掀倒摔碎，盗走铜件；山门内光绪年间所塑金刚力士（哼哈二将）泥像 2 尊被拆毁。至 1969 年，殿内被毁佛像已超过 10 尊，当时的工作人员因佛像缺首少臂、无法保管而将佛像作为杂铜卖给北京市海淀区西苑收购站，所得钱款作为公园收入。香岩宗印之阁关闭后另做他用，拆掉殿内落地罩、多宝格等。各殿内所悬挂的木框纸匾 257 个、纸联 10 对被摘下，多数损坏[1]，同年亦对香岩宗印之阁进行整修[2]。

自 1971 年起，颐和园的各项工作逐渐转向正常化，园内各处陆续开始整修。1973 年，须弥灵境大殿遗址平台改建，修整下层地面用方砖满铺。1976 年，北京市颐和园管理处开始进行恢复清漪园时期景观的规划，四大部洲被列入首要项目[3]。为整治香岩宗之阁周边的破败景象，恢复其历史景观，北京市颐和园管理处决定根据须弥灵境藏式部分残存建筑现状，并参考普宁寺建筑，对须弥灵境藏式部分建筑进行复建。工程包括油饰整修现存建筑、整修复原破损建筑、在原有砖石残基上修复被烧毁的木构殿顶，复建时不少结构采用了钢筋混凝土材料。此外，在配楼原址的台基上分别建造了五开间的卷棚硬山办公用房和公共卫生间；复建慈福牌楼（即为现状），梵天、旃林牌楼保留夹杆石和阶条石等遗存构件；整修全部墙垣、地面、踏跺及假山石道；香岩宗印之阁内另配佛像[4]，并恢复供桌、供器、幔帐；重塑山门内佛像[5]；为石狮和石经幢安装保护栏杆[6]。此工程至 1983 年结束，共投资 89 万元[7]。此次修缮修整了后山中轴线建筑群的整体面貌，但仍有不足之处。如藏式部分建筑单体配色不符合原貌[8]，大殿遗址被水泥方砖覆盖，配楼改建为体量不相当的值房，台地间扶手墙形制与原貌不符等[9]。1984 年，四大部洲对外开放，次年，香岩宗印之阁售票开放[10]。

自 1949 年起，颐和园开始逐年整修残坏山路，但由于对山体的保护未引起足够重视，存在在山体上开辟梯田、修建人防工程等现象。自 1949 年起的 20 年间，万寿山水土流失严重。20 世纪 70 年代初，逐渐开始重视山体保护，1973~1982 年采取多种措施进行补救[11]。1991 年 11 月至 1994 年 3 月，颐和园实施万寿山绿化改造工程，对颐和园的山形水系起到了积极的保护作用[12]。同时还清理全山山坡面积 14 万平方米，增砌青石包山脚护坡 1520 米、太湖石护坡 454 米，铺装云片石地面 614 平方米，翻修路面 127 平方米，现须弥灵境东、西两侧道路应即为当时补砌[13]。

1 1969 年，颐和园革委会经军宣队同意，于 4 月 9 日上报北京市建设局拟作废物处理。1969 年 10 月 10 日，将破损佛像交北京市海淀区西苑收购站按杂铜收购，共计重 20473.8 千克，得价 61802.4 元，作为公园收入。北京市地方志编纂委员会：《北京志 · 世界文化遗产卷 · 颐和园卷》，北京出版社，2004 年，第 335~336 页。

2 《颐和园大事记》编委会：《颐和园大事记（1261~2013）》，五洲传播出版社，2014 年，第 188 页。

3 北京市地方志编纂委员会：《北京志 · 世界文化遗产卷 · 颐和园卷》，北京出版社，2004 年，第 195~202 页。

4 香岩宗印之阁内原有的三世佛，现仍存释迦牟尼和药师如来两尊，参考竺本另配阿弥陀佛。十八罗汉以山西平遥双林寺罗汉为原型，局部调整。

5 山门内金刚力士（哼哈二将）仿照北京市海淀区大慧寺彩塑风格重塑。对此次修缮，北京市颐和园管理处保留了较为完整的档案，内容繁多，兹不备载，详见附录。

6 《颐和园大事记》编委会：《颐和园大事记（1261~2013）》，五洲传播出版社，2014 年，第 213 页。

7 北京市地方志编纂委员会：《北京志 · 世界文化遗产卷 · 颐和园卷》，北京出版社，2004 年，第 195~202 页。

8 徐龙龙：《颐和园须弥灵境综合研究》，天津大学硕士学位论文，2016 年，第 55~56 页。

9 20 世纪 80 年代修缮的不足之处已于 2019 年须弥灵境遗址保护与修复工程项目中进行修正。

10 1985 年 2 月 20 日，颐和园智慧海、香岩宗印之阁对游人售票开放，两处通用参观券单人票价 0.1 元。《颐和园大事记》编委会：《颐和园大事记（1261~2013）》，五洲传播出版社，2014 年，第 216~217 页。

11 1973 年将梯田恢复原状改种常绿树，恢复山林原貌。1980 年彻底调查全山的山路及排水情况，之后用 5 年时间全面翻修园内山路。1982 年开始清理万寿山上的碎石乱砖。北京市地方志编纂委员会：《北京志 · 世界文化遗产卷 · 颐和园卷》，北京出版社，2004 年，第 39~40 页。

12 北京市地方志编纂委员会：《北京志 · 世界文化遗产卷 · 颐和园卷》，北京出版社，2004 年，第 39~40 页。

13 北京市地方志编纂委员会：《北京志 · 世界文化遗产卷 · 颐和园卷》，北京出版社，2004 年，第 4 页。

颐和园山体上的梯田全貌（左）及局部（右）[1]

须弥灵境建筑群东、西道路旧影（左）及现状（右）

2010 年，对须弥灵境藏式部分进行修缮。同年，北京市颐和园管理处委托北京市文物研究所对须弥灵境遗址进行考古发掘，发掘面积 2440.5 平方米[2]。此次发掘为之后复建保护工程的开展奠定了基础。2010 年 8~11 月，北京市文物研究所对须弥灵境大殿遗址、宝华楼遗址、法藏楼遗址、梵天牌楼遗址、旃林牌楼遗址进行了考古发掘。考古工作结束后，立即对遗址进行了回填，恢复其原有面貌，以便有效地保护遗址，后期亦发表了考古发掘报告[3]。2010 年，进行颐和园四大部洲修缮工程的勘察设计工作，2011 年修缮工程结束[4]，修缮建筑面积 2055 平方米，院落地面面积 5160 平方米。2012 年 4 月 30 日完成布展工作并对外开放[5]，于五一国际劳动节期间接待游客 10000 余人次[6]。2013 年，颐和园四大部洲修缮工程获评“2012 年度全国十大文物维修工程”。

1 1933~1946 年赫达 · 莫里逊的摄影集《莫里士中国老照片》（*Hedda Morrison Photographs of China*）。

2 《颐和园大事记》编委会：《颐和园大事记（1261~2013）》，五洲传播出版社，2014 年，第 310 页。

3 北京市文物研究所：《颐和园须弥灵境遗址考古发掘完工报告》，2010 年，内部资料。

4 建筑物本体修缮包括基础、石作、地面、墙体、木构架及木基层、斗拱、屋面、木装修、油饰、彩画等；对香岩宗印之阁内的佛像进行贴金，并给三世佛添贴金背光；进行院内地面砖的铺墁、排水改造以及院墙和院门的整修、加固、新做；对绿地、假山、古树进行保护。

5 布展工作于 2011 年 10 月 12 日启动。《颐和园大事记》编委会：《颐和园大事记（1261~2013）》，五洲传播出版社，2014 年，第 313 页。

6 中央电视台、新华社、北京电视台、《北京日报》等 13 家主流媒体对此进行了集中报道。《颐和园大事记》编委会：《颐和园大事记（1261~2013）》，五洲传播出版社，2014 年，第 313 页。

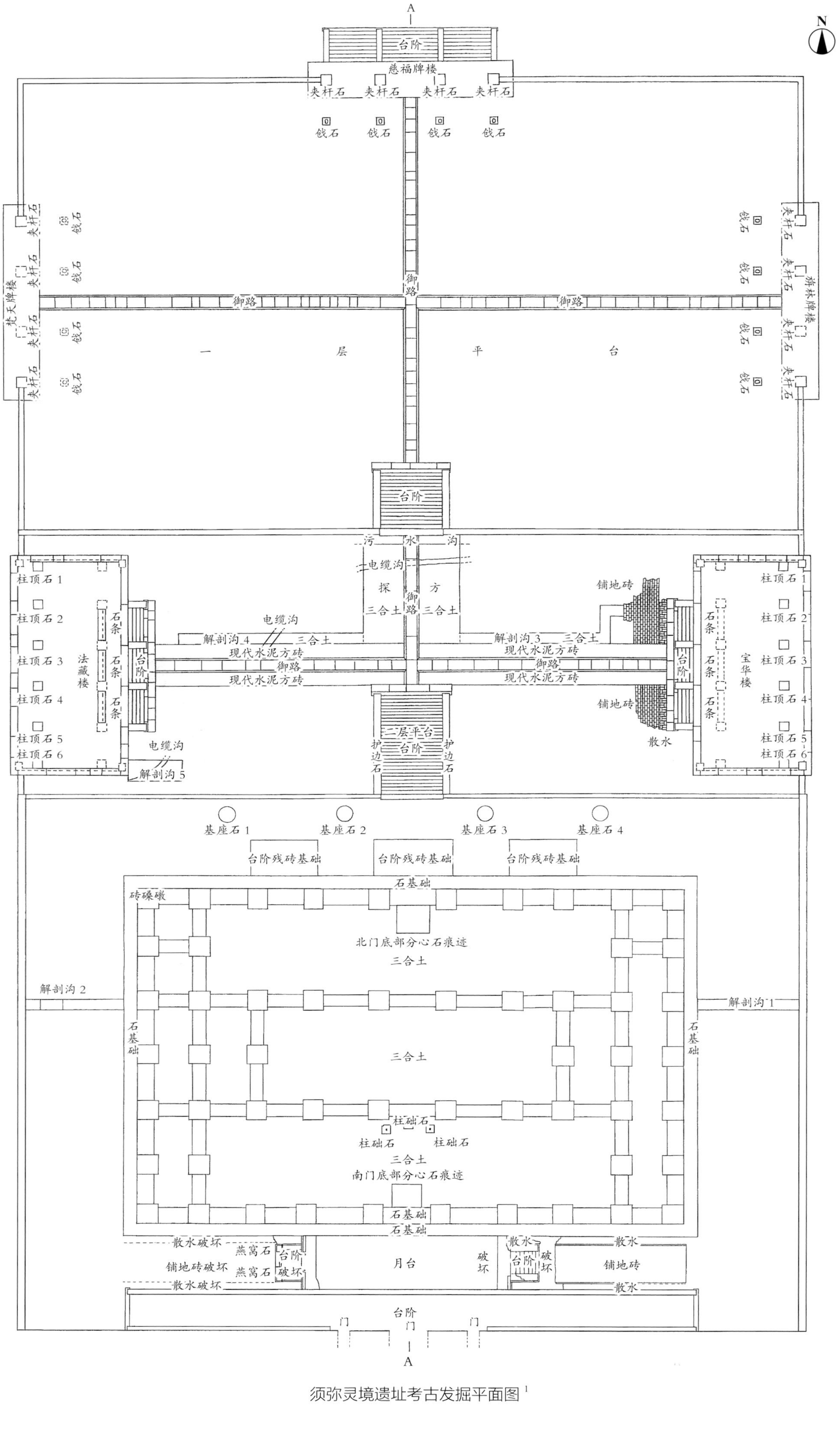

须弥灵境遗址考古发掘平面图[1]

1　北京市文物研究所：《颐和园须弥灵境遗址考古发掘完工报告》，北京市文物研究所，2010 年。

2010年底至2012年，颐和园组织开展了须弥灵境建筑群的综合研究、复原设计及遗址保护展示设计等工作。2012年4月19日，由专家组[1]对须弥灵境建筑群保护和修复方案进行了论证，一致认为遗址格局清晰，又有大量遗存构件，综合考虑须弥灵境建筑群的现状，建议对须弥灵境大殿恢复到台明，进行遗址展示，对旃林、梵天牌楼及宝华、法楼进行遗址修复。2012年4~12月，根据专家意见，颐和园完成了相关遗址保护与复原的设计方案。2013年1月25日，专家组[2]对设计方案细节进行了论证，并提出相应的修改意见。随后，根据专家意见深化方案。2013年1月25日，《须弥灵境遗址保护与修复工程规划》专家评审会在颐和园举行，工程于2019年修复工程正式启动。工程主要包括须弥灵境建筑群东、西配楼及东、西牌楼的修复，须弥灵境大殿遗址的保护，现存文物的现状整修及周边环境和附属设施整治[3]。

1 2

① 2010年须弥灵境遗址考古发掘现场（张龙摄）

② 须弥灵境遗址展示与保护工程鸟瞰效果图[4]

1 专家组由付清远、张之平、王立平、吕舟、李永革组成。

2 专家组由付清远、晋宏、吕舟组成。

3 周边环境和附属设施整治包括北牌楼、一至三层平台地面、台阶、一层平台扶手墙、二层平台卡子墙、三层平台围墙、二层和三层平台虎皮石墙、十七孔桥地面等的现状整修，景区内及周边树木、山石、水电、设备等的整修。详见附录。此次工程对20世纪80年代修缮的不足之处（除藏式部分单体建筑配色问题外）进行了修正。

4 见《须弥灵境配楼、牌楼复建及周边环境整治工程方案设计》。

第二章

须弥灵境建筑群复原研究

本章基于对须弥灵境遗址现状的测绘调查和考古发掘，综合研究相关样式雷图档、清宫档案、历史照片等材料以获取空间关系与尺度等信息，并参照同时期园林建筑实物与清工部工程做法的尺度权衡，对清漪园时期的须弥灵境建筑群进行复原研究。

第一节
研究缘起

20 世纪 80 年代以来，天津大学建筑学院承担了国家自然科学基金资助项目“清代皇家园林综合研究”“清代样式雷图档综合研究”，在王其亨先生的带领下，对皇家园林创作思想和方法进行了深入研究并取得了丰硕成果。2004 年，天津大学建筑学院展开颐和园样式雷图档研究，在北京市颐和园管理处的支持下完成了大量实地勘察和测绘等工作，其中包含须弥灵境建筑群。2007 年，天津大学建筑学院对须弥灵境遗址又进行了一次大规模测绘；2010 年进行了详细的现场调研与勘察记录。

2010 年 8 月 4 日至 11 月 28 日，北京市文物研究所对须弥灵境遗址（包括慈福牌楼、梵天牌楼、旃林牌楼、宝华楼、法藏楼、须弥灵境大殿）进行了考古发掘，并完成《颐和园须弥灵境遗址考古发掘完工报告》[1]，考古工作结束后，为有效保护遗址，很快进行了回填。此次考古发掘的成果报告是须弥灵境建筑群复原研究的基础资料，也为须弥灵境遗址保护与修复工作的开展提供了重要依据。

除考古发掘资料外，清代皇家园林在营建与使用过程中留下了大量的文献档案，为复原研究工作提供了较为丰富的材料依据。须弥灵境建筑群复原研究的相关档案有中国第一历史档案馆藏《清漪园须弥灵境大殿内里拆安天花销算银两黄册》《清漪园须弥灵境大殿内添安抱柱销算银两总册》《清漪园大报恩延寿寺等座牌楼粘修销算银两总册》和嘉庆十二年《须弥灵境佛像供器陈设清册》，以及清华大学建筑学院藏光绪十三年《万寿山准底册》。还有一批相关样式雷图档，包括中国国家图书馆藏国 113-006《须弥灵境大木立样歇山》、国 353-1639《后山中路全部地盘样》、国 349-1264《后山中路全部地盘样》[2]、国 343-0666《清漪园地盘画样》和道光时期的《清漪园地盘全图》，以及故宫博物院藏《万寿山清漪园地盘画样全图》[3]。

1 北京市文物研究所：《颐和园须弥灵境遗址考古发掘完工报告》，2010 年，内部资料。

2 国家图书馆：《国家图书馆藏样式雷图档 · 颐和园卷》，国家图书馆出版社，2018 年。天津大学张龙教授对几张图题名进行核准，按文中排列顺序分别为：国 343-0666《清漪园地盘全图》、国 353-1639《颐和园万寿山后山中路添修三世佛大殿及山门地盘样》、国 349-1264《颐和园万寿山后山中路地盘样》、国 392-0147《万寿山后山香岩宗印之阁地盘样》、国 113-006《颐和园后山须弥灵境大木立样》。张龙：《颐和园样式雷建筑图档综合研究》，天津大学博士学位论文，2009 年，第 115 页。

3 清工部样式房制清内府色绘纸本，纵 72.5、横 110 厘米。故宫博物院：《故宫博物院藏品大系：善本特藏编 13 样式房图档》，故宫出版社，2014 年，第 18~19 页。将《万寿山清漪园地盘画样全图》、国 343-0666《清漪园地盘画样》与遗址现状对比可以看出，《万寿山清漪园地盘画样全图》的表达准确度与精细度均比国 343-0666《清漪园地盘画样》更好，建筑群题名图签信息更完整，对于建筑群平面的绘制更精细，同时园内道路也有更清晰、细致的表达。初步推断也应绘制于道光二十至二十四年（1840~1844 年）之间。除了后期光绪时期改建和添建的香岩宗印之阁南瞻部洲与两侧值房，图纸与现状的整体格局吻合度很高，位置基本一致。这也说明了后山中轴线建筑群的整体表达仍沿用乾隆时期的设计。

19 世纪 60 年代约翰·德贞拍摄的须弥灵境建筑群旧影[1]

此外，由于清代建筑营造活动频繁，为控制钱粮，雍正时期刊行了《工程做法则例》并留下了大量官式建筑尺度权衡档案。其中部分内容经梁思成先生整理编纂成《清式营造则例》，可作为宝华楼、法藏楼细部构件尺度确定的参考依据。经刘敦桢先生整理的《牌楼算例》中有“四柱七楼大木的分法”，可作为旃林牌楼、梵天牌楼细部构件尺度确定的参考依据。根据这些档案文献，可以了解乾隆时期清漪园须弥灵境建筑群汉式部分的空间格局及建筑单体布局等信息。

同时，近年新发现的历史照片及现存的同时期、同类型建筑可作为补充，完善复原所需信息。19 世纪中期，赫达·莫里逊、约翰·德贞、托马斯·查尔德、约翰·汤姆森、阿尔伯特·卡恩、兰登·华尔纳等外国摄影师拍摄了大量清漪园被焚毁后和颐和园重修后的照片。其中，德国女摄影师赫达·莫里逊所拍照片为清漪园（颐和园）须弥灵境建筑群的复原研究提供了宝贵的资料。

此外，清华大学建筑系自 1954 年开设“中国古建筑测绘实习”课程，以颐和园为基地，结合教学针对这一世界文化遗产做了大量的研究工作，其中包括对须弥灵境建筑群的研究。周维权先生在《承德的普宁寺与北京颐和园的须弥灵境》一文中通过对遗址现场和文献档案的分析，对须弥灵境大殿及香岩宗印之阁进行复原[2]；《颐和园》一书中亦对须弥灵境建筑群进行了整体形象的复原[3]。这些研究资料为须弥灵境建筑群的复原研究与方案设计工作提供了重要的研究基础。

随着研究材料的不断丰富，设计方案也在不断调整与改进，并经由专家组多次论证，使须弥灵境建筑群的复原研究得以进一步深化与完善，为须弥灵境大殿遗址保护与展示及配楼、牌楼的复原展示奠定了坚实的基础。

1　北京颐和园管理处：《名园旧影——颐和园老照片集萃》，文物出版社，2019 年，第 44 页。

2　清华大学建筑系：《建筑史论文集（第八辑）》，清华大学出版社，1987 年，第 57~81 页。

3　清华大学建筑学院：《颐和园》，中国建筑工业出版社，2000 年，第 139~142 页。

须弥灵境大殿复原

清漪园时期须弥灵境大殿是须弥灵境建筑群汉式部分的核心，其与前山佛寺建筑共同构成前、后山建筑总体规划的核心部分，起到了统摄全园的作用。

一、研究材料分析

（一）遗址调查与考古发掘

在北京市文物研究所负责的考古发掘工作中，可以清晰地看到须弥灵境大殿原有的金边、砖磉礅等遗迹格局完整清晰，土衬石、陡板石、踏跺石、柱顶石等均有部分遗存。现场残存一些构件，但非大殿所有。南面踏步较为完整。台明以上部分均不存在，磉礅被挖去，仅存柱坑。

根据对现存遗迹的测量可以获得须弥灵境大殿的面阔、进深以及台明细部构件的尺寸信息。柱网的通面阔约为46.38米（约合十四丈五尺），通进深为28.7米（约合九丈），与记载尺寸相近，面阔比《清漪园须弥灵境大殿内里拆安天花销算黄册》记载数据少四尺，进深少二尺，推断可能为墙厚或测量偏差。

须弥灵境遗址出土的建筑构件种类和数量较多，各种琉璃构件、汉白玉构件、石构件及砖雕等共计35件。

须弥灵境大殿遗址发掘现场

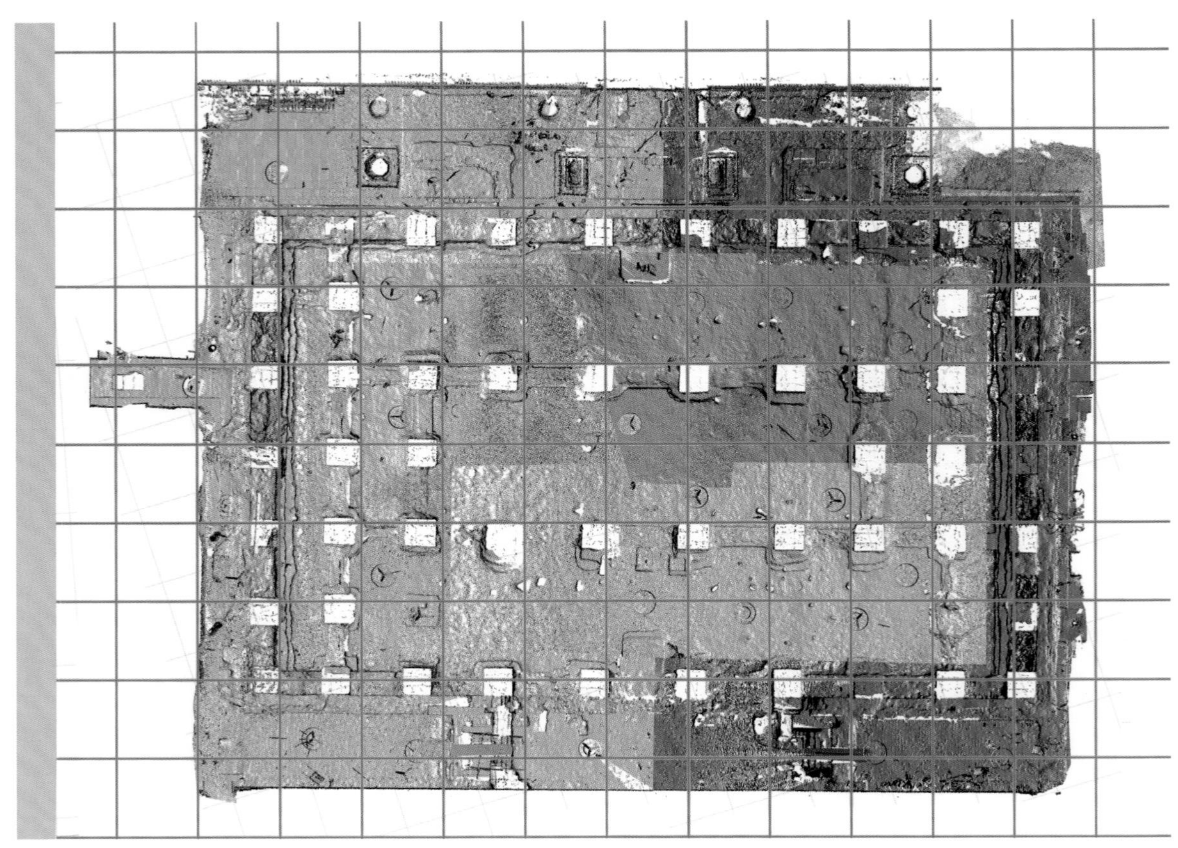

须弥灵境大殿遗址三维激光扫描图

须弥灵境大殿柱网尺寸权衡表

项目	位置	现状尺寸（毫米）	折合清尺	采用尺寸
面阔（九间）	明间	6016	一丈八尺八寸	一丈九尺
	次间 1	5906	一丈八尺四寸	一丈八尺五寸
	次间 2	4982	一丈五尺五寸	一丈五尺五寸
	梢间	4865	一丈五尺二寸	一丈五尺
	尽间	4493	一丈四尺	一丈四尺
	通面阔	46375	十四丈四尺九寸	十四丈五尺
进深（六间）	明进深	5057	一丈五尺八寸	一丈六尺
	次进深	4850	一丈五尺一寸	一丈五尺
	梢进深	4451	一丈三尺九寸	一丈四尺
	通进深	28719	八丈九尺七寸	九丈

须弥灵境遗址出土抱鼓石

须弥灵境大殿遗址出土构件统计表

名称	数量（件）	尺寸（米）
黄釉琉璃筒瓦	10	0.39×0.16×0.02
绿釉琉璃筒瓦	6	0.39×0.16×0.02
蓝釉琉璃筒瓦	1	0.39×0.16×0.02
残黄釉滴水	2	0.18×0.08×0.01
黄釉瓦当	2	0.13×0.1×0.02
绿釉兽头	2	0.22×0.15×0.07
黄釉兽头	1	0.18×0.16×0.05
残绿釉兽爪	1	0.18×0.13×0.07
残汉白玉石构件	1	0.4×0.3×0.23
残花边柱础石	2	1.04×0.6×0.3
园地漏石盖	2	0.38×0.38×0.12
残铜器	1	0.6×0.18×0.08
残铁风铃	1	0.2×0.08×0.01
带雕刻花脊瓦	3	0.44×0.22×0.18

（二）文献档案

关于须弥灵境大殿的清代档案资料主要有《清漪园须弥灵境大殿内里拆安天花销算银两黄册》《清漪园须弥灵境大殿内添安抱柱销算银两总册》及光绪十三年《万寿山准底册》。

《清漪园须弥灵境大殿内里拆安天花销算银两黄册》载："清漪园须弥灵境大殿一座计九间，通面阔十四丈九尺，进深六间，通进深九丈二尺。檐柱高二丈、径二尺，金柱高四丈、径二尺四寸，钻金柱高五丈、径二尺六寸。斗口三寸五分，下檐单翘重昂，上檐单翘三昂。斗科内里，天花前后金明三（间）面阔七井，二次间各面阔五井，进深十一井。钻金柱内明三间，各面阔七井，二次间各面阔五井，进深十三井。两山各面阔三十三井，进深十井。共计天花一千七百四十五井。"

《清漪园须弥灵境大殿内添安抱柱销算银两总册》载："清漪园须弥灵境大殿一座，面阔显九间，通计十四丈九尺，进深显六间，通进深九丈二尺。檐柱高二丈、径二尺，金柱高四丈、径二尺四寸，钻金柱高五丈、径二尺六寸；天花下露明，高三丈九尺六寸；天花上不露明，高一丈一尺三寸。前钻金柱明间东一根，下截墩接柏木六敚成做，高一丈四尺五寸，加锭铁箍五道，前钻金柱四根，每根四面。天花枋上下添安抱柱十三根，内南面高三丈九尺六寸，见方一尺四寸，俱用整柏木抱柱一根；东、西、北三面抱柱三根，见方一尺三寸；天花上抱柱九根，见方一尺二寸。"

光绪十三年《万寿山准底册》中载："须弥灵境台基面宽十六丈二尺，进深十二丈五尺五寸，东西卡当二丈九尺，五层叠落高三丈五尺。"

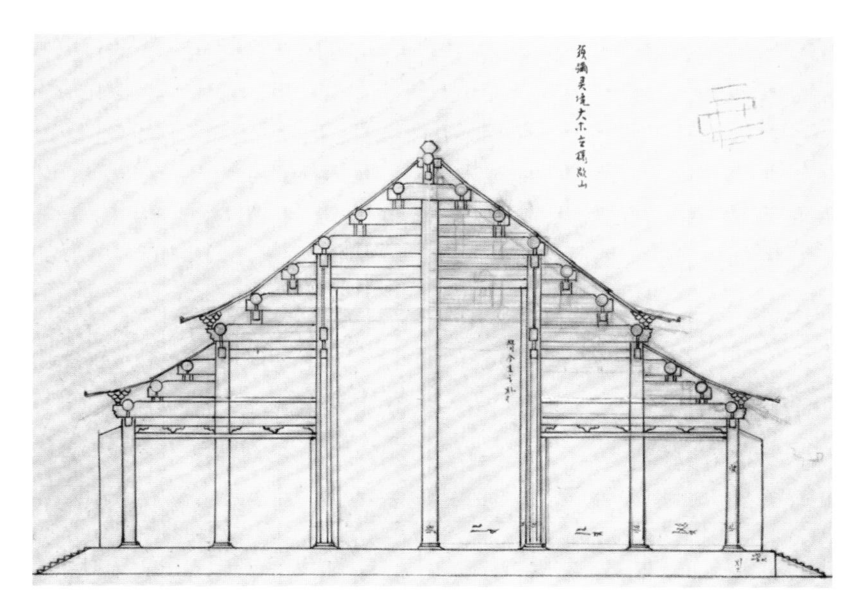

国 113-006《须弥灵境大木立样歇山》

档案中所反映出的空间信息与考古调查结果相吻合，须弥灵境大殿空间布局及尺寸已十分明晰。

中国国家图书馆藏样式雷图档国 113-006《须弥灵境大木立样歇山》，图纸为墨绘，尺寸、名称等直接题在画面上，建筑线条绘制较草，且有涂改痕迹。此图所示举架关系不明显；斗拱位置有误，斗拱与正心桁的位置关系不正确，且无挑檐桁；经测量图中金柱与钻金柱的尺寸与上述文献记载不符；台阶位置、形式与遗址考古调查结果不符；且与上述文献记载相比，图中下檐尺寸更为准确，上檐的尺寸则不太准确。因此推断此画样或为重修时的设计示意图。

《清漪园须弥灵境大殿内里拆安天花销算银两黄册》（下表中简称《黄册》）记载：须弥灵境大殿一座，计九间……进深六间，通进深九丈二尺，檐柱高二丈，径二尺四寸，钻金柱高五丈，径二尺六寸……下檐单翘重昂，上檐单翘三昂。

须弥灵境遗址相关尺寸对照表 单位：毫米

资料来源	檐柱高	檐柱径	金柱高	金柱径	钻金柱高	钻金柱径
《黄册》	6366	636	12732	763	15915	827
国 113-006	6366	700		795	14642	

从国 113-003 中可知，该大殿有一根中柱，高度到三架梁下皮，柱径为二尺六寸；下檐桃尖梁下或有穿插枋，穿插枋上有隔架科斗拱，斗拱形如普乐寺宗印殿；结合柱网推断，下檐明、次间桃尖梁跨度为两个进深，即从檐柱到钻金柱二重檐檐柱为架在桃尖梁上的童柱；大殿步架或为十三檩。

然而，须弥灵境大殿三个檐檩之间的垂直间距过密，与同时期同类建筑测绘图的数据关系不符，从结构角度看也不甚合理。且根据对同时期同类建筑测绘图的研究发现，一般檐步架尺寸会大于金、脊步架尺寸，若须弥灵境大殿为十三檩建筑，檐步架尺寸将小于金、脊步架。在同时期建筑中，目前仅发现故宫太和殿为十三檩建筑，如果须弥灵境大殿亦为十三檩建筑，可能不符合该大殿的地位与等级，故而推测该大殿可能为十一檩或九檩。但若为九檩建筑，则步架又过大，因此该大殿为十一檩的可能性较大。

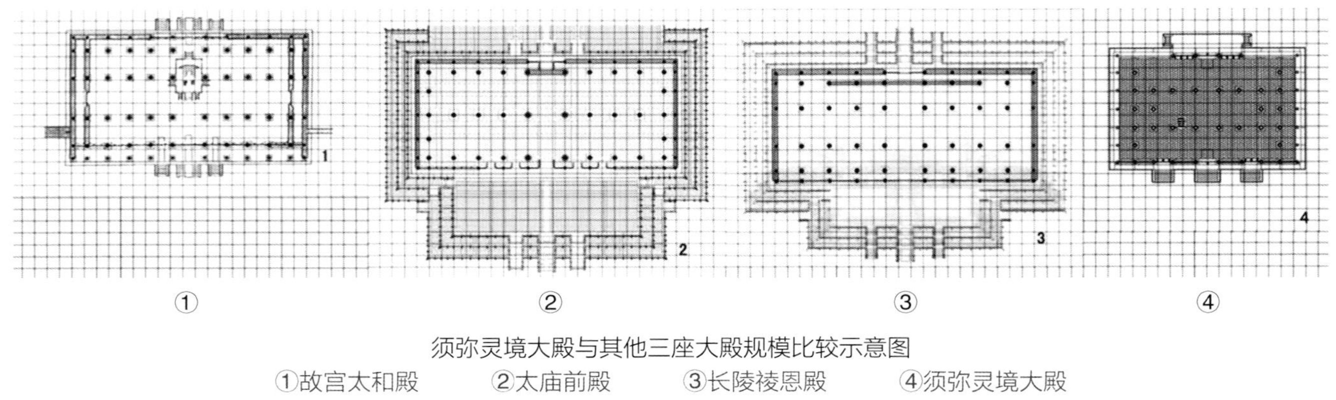

须弥灵境大殿与其他三座大殿规模比较示意图
①故宫太和殿 ②太庙前殿 ③长陵祾恩殿 ④须弥灵境大殿

须弥灵境大殿与其他三座大殿规模比较表

建筑	建造时间	建筑面积（平方米）	殿身高（米）	面阔（米）	进深（米）	斗口（毫米）
长陵祾恩殿	永乐十四年	1956	25.9	9 间，60.9	5 间，29.3	95
太庙前殿	嘉靖二十四年	1943	28.38	11 间，66.79	6 间，29.09	125
故宫太和殿	康熙三十四年	2002	26.92	11 间，60.08	5 间，33.33	95
须弥灵境大殿	乾隆十九年	1343	27.28	9 间，46.49	6 间，28.89	112

通过多个建筑的对比研究，结合相关资料记载，总结重檐建筑出檐尺寸的大致规律为：檐椽出檐尺寸为飞椽的2/3[1]，一重檐出等于二重檐出，出檐为檐柱高的3/10或21斗口[2]。须弥灵境大殿的檐柱底到挑檐桁下皮距离为二丈四尺六寸，该高度的3/10为七尺三寸；斗口尺寸为三寸五分，21斗口为七尺三寸。两个尺寸是吻合的，因此推定须弥灵境大殿的出檐尺寸为七尺三寸。

中国第一历史档案馆藏《清漪园大报恩延寿寺等座牌楼粘修销算银两总册》载："须弥灵境大殿正脊上拆换无色琉璃塔囊七座，玲珑庆云脊十七件，上下檐五样黄色琉璃瓦。"据此可知须弥灵境大殿正脊上有塔囊，重檐黄琉璃瓦顶。

中国第一历史档案馆藏《嘉庆十二年清漪园各处陈设清册》中详细记载了须弥灵境大殿的内部陈设，可补充须弥灵境大殿的空间格局等信息：

殿内面北安石造神台，上安木贴金背光莲花座，上供镌胎三世佛三尊菩萨二尊，中间佛手内托乾隆款铜珐琅钵一口。莲花座上自东供起紫檀佛锅十五座。第一座供铜胎跕像观世音菩萨一尊，第二座供铜胎跕像释迦牟尼佛一尊，第三座供铜胎跕像观世音菩萨一尊，第四座供铜胎绿衣救度菩萨一尊，第五座供铜胎大佑菩萨一尊，第六座供铜胎绿衣救度菩萨一尊，第七座供铜胎无敌金刚一尊，第八座供铜胎释迦牟尼佛一尊，第九座供铜胎不动金刚一尊，第十座供铜胎大殊菩萨一尊，第十一座供铜胎无量寿佛一尊，第十二座供铜胎观世音菩萨一尊，第十三座供铜胎释迦牟尼佛一尊，第十四座供铜胎燃灯佛一尊，第十五座供铜胎释迦牟尼佛一尊。

须弥座自东起供楠木龛、紫檀龛、紫檀屏峯共十一座。内第一座楠木九塔龛供铜胎释迦牟尼佛一尊，铜胎跕像八大菩萨八尊；第二座紫檀三塔龛玻璃门内供铜胎释迦牟尼佛三尊；第三座紫檀三塔龛玻璃门内供铜胎释迦牟尼佛三尊；第四座紫檀三塔龛玻璃门内供铜胎无量寿佛一尊，铜胎弥勒菩萨二尊；第五座紫檀三屏峯上供铜胎无量寿佛一尊，铜胎文殊菩萨二尊，屏峯下随紫檀包厢杉木座一件；第六座紫檀三屏龛随紫檀包厢楠木座上供铜胎绿衣救度佛母一尊，银胎无量寿佛一尊，铜背光，铜胎白衣救度佛母一尊；第七座紫檀三屏峯上供铜胎释迦牟尼佛三尊，屏峯下随紫檀包厢杉木座一件；第八座紫檀三塔龛玻璃门内供铜胎观世音菩萨三尊；第九座紫檀三塔龛玻璃门内供铜胎绿衣救度佛母三尊；第十座紫檀三塔龛玻璃门内供铜胎绿衣救度佛母一尊，铜胎白衣救度佛母二尊；第十一座楠木九塔龛供铜胎跕像释迦牟尼佛一尊，铜胎跕像八大菩萨八尊。

下层神台下前面供红木包厢神台一座，上供搭色木五层龛三座，内各供铜胎无量寿佛二十七尊、铜胎救度佛母二十七尊、铜胎尊胜佛母二十七尊。

供桌前中安古铜嘎哒一件，计四层。上安须弥山一座，上供铜部洲十七座。二层供铜七珍一分，三层供铜八宝一分、铜旛一对、铜罐一件，四层供铜八大菩萨八尊、铜谷草一盆、铜牛一件、铜梭罗树一件。铜胎无量寿佛四十二尊。

两次间安黑漆金花亭式龛二座，每龛内供五色玻璃救度佛母五尊。里外供铜胎无量寿佛六十八尊，各随铜背光每龛三十四尊。

两梢间安黑漆金花八方亭式龛二座，黑漆金花柜座，每龛内供红玻璃无量寿佛五尊，各手托珊瑚宝瓶。里外供铜胎无量寿佛五十二尊，各随铜背光每龛二十六尊。

两梢间前面两次间安紫檀九层塔二座，每座玻璃门三十六扇，每座玻璃门上贴画像佛三十六张。上下

1　带斗拱的大式建筑，其上檐出尺寸是由两部分尺寸组成的。一部分为挑檐桁中至飞檐椽头外皮，这段水平距离通常规定为21斗口，其中2/3为檐椽平出尺寸，1/3为飞椽平出尺寸；另一部分为斗拱挑出尺寸，即正心桁中到挑檐桁中的水平距离。马炳坚：《中国古建筑木作营造技术》，科学出版社，2003年。

2　出檐远近是按檐柱高的（从图上看是指檐柱底到挑檐桁下皮）1/3或3/10。梁思成：《清式营造则例》，中国营造学社，1934年。

里外供铜胎无量寿佛一千三十二尊，每塔各供五百十六尊。

两梢间对面悬山上供增胎四大菩萨四尊，增胎救度佛母四十八尊，增胎罗汉一百八尊。面南悬山上供增胎观世音菩萨一尊，乘异兽莲花座，手内拿蜜蜡数珠一盘，计五十棵。内佛头洋磁四个，项上挂哈达一疋。两边供增胎善才龙女二尊，俱随莲花座。龙女手内托御书金字《般若波罗蜜多心经》一套，一册。莲花座上供香胎跕像观音一尊，随紫檀填金背光座，楠木五彩背光座，身披洋锦佛衣一分，随珊瑚钮二个。两边面南悬山上供增胎救八难菩萨八尊。对面悬山上供增胎菩萨二尊、增胎护法四尊。

二、复原成果

综合考古发掘资料和历史档案，掌握了须弥灵境大殿遗址的平面柱网形式，金柱、钻金柱的高和直径，

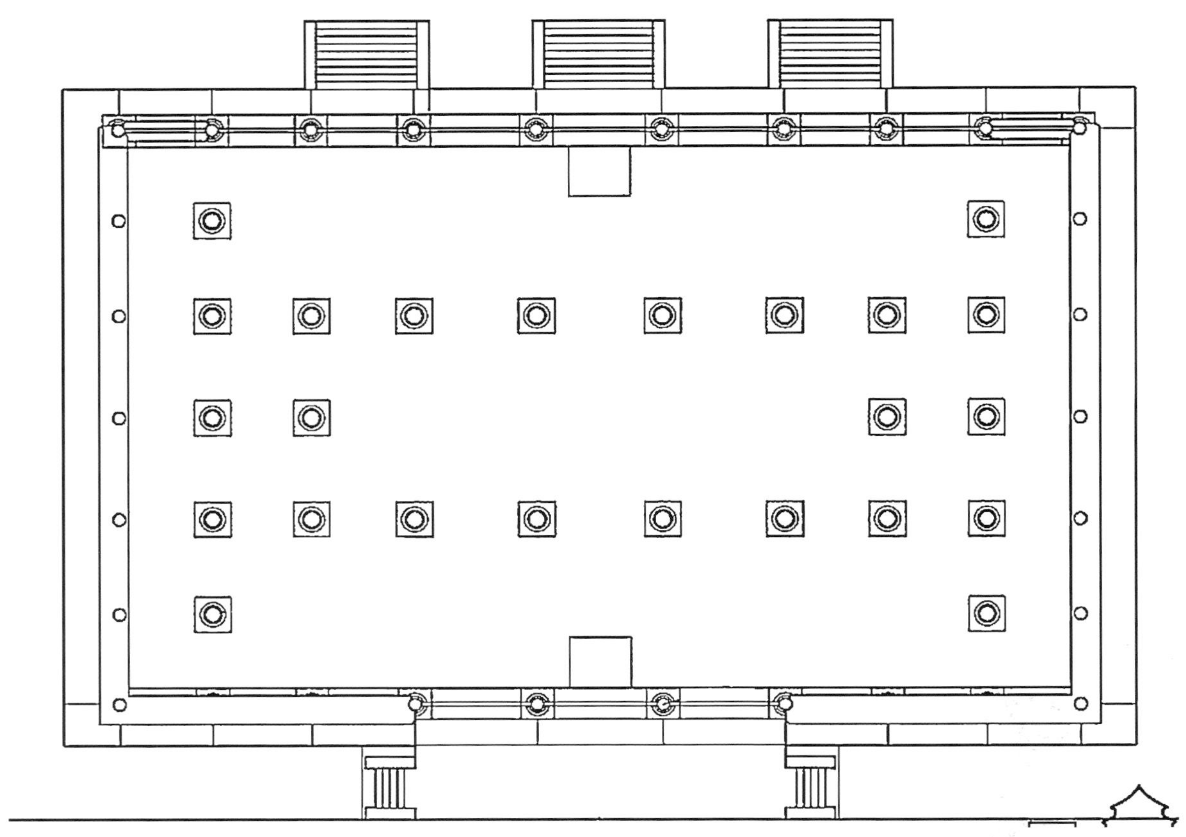

须弥灵境大殿复原平面图

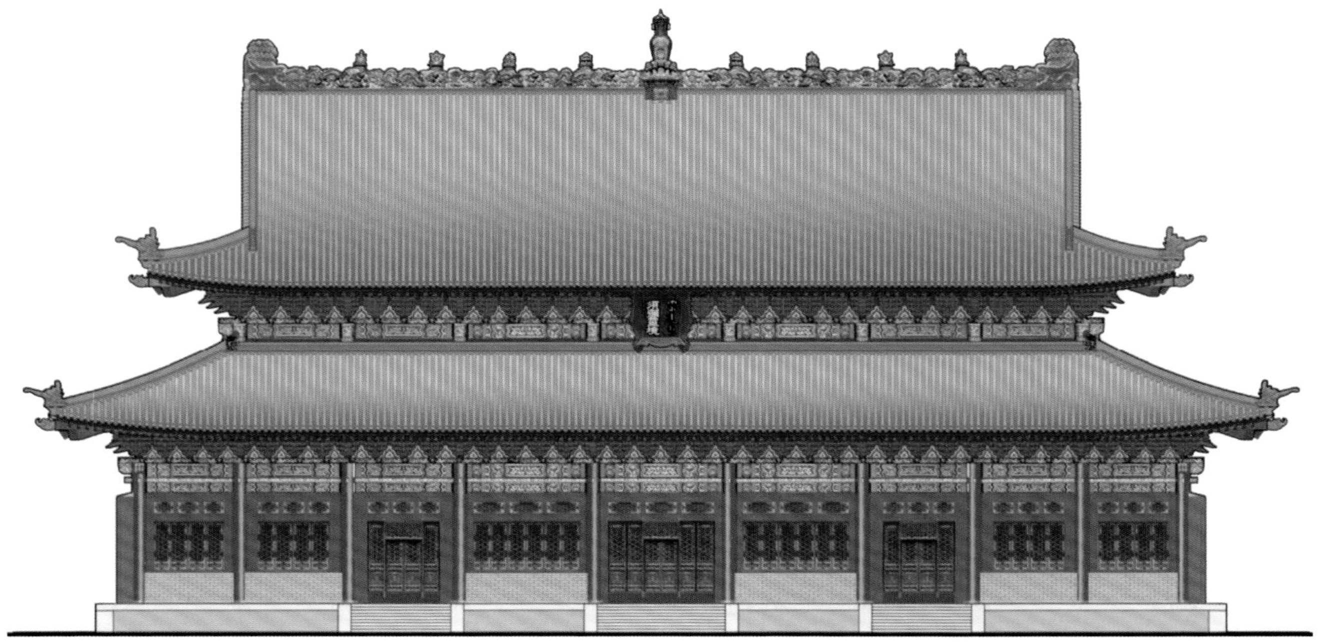

须弥灵境大殿复原立面图

上、下檐斗拱及斗口形式，屋顶样式，琉璃瓦型号，脊的样式，室内天花布置以及陈设等信息。由此可大致勾勒出须弥灵境大殿的整体形象为：面阔九间，进深六间；斗拱斗口三寸五分，下檐单翘单昂，上檐单翘三昂；头停重檐歇山五号黄色琉璃瓦、琉璃云纹脊带塔囊；室内面北供三世佛，面南为悬山佛像，东、西两侧为悬山佛像。

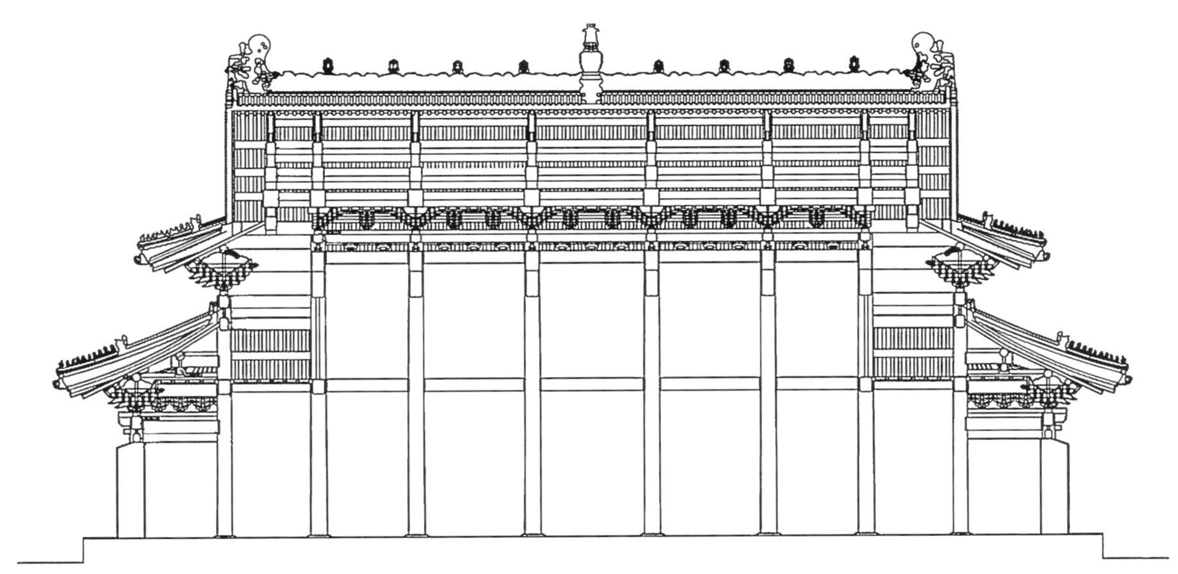

须弥灵境大殿复原横剖面图

须弥灵境大殿复原纵剖面图

第三节

宝华楼与法藏楼复原

宝华楼、法藏楼是须弥灵境建筑群的重要组成部分，二者与三牌楼的布局完成了从园林空间到对称式布局的寺庙空间的过渡。

一、研究材料分析

（一）遗址调查与考古发掘

据考古调查与发掘资料，宝华楼与法藏楼台明保存基本完好，柱础部分残存，后檐墙尚在。根据对现存遗迹的测量，可知宝华楼与法藏楼的面阔、进深、柱径、墙厚等信息；据须弥灵境遗址出土的六号黄绿琉璃瓦可知此二楼屋顶原应铺设有黄绿琉璃，根据同时代同类型建筑屋顶式样推测很可能为黄琉璃绿剪边形式；根据遗址台明山面下出尺寸较大的特征，可推断原建筑屋顶为歇山做法。从历史照片中也可看出此二楼为后檐墙形式。

1933~1946 年赫达·莫里逊拍摄的宝华楼与法藏楼

宝华楼与法藏楼柱础遗存
边长 8.6、鼓径 4.1、柱径 3.85、高 1.95 厘米

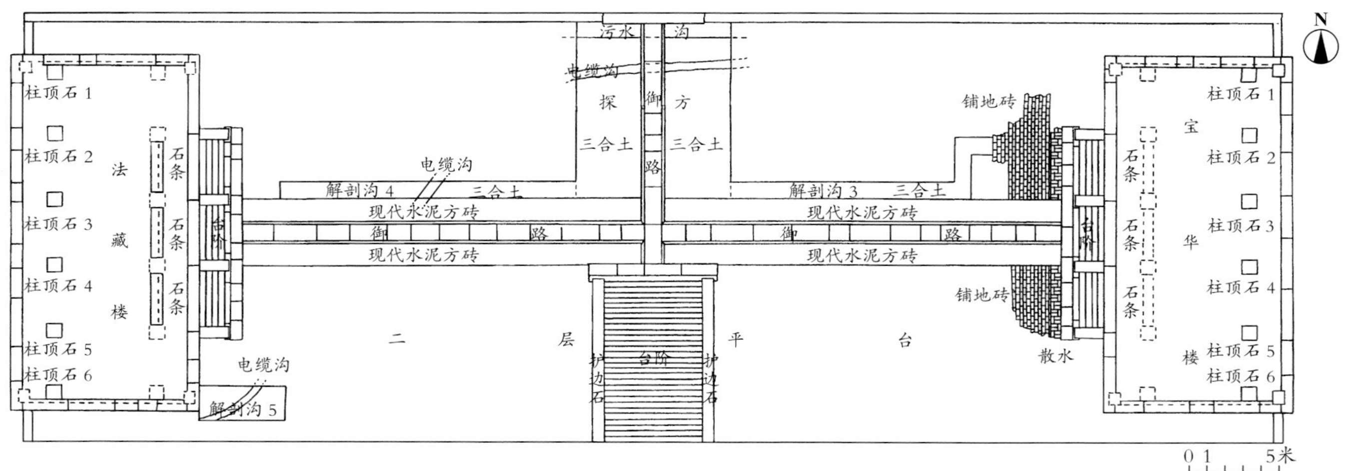

宝华楼、法藏楼遗址发掘平面图

（二）文献档案

1 道光时期《万寿山清漪园地盘画样全图》与国 343-0666《清漪园地盘画样》

通过对清漪园内建筑组群格局与相应样式雷图档进行比对，可知此二图可靠性较高。《万寿山清漪园地盘画样全图》[1]中，东、西配殿均为面阔六间（遗址现状为面阔五间）、进深三间的建筑，前廊向南侧延续，与须弥灵境大殿所在高台相接。国 343-0666《清漪园地盘画样》中所画配殿格局与遗址现状相符，也用线段将配殿与大殿平台相连。由此可推测须弥灵境配殿应为二层配楼形式。

道光时期《万寿山清漪园地盘画样全图》　　国 343-0666《清漪园地盘画样》

2 光绪十三年《万寿山准底册》中有关东、西配楼的记载

光绪十三年《万寿山准底册》中载："东、西配楼二座，各五间。明三间各面宽一丈二尺三寸；两稍间各面宽一丈一尺二寸，进深一丈八尺二寸；前后廊各深四尺三寸；台明高二尺六寸，下出三尺五寸；下檐柱高一丈一尺六寸。四层砖叠落高一丈五尺……"《万寿山准底册》中所载配楼平面信息与遗址现状基本吻合，并载有配楼一层柱高。

（三）建筑实例

北海公园宝积楼建于乾隆三十五年（1770 年），略晚于宝华楼，二者均为建筑群中主要佛殿的配楼。通过对此二楼的平面轴线进行对比可以看出，宝积楼和宝华楼的平面尺度相近，因此宝积楼的构件尺度可作为宝华楼修复的参考。

北海公园宝积楼

1　清工部样式房制清内府色绘纸本，纵 72.5、横 110 厘米。故宫博物院：《故宫博物院藏品大系：善本特藏编 13 样式房图档》，故宫出版社，2014 年，第 18~19 页。

二、配楼或配殿空间尺度关系分析

据相关文献档案可知宝华楼的建筑形式及一层高度，但其二层高度尚未发现记载。此部分拟对中国清代佛寺、宫殿建筑群配楼（殿）的视角及其与主殿之间的高度关系进行分析，以期为宝华楼二层高度的确定提供依据。

（一）视角分析

配楼（殿）的作用之一是对主殿建筑进行烘托。对类型、建筑时间和规模相似的建筑组群进行视角（院落中心点与两侧配楼或配殿屋顶形成的仰角）分析，可以探索配楼（殿）与主殿间的视角关系及规律。通过对颐和园排云殿、北海公园万佛楼及承德普宁寺大雄宝殿三组建筑群的分析可知：在单层院落中，正面观察配殿的仰角在16°~20°，当两侧为配楼时，仰角随之变大；但若以二层平面为控制面，其仰角也在16°~20°。

（二）配楼或配殿与主殿的高度关系

从空间剖面上看，排云殿和普宁寺的配殿屋顶正脊均大致位于主殿重檐一层檐的高度，在其他建筑群中也普遍存在这一现象，此为配楼（殿）高度的又一规律。

（三）须弥灵境建筑群三层平台高度分析

须弥灵境建筑群第一层平台的东、西、北三面各有牌楼一座，第二层平台有法藏楼（西配楼）、宝华楼（东配楼），第三层平台有须弥灵境大殿，第四层平台有香岩宗印之阁、四大部洲和八小部洲。二、三层平

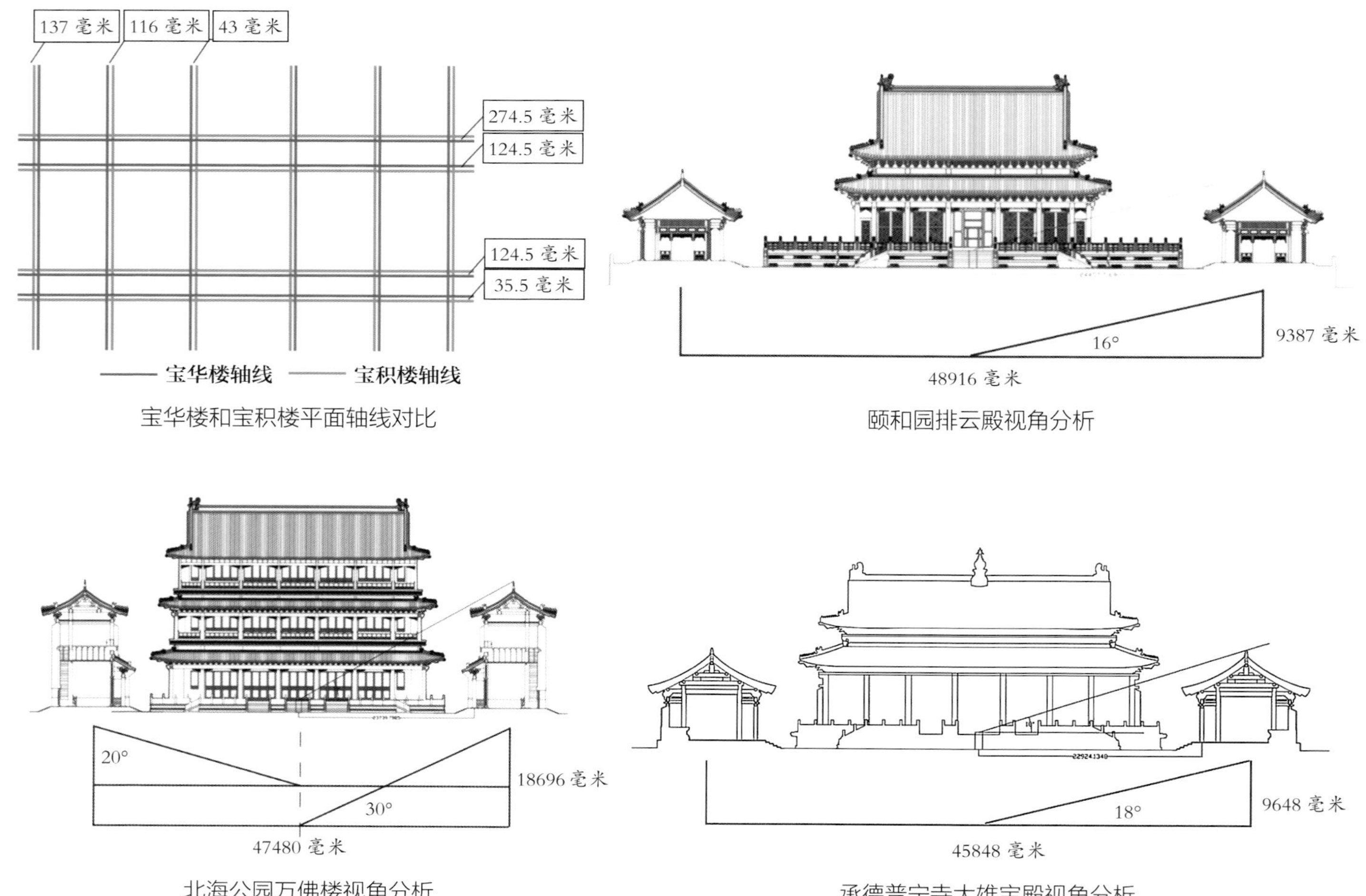

宝华楼和宝积楼平面轴线对比

颐和园排云殿视角分析

北海公园万佛楼视角分析

承德普宁寺大雄宝殿视角分析

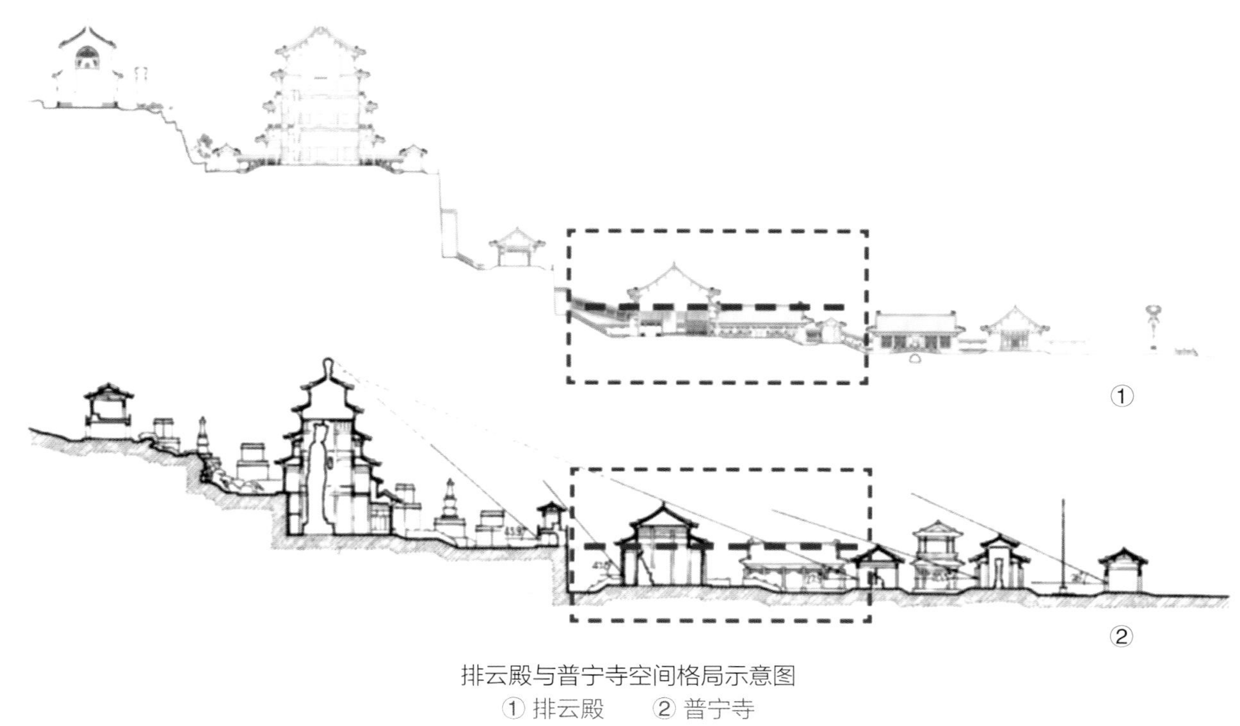

排云殿与普宁寺空间格局示意图
① 排云殿　② 普宁寺

台高度差为4799毫米，与《万寿山准底册》所载一丈五尺基本一致。此高度与宝华楼一层柱高加上台明高度（4717毫米）也基本相同。

三、宝华楼尺度分析与权衡

（一）一层高度

根据遗址现状及文献档案记载可知，宝华楼台明竖向高810毫米，下檐柱高3712毫米，柱础高195毫米。从地面至下檐柱顶总高为4717毫米，与现状二层、三层平台之间的高差4799毫米基本一致，进一步说明宝华楼二层前廊与三层平台相通的合理性，同时表明宝华楼一、二层之间并无夹层。

（二）二层柱高

根据《清式营造则例》相关记载，柱高一般为柱径的10倍或60斗口。宝华楼一层柱高基本符合这一规律，但二层柱高是否同样符合这一规律尚未得到证实。对颐和园善现寺配楼、北海公园宝积楼进行实测分析后，发现二者上、下檐柱柱径相同，高度不同，高度比约为8：10。从现场看，这种比例关系的空间效果较好，上下层空间亦有主次之分。鉴于宝华楼体量与宝积楼相似，最后将宝华楼上层檐柱柱高定为下檐柱高的0.81，即3.01米。

颐和园善现寺配楼、北海宝积楼上下层檐柱实测数据分析　　**单位：毫米**

建筑	下檐柱高	直径	上檐柱高	直径	上下柱高之比	上下直径之比
善现寺配楼	3210	300	2410	300	0.772	1
北海宝积楼	4500	480	3650	480	0.811	1

（三）屋架高度

中国传统建筑举架的原则是屋顶坡的斜度越往上越大，达到这一目的的方法就是将瓜柱的高度越往上层越加高。举架的高低由步架按举数计算，举架的缓急根据房屋的大小和檩数的多少而定。最下举多是五举，

最上举多在九举以上，还加平水，将屋脊推到需要的高度。根据宝华楼的进深和前、后廊的格局，确定其应为七檩大木构架。考虑到其在须弥灵境大殿所在平台上的视觉效果，在确定二层檐柱高度的情况下，增加建筑高度的有效方式就是提高举架，因此复原时参考《清式营造则例》，确定宝华楼举架。

宝华楼屋架尺寸表　　**单位：毫米** [1]

檐步		金步		举步	
五举		七举		九举加平水	
步距	举高	步距	举高	步距	举高
1376	688	1456	1019	1456	1566

根据实物遗存测量信息，并参照《清式营造则例》中的构件尺寸关系，可推导建筑总高度为13509毫米。将此结果置入须弥灵境建筑群，基本符合上述配殿空间仰角以及配殿与主殿关系的基本规律，进一步说明宝华楼建筑高度确定的合理性。

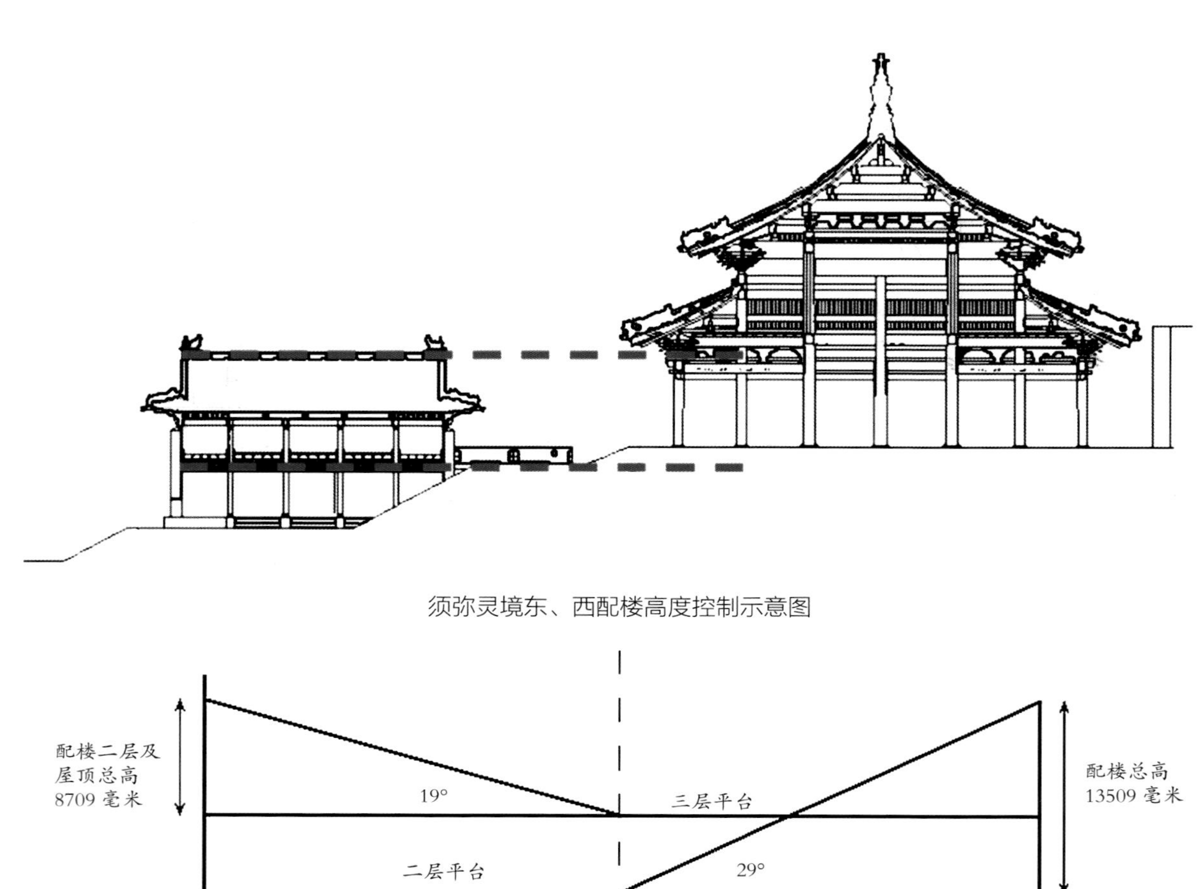

须弥灵境东、西配楼高度控制示意图

须弥灵境东、西配楼仰角分析

（四）上出尺寸

《清式营造则例》规定：带斗拱的大式建筑，其上檐出尺寸由两部分组成，一部分为挑檐桁中至飞椽椽头外皮，这段水平距离通常规定为21斗口或大式檐柱加斗拱之高的$^{3}/_{10}$，其中$^{2}/_{3}$为檐椽平出尺寸，$^{1}/_{3}$为飞椽平出尺寸；另一部分为斗拱挑出尺寸，即正心桁中至挑檐桁中的水平距离，这段尺寸取决于斗拱挑出尺寸

1　平水取柱径的$^{2}/_{3}$，柱径为385毫米。

的多少。

从宝华楼上出尺度分析表数据中大致可以看出，在单层建筑中，出挑尺寸与斗口的关系更加贴近（即为 21 倍斗口）；但是在多层建筑中，则与建筑整体高度的关系更加密切（即 0.3 倍檐柱高加斗拱高）。如宝积楼和万佛楼，每一层的出檐情况都不同。在上出与斗口的关系中，比例值最高达 37.6（万佛楼一层），差值比为（37.6–21）/21 ≈ 0.79；与总高的比例差最大为 0.37（万佛楼三层），差值比为（0.37–0.3）/0.3 ≈ 0.23。

鉴于宝华楼在尺度上与宝积楼较为接近，因此使用宝积楼两组数据 26.3 和 0.35 分别进行推导，其对应数据分别为 26.3–0.4 和 23–0.35，差值比分别为（0.4–0.3）/0.3 ≈ 0.33 和（23–21）/21 ≈ 0.09。可以明显看出，23–0.35 这组数据的差值率较前者更低，因此选用了该组数据。

宝华楼上出尺度分析表 **单位：毫米**

项目	斗拱出挑	檐椽平出	飞椽平出	比值	挑檐桁中至飞椽椽头外皮	檐柱加斗拱总高	斗口尺寸	檐椽平出与斗口	檐椽平出与总高
普宁寺东配殿	308.7	699.8	363.6	1.9	1063.4	4346.2	50.3	21.1	0.24
宝积楼一楼	436	655.6	534.9	1.2	1190.5	5150.3	58.7	20.3	0.23
宝积楼二楼	436	775.9	768.6	1	1544.5	4828.9	58.7	26.3	0.35
万佛楼一楼	420	1187	593	2	1780	5974	47.4	37.6	0.29
万佛楼二楼	420	933	467	2	1400	4474	47.4	29.5	0.31
万佛楼三楼	630	1113	557	2	1670	4480	47.4	35.2	0.37
宝华楼推测 1	436	1029.2	514.6	2	1543.8	3853	58.7	26.3	0.4
宝华楼推测 2	436	899.1	449.5	2	1348.6	3853	58.7	23	0.35

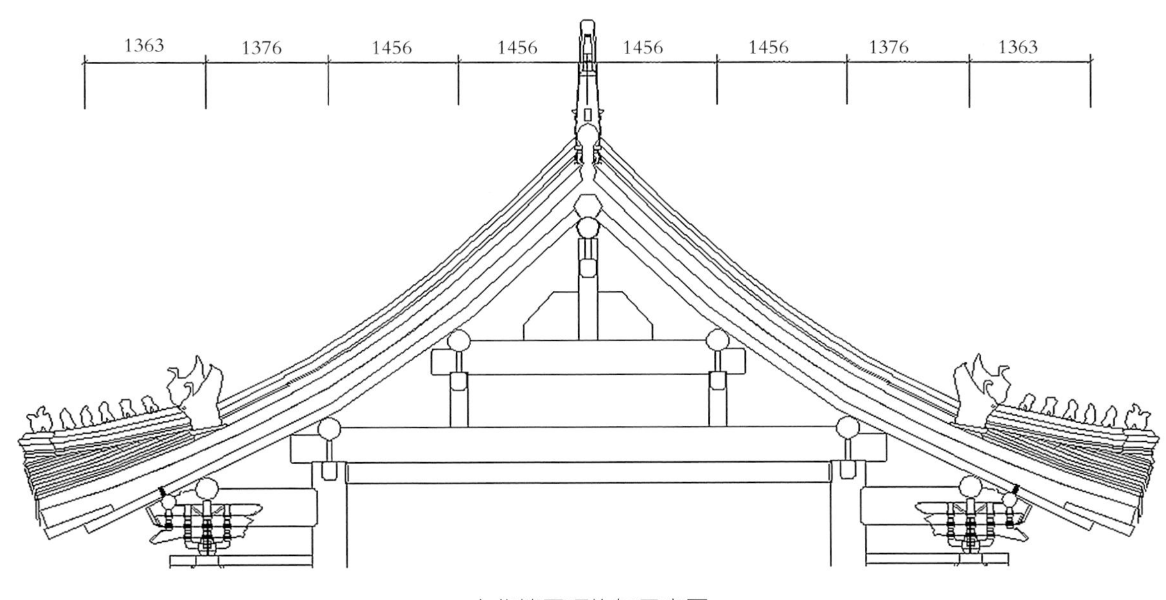

宝华楼屋顶构架示意图

（五）斗口尺寸

《工程做法则例》规定：“凡檐柱以斗口七十份定高，如斗口二寸五分，得檐柱连平板枋、斗科通高一

丈七尺五寸。内除平板枋、斗科之高，即得檐柱净高尺寸。”由此可知，此处的柱高包括平板枋、斗拱在内的整个高度，即从柱根到挑檐檩底皮的高度，单柱高应在 60 斗口。根据档案记载，宝华楼一层柱高 3712 毫米，斗口为 3712/60 ≈ 62 毫米，与九等斗口的 64 毫米接近，也与宝积楼斗口的 58.7 毫米较为接近。故将宝华楼的斗口的定为九等。

▼ **斗口尺寸分析表** 单位：毫米

项目	檐柱加斗拱总高	斗口尺寸	檐椽平出与斗口关系	檐椽平出与总高关系
普宁寺东配殿	4346.2	50.3	21.1	0.24
宝积楼一楼	5150.3	58.7	20.3	0.23
宝积楼二楼	4328.9	58.7	26.3	0.35
万佛楼一楼	5974	47.4	37.6	0.29
万佛楼二楼	4474	47.4	29.5	0.31
万佛楼三楼	4480	47.4	35.2	0.37
宝华楼推测 1	3853	58.7	26.3	0.4
宝华楼推测 2	3853	58.7	23	0.35

四、复原成果

根据遗存现状、档案记载以及空间尺度综合分析，可推知宝华楼面阔五间，进深三间，内有前后廊；前檐外廊，后檐老檐出做法；楼高二层，无暗层；斗拱为九等斗口单翘单昂，头停六号黄琉璃绿剪边，七檩歇山成造。

根据遗址现状测量数据与《万寿山准底册》的记载进行对比，二者之间的数值差距不大，考虑到遗址尺寸为现状实测尺寸，故在复原设计中采用前者数据作为依据。

▼ **宝华楼尺寸权衡分析表** 单位：毫米

尺寸比较内容		遗址尺寸	《万寿山准底册》记载	《清式营造则例》推导	马炳坚推导公式	宝积楼	推导尺寸
面阔	明间	3936	一丈二尺三寸（3936）			3850	3936
	稍间	3936	一丈一尺二寸（3584）			3850	3584
	次间	3584				3850	
	通面阔	18976	18976			19250	18976
进深		5824	一丈八尺二寸（5824）			7350	5824
前廊深		1376	四尺三寸（1376）			1536	
后廊深		1376	四尺三寸（1376）				1376
台明	高	810	二尺六寸（832）			700	832
	长	20400				21680	20400
	宽	10500				11056	10500

续表

尺寸比较内容		遗址尺寸	《万寿山准底册》记载	《清式营造则例》推导	马炳坚推导公式	宝积楼	推导尺寸
台明	下出	1070	三尺五寸（1120）			1125	1120
	山出	1068					
	金边	160					
踏跺	进深	350				325	350
	高	150				140	150
	长	3200				4400	3200
垂带	长	2600				1480	2600
	宽	650				400	650
	厚	250					250
柱础	檐柱方石	850				1000	850
	金柱方石	850				1160	
斗拱	斗口			64	3712/60=62，由于取整数寸，故采用 64 毫米	58.7	64
柱	下檐柱		一丈一尺六寸（3712）	3840/385	高（60 斗口）/ 径（6 斗口）	4500/480	3840/385
	金柱				高（60 斗口 + 廊步五举）/ 径（6 斗口）	7680/580	7540/415
	上檐柱			3010/300		3650/480	3010/385
梁	三架梁			375/290	高 / 厚（5/6 二柁高 /4.5 斗口）		375/290
	五架梁			450/360	高 / 厚（7 斗口 / 5.6 斗口）		450/360
	天花梁			516/413	高 / 厚 [（6 斗口 +2% 长）] /0.8 高	516/413	516/413
檩	脊檩			290	直径（4.5 斗口）	340	290
	金檩			290	直径（4.5 斗口）	340	290
	挑檐桁			190	直径（3 斗口）		190
	檐檩			290	直径（4.5 斗口）	340	290
	扶脊木			255	直径（4 斗口）		255
枋	檐枋			255/190	高 / 厚[4 斗口 /（4 斗口 -2 寸）]		255/190
	随梁枋			255/205	高 / 厚（4 斗口 /3.2 斗口）		255/205
	金（脊）枋			230/190	高 / 厚（3.6 斗口 /3 斗口）	375/225	230/190
	平板枋			130/225	高 / 宽（2 斗口 /3.5 斗口）	105/280	130/225
	大额枋			425/345	高 / 厚（6.6 斗口 /5.4 斗口）	470/380	425/345

续表

尺寸比较内容		遗址尺寸	《万寿山准底册》记载	《清式营造则例》推导	马炳坚推导公式	宝积楼	推导尺寸
枋	小额枋			310/255	高/厚（4.8斗口/4斗口）		310/255
	由额垫板			130/65	高/厚（2斗口/1斗口）		130/65
	穿插枋			255/310	高/厚（4斗口/3.2斗口）		255/310
	天花枋			385/310	高/厚（6斗口/4.8斗口）		385/310
垫板	金（脊）垫板			255/65	高/厚（4斗口/1斗口）	205/100	255/65
	博缝板			510/80	宽/厚（8斗口/1.2斗口）		510/80
	山花板			65	厚（1斗口）		65
	草架柱			150/115	高/厚（2.3斗口/1.8斗口）		150/115
	穿			150/115	高/厚（2.3斗口/1.8斗口）		150/115
	踩步金				高/厚[（7斗口+1%长或同五架梁）/6斗口]		
	踏脚木			290/230	高/厚（4.5斗口/3.6斗口）		290/230
	交金瓜柱			290	宽（4.5斗口）		290
	顺梁			415/335	高/厚（6.5斗口/5.2斗口）		415/335
	老角梁			290/190	高/厚（4.5斗口/3斗口）		290/190
	仔角梁			290/190	高/厚（4.5斗口/3斗口）		290/190

注：按1营造尺=320毫米换算

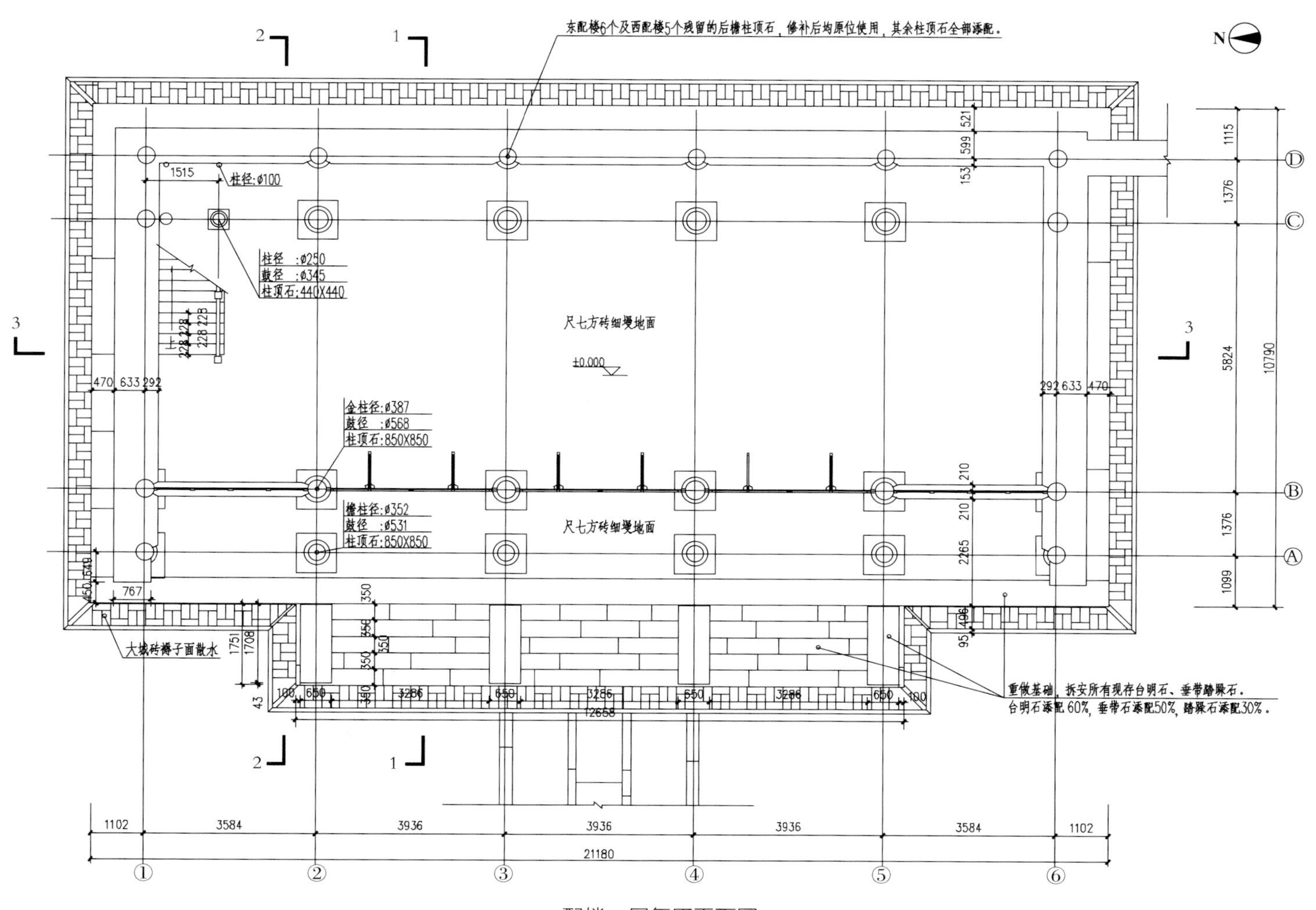

配楼一层复原平面图

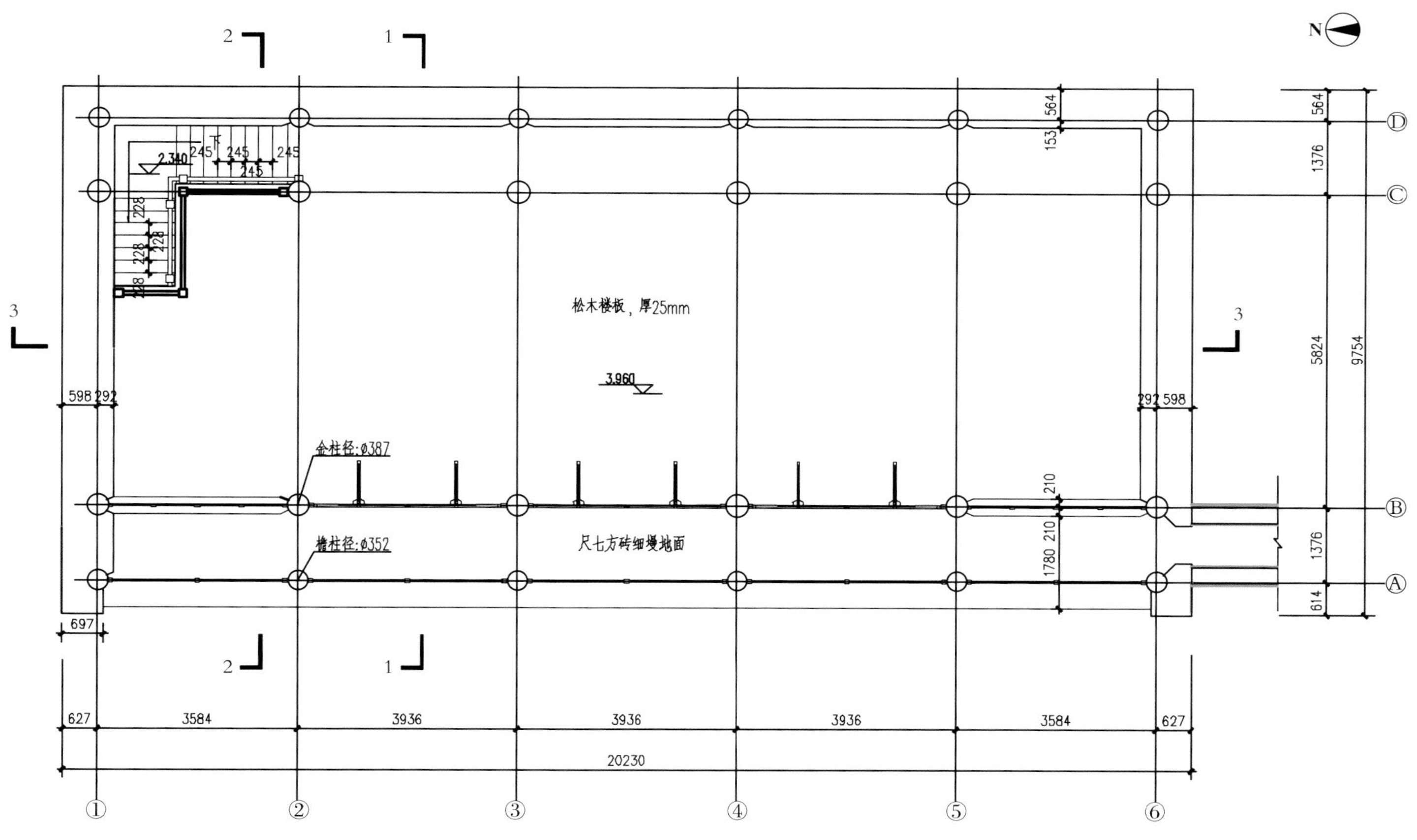

配楼二层复原平面图

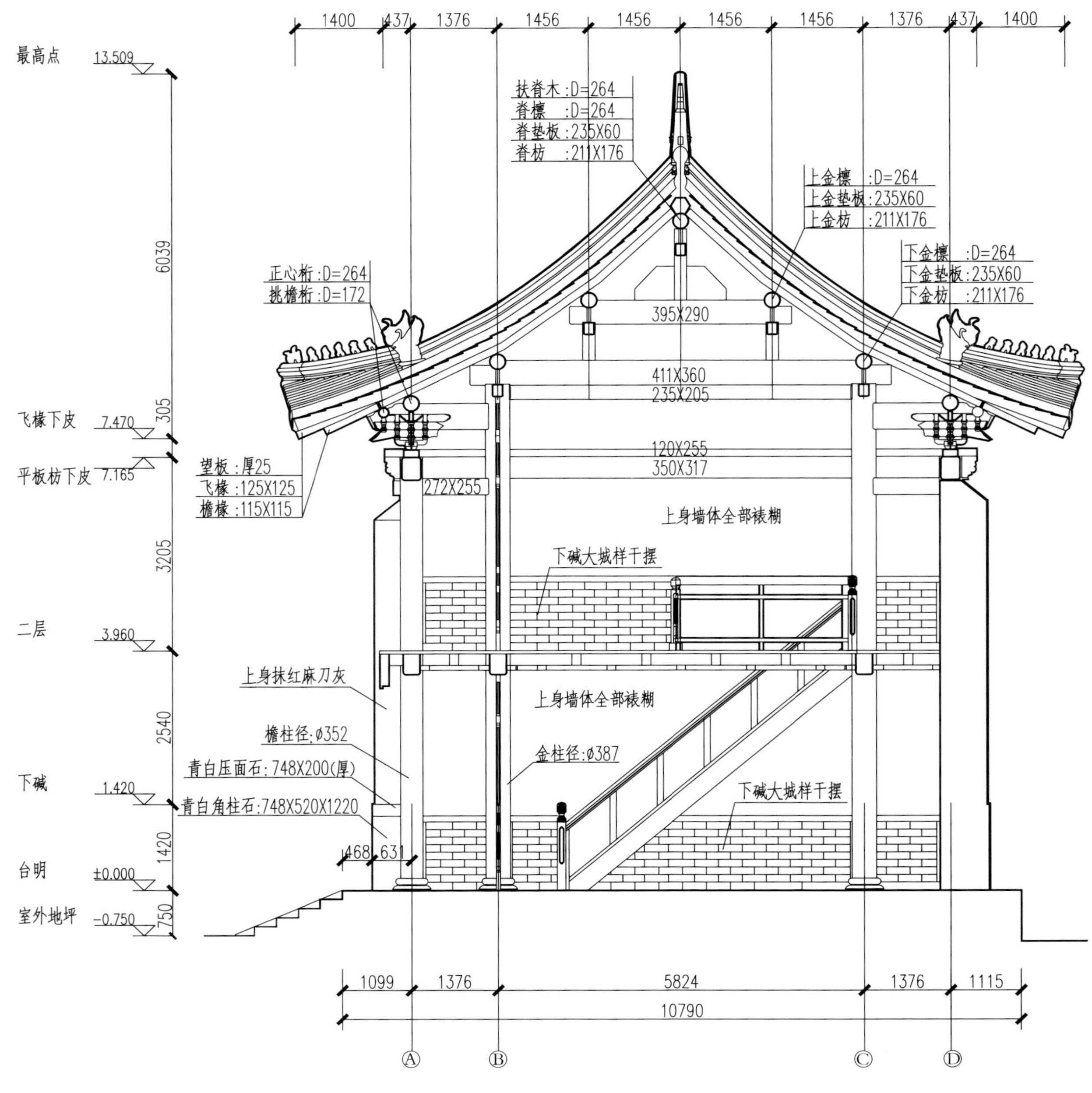
1400 437 1376 1456 1456 1456 1456 1376 437 1400
最高点 13.509
扶脊木 :D=264
脊檩 :D=264
脊垫板 :235X60
脊枋 :211X176
上金檩 :D=264
上金垫板 :235X60
上金枋 :211X176
下金檩 :D=264
下金垫板 :235X60
下金枋 :211X176
正心桁 :D=264
挑檐桁 :D=172
6039
395X290
411X360
235X205
飞椽下皮 7.470
305
平板枋下皮 7.165
望板 :厚25
飞椽 :125X125
檐椽 :115X115
120X255
350X317
272X255
上身墙体全部裱糊
下碱大城样干摆
3205
二层 3.960
上身抹红麻刀灰
上身墙体全部裱糊
2540
檐柱径:ø352
金柱径:ø387
青白压面石:748X200(厚)
下碱 1.420
青白角柱石:748X520X1220
下碱大城样干摆
1420
468 631
台明 ±0.000
室外地坪 -0.750
750
1099 1376 5824 1376 1115
10790
A B C D

配楼复原剖面图

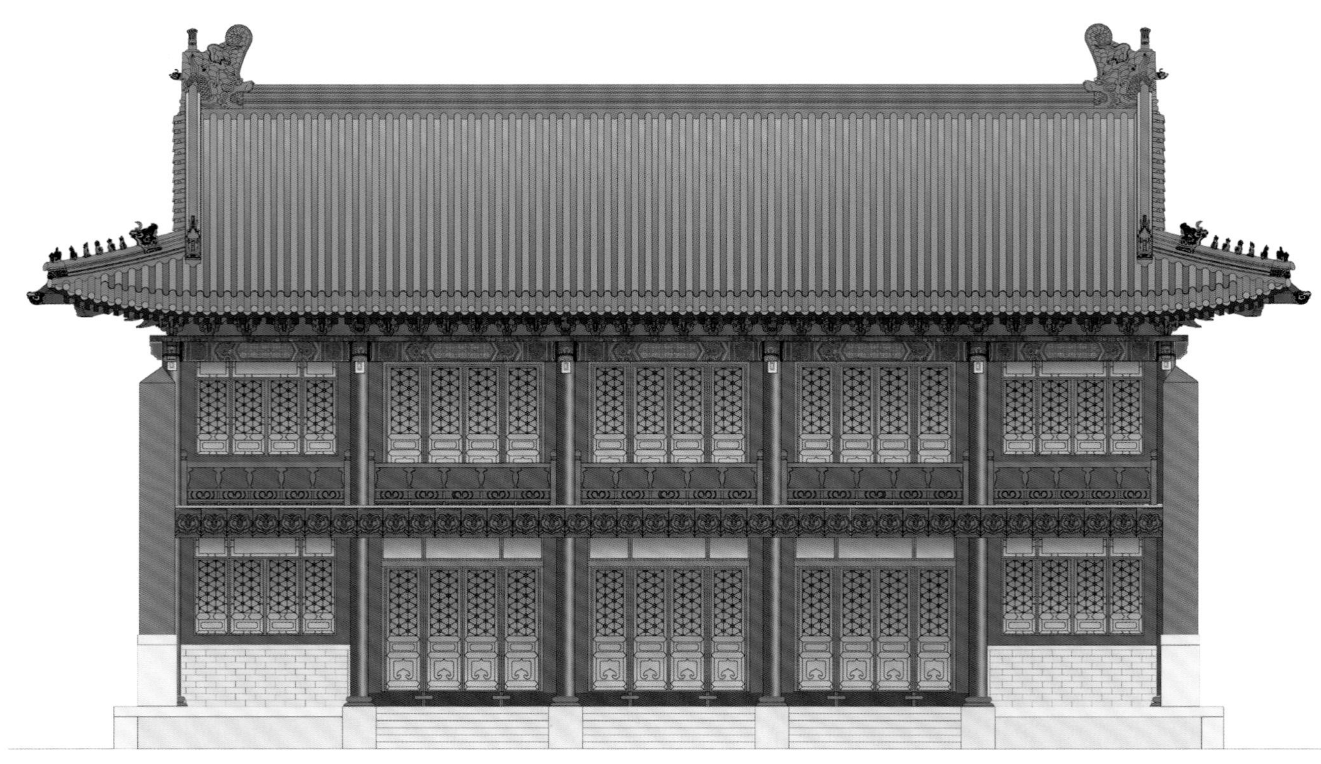

配楼复原正立面图

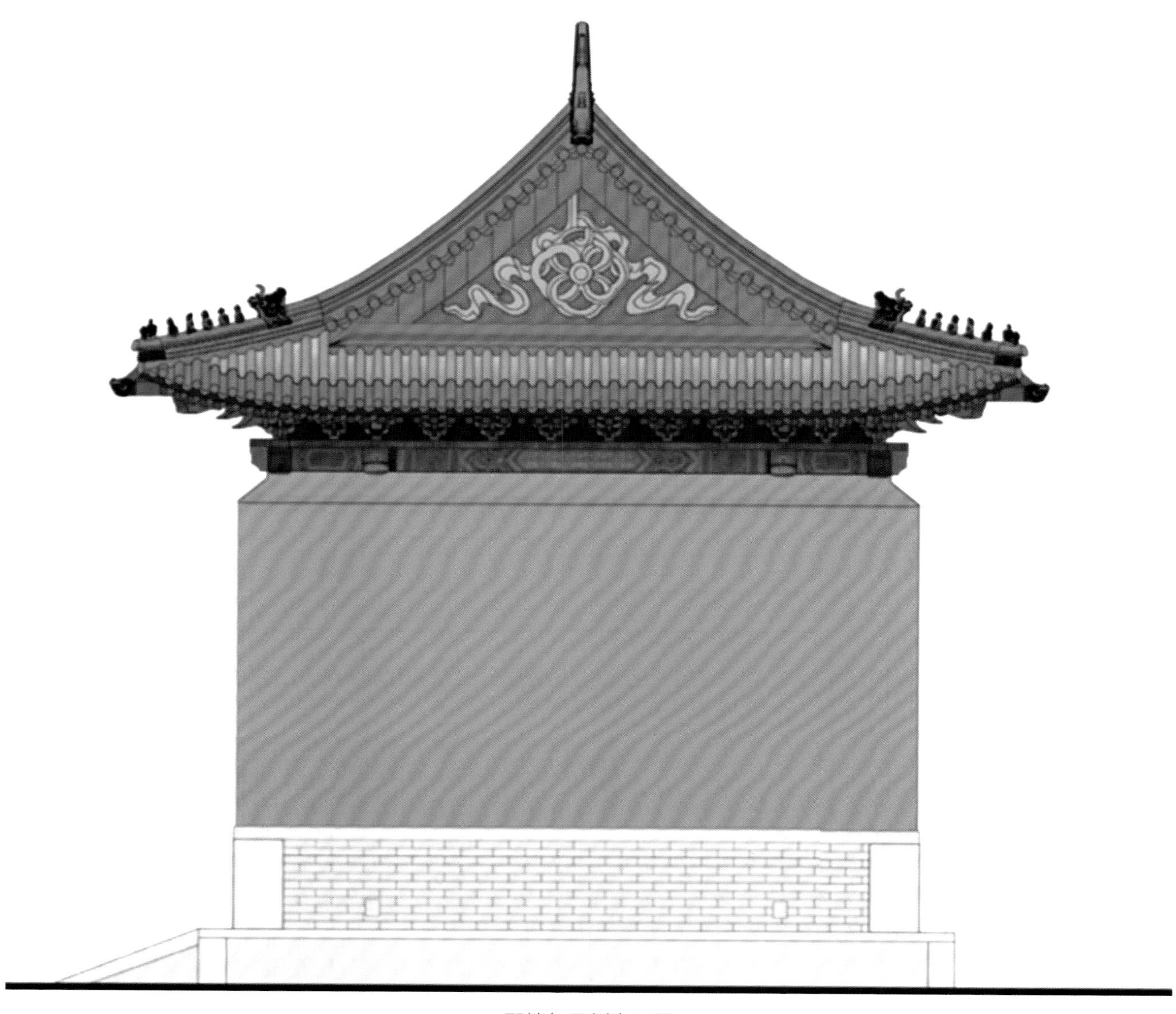

配楼复原侧立面图

第四节

梵天、旃林牌楼复原

牌楼是中国古代建筑实例中最常见的一种，往往屹立在寺观、街衙、苑囿和陵寝等建筑群的空间序列之始，或界定空间，或记录功德，是该建筑群重要的组成部分，一般作为建筑空间转换的标志，或表示某种纪念意义。当某一建筑群的入口空间有多向的可能，需要在入口前营造一个前导空间时，常常会在建筑群主要入口空间的前方和左右两侧分别建造三个牌楼。如圆明园鸿慈永祜建筑群前的三座三间四柱九楼木牌楼，清漪园时期大报恩延寿寺前的三座三间四柱九楼木牌楼，颐和园南湖岛广润灵雨祠前的三座三间四柱牌楼，颐和园须弥灵境建筑群北侧的梵天、旃林、慈福三座牌楼，清西陵泰陵前的三座三间四柱十一楼石牌楼，以及大高玄殿宫门前的三座三间四柱九楼木牌楼，都是这类空间布局的重要实例。

梵天、旃林、慈福三座牌楼是须弥灵境建筑群的重要组成部分，是进入该建筑群的空间引导，起到了空间转折和空间标识的作用。

三间四柱牌楼实例

❶ 清《圆明园四十景图》中鸿慈永祜建筑群前三牌楼

❷ 清《崇庆皇太后万寿庆典图》中清漪园大报恩延寿寺前三牌楼

❸ 清西陵泰陵三牌楼

❹ 大高玄殿前三牌楼旧照

❺ 北京故宫博物院藏大高玄殿牌楼样式雷图档

一、研究材料分析

（一）遗址调查与考古发掘

据考古调查与发掘结果，20 世纪 80 年代在原址基础上修复的慈福牌楼夹杆石保存完好，南侧戗石也仍有遗存；梵天、旃林牌楼台明保存完好，夹杆石、戗石均有部分遗存，遗址格局清晰。三座牌楼除有无踏跺及踏跺高低的差异外，主体平面尺寸基本一致。

（二）文献档案

乾隆时期编纂的《钦定日下旧闻考》卷八十四载："三面立坊楔，内为须弥灵境，后为香岩宗印之阁，阁东为善现寺，西为云会寺。须弥灵境坊额中曰慈福、曰慧因，东曰旃林、曰莲界，西曰梵天、曰宝地。"清晰地表述了须弥灵境建筑群的格局、周围环境及三座牌楼的题名。

中国第一历史档案馆藏清漪园时期《清漪园大报恩延寿寺等座牌楼粘修销算银两总册》载："大殿前四柱七楼牌楼三座，内东一座拆修改换柏木柱子四根，拆换榆木高拱柱六根，松木额枋三根，戗木四根，挑换斗科角梁、椽、望，拆安石料拆砌埋头。西、北二座，揭瓦头停，拆换高拱柱十二根，戗木八根，挑换斗科角梁、椽、望。"明确了东、西牌楼的形制。

光绪十三年《万寿山准底册》载："牌楼一座，台基宽五丈八尺，进深一丈六寸。明间面宽一丈七尺二寸二，次间各面阔一丈五尺四寸。东、西牌楼二座，台基面宽五丈八尺，进深一丈六寸。"明确了三座牌楼的尺寸，数据与遗址的测量尺寸基本相同。

▽ 三座牌楼《万寿山准底册》记载尺寸与遗址实测尺寸对比表

位置		《万寿山准底册》记载尺寸	遗址实测尺寸
头层叠落	高	四尺七寸	四尺八寸
	面阔	五丈八尺五寸	五丈八尺五寸
	进深	一丈七尺五寸	一丈七尺二寸
二层叠落	高	四尺五寸	四尺七寸
	面阔	五丈八尺	五丈八尺五寸
	进深	一丈六寸	一丈七寸
北牌楼（慈福牌楼）	明间面阔	一丈七尺二寸	一丈七尺
	次间面阔	一丈五尺四寸	一丈五尺七寸
东、西牌楼（旃林、梵天牌楼）	面阔	五丈八尺	五丈七尺七寸
	进深	一丈六寸	一丈四寸

（三）清漪园时期慈福牌楼旧照

慈福牌楼旧照可作为旃林、梵天牌楼修复的重要依据。将 20 世纪 80 年代修复的慈福牌楼与清漪园时期慈福牌楼旧照进行对比，可知其与历史原貌的差异有以下几点：一是旧照中牌楼的北侧有戗杆；二是旧照中牌楼的边楼为 2.5 攒斗拱；三是旧照中牌楼的夹楼为 4 攒，中间 3 攒，左右各半攒；四是旧照中牌楼的明、次间各有 7 块折柱花板。

清漪园时期慈福牌楼旧照[1]

（四）参考实例分析

雍和宫沙金衍福牌楼[2]、景德街牌楼[3]、颐和园云辉玉宇牌楼[4]、颐和园涵虚牌楼均为四柱七楼牌楼实例，其中云辉玉宇牌楼斗拱的情况跟涵虚牌楼相近，但花板较涵虚牌楼更为方正。与须弥灵境旃林、梵天牌楼最为相似的是涵虚牌楼，二者尺度基本一致，仅戗石轴线相差340毫米。因此以涵虚牌楼的构件尺度作为旃林、梵天牌楼修复的重要参考对象。

1　北京市颐和园管理处:《名园旧影——颐和园老照片集萃》，文物出版社，2019年，第45、119、47页。

2　雍和宫沙金衍福牌楼从立面形象上看，夹杆石的高度占柱子高度的比例略高于其他几个实例，花板以及开间等的比例也相对方正。

3　景德街牌楼是几个牌楼中花板比例最为修长的一座，其屋顶是绿琉璃剪边的做法，异地重建的牌楼取消了戗杆。

4　民国时期修复时取消了戗杆。

雍和宫沙金衍福牌楼

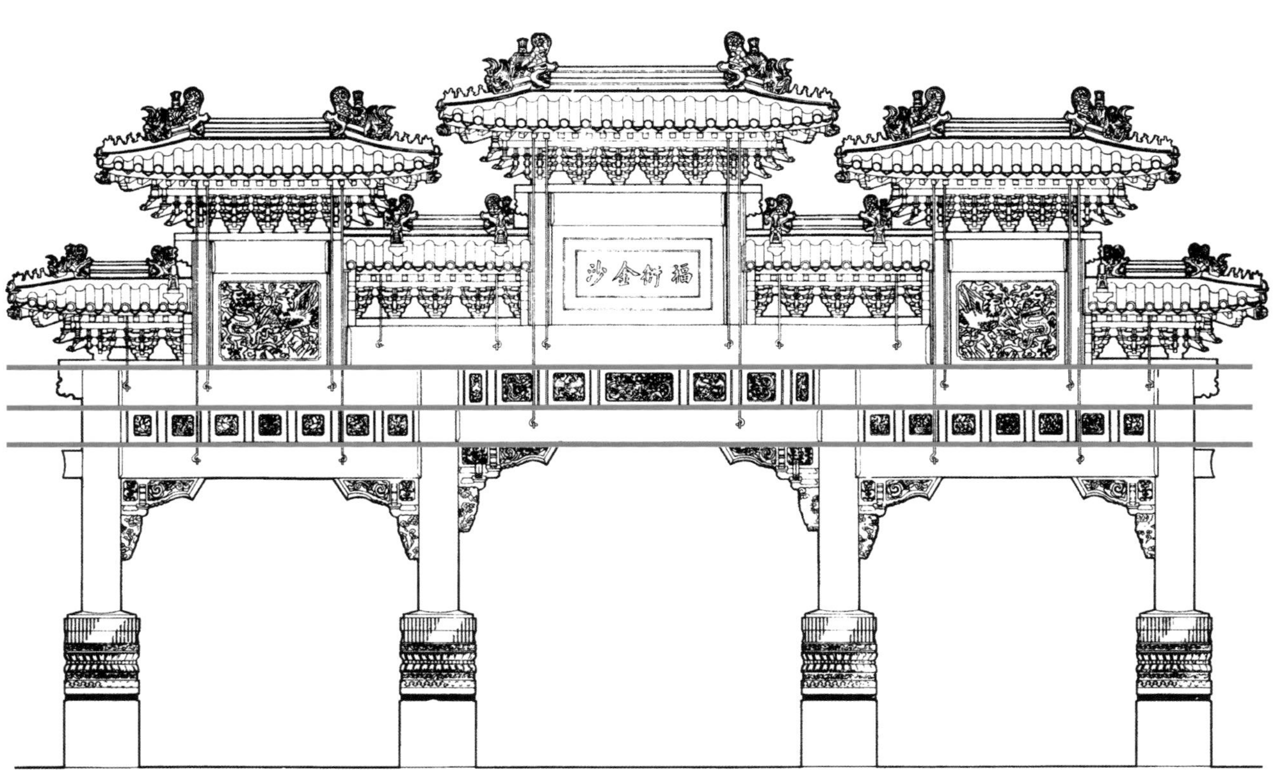

雍和宫沙金衍福牌楼实测图

景德街牌楼原状

景德街牌楼异地重建后

颐和园云辉玉宇牌楼

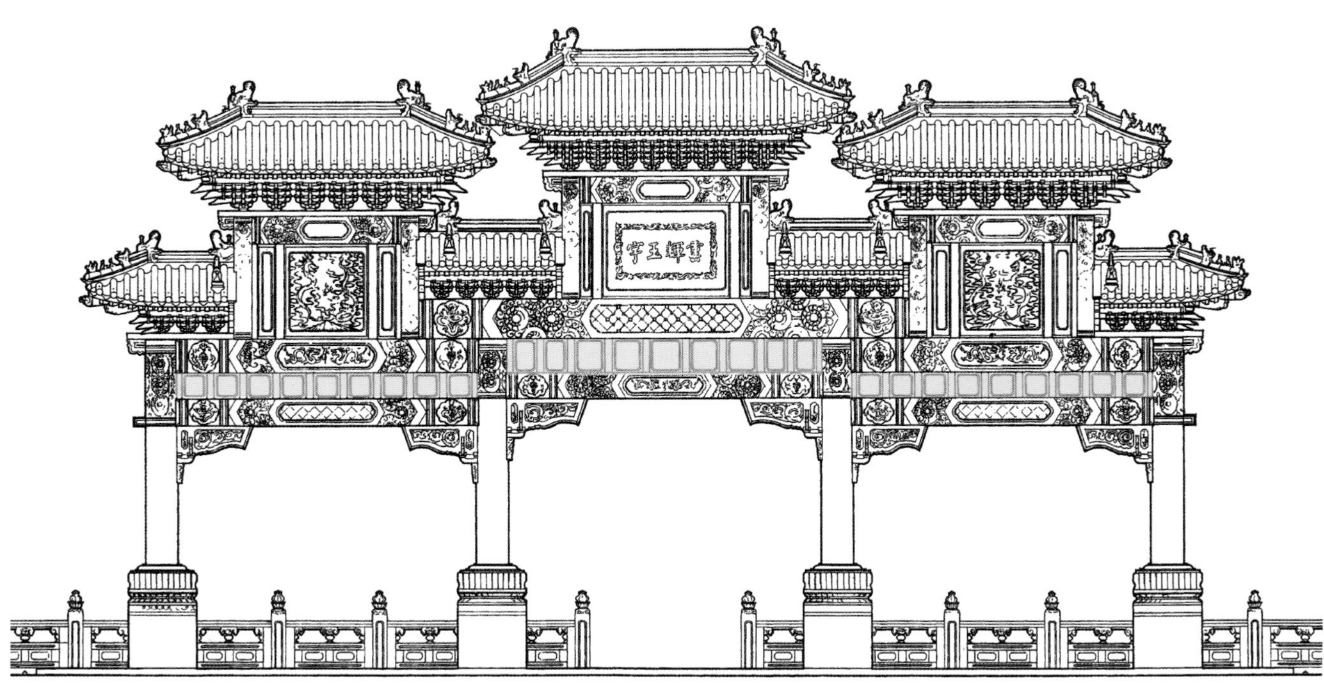

颐和园云辉玉宇牌楼实测图

颐和园涵虚牌楼

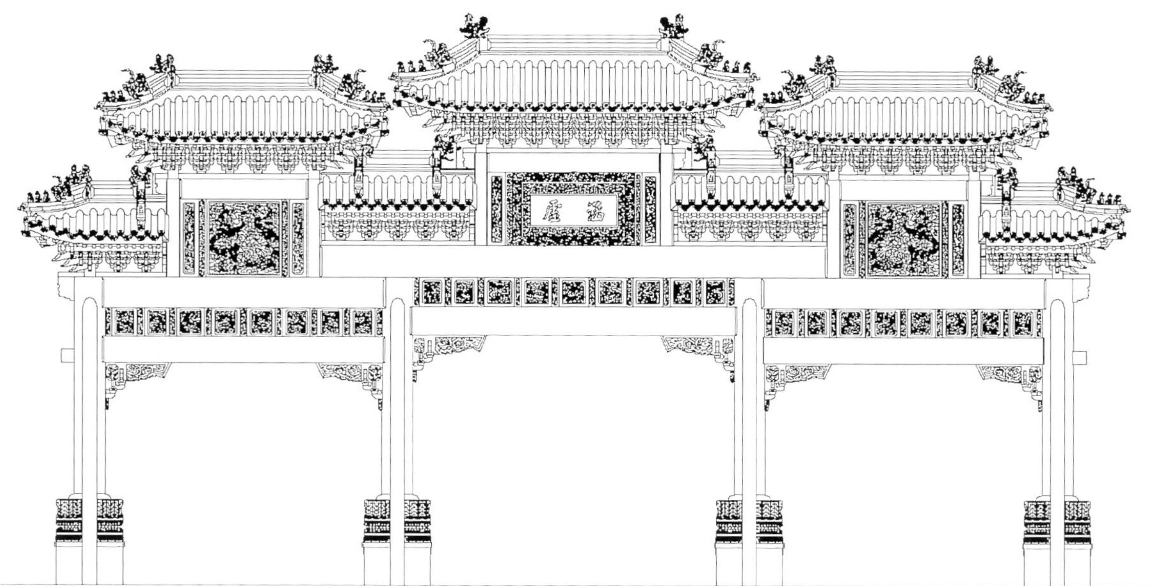

颐和园涵虚牌楼实测图

颐和园涵虚牌楼样式雷图档

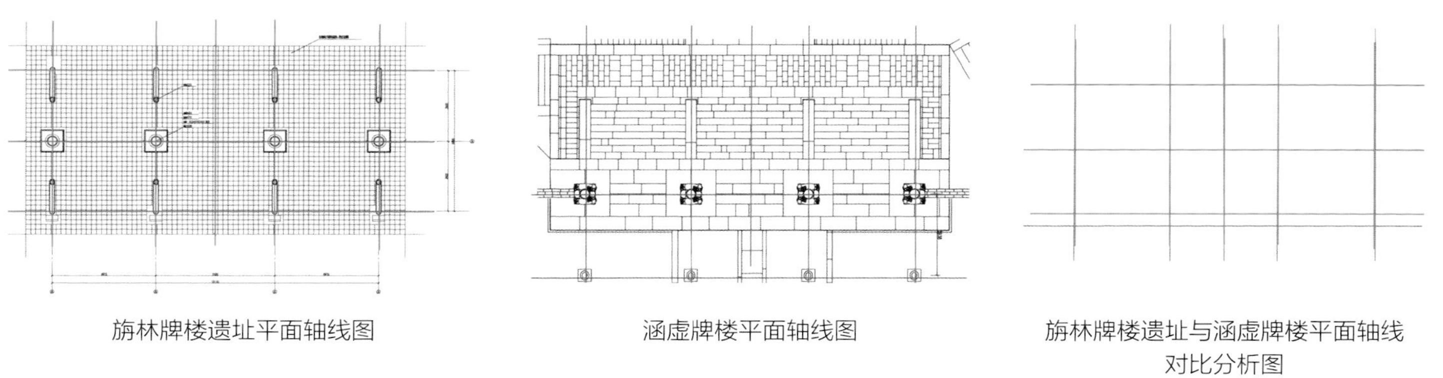

旃林牌楼遗址平面轴线图　　涵虚牌楼平面轴线图　　旃林牌楼遗址与涵虚牌楼平面轴线对比分析图

通过对比多个三间四柱七楼牌楼，发现其立面特征大体如下：

① 四根柱子长度相同；明间二根，与明间大额枋（龙门枋）底皮平；次间二根，与明间大额枋上皮平。

② 有戗杆、挺钩支撑，戗杆长度相等。

③ 次间小额枋上皮与明间小额枋底皮平，明间小额枋上皮与次间大额枋底皮平，次间大额枋上皮与明间大额枋（龙门枋）底皮平。

④ 折柱花板置于各间大额枋与小额枋之间。

⑤ 每间花板为单数块。

⑥ 明楼、次楼之间为横跨明、次间的夹楼，次楼外侧为边楼。

⑦ 明楼、次楼、边楼屋顶按庑殿做法。

此外，这类牌楼在立面轴线关系上具有以下特征：牌楼立面以明间中线对称，同时各间以其中线对称；明楼、次楼斗拱偶数攒，空档居中；夹楼斗拱取单数，坐斗居中，与柱同轴；各间正脊吻兽、角科、高拱柱、折柱中轴线对齐；各间高拱柱间折柱与其上坐斗中线对齐；边柱与边楼角科坐斗中线对齐。

二、复原成果

经对档案与历史照片的研究分析，结合对建筑实例的测绘考察，可知梵天、旃林牌楼为三间四柱七楼，前后戗杆，明楼斗拱单翘三下昂，次楼斗拱单翘双下昂，头停黄琉璃庑殿成造。

牌楼立面尺度权衡表

构件	《牌楼算例》算法	计算过程
柱	柱子四根长俱一样次间边柱高自夹杆往上至小额枋下皮，按夹杆明高一份	次间边柱高自夹杆往上至小额枋下皮 = 夹杆明高 = 六尺二寸
小额枋	明间“高按柱径九扣”次间“高按柱径八扣”	明间小额枋高 = 柱径 ×0.9= 一尺四寸四分 次间小额枋高 = 柱径 ×0.8= 一尺二寸八分
大额枋	高按柱径加一成，厚比高收二寸	大额枋高 = 柱径 ×1.1= 一尺七寸六分 大额枋厚 = 一尺五寸六分
龙门枋	高按柱径加二成	龙门枋高 = 柱径 ×1.2= 一尺九寸二分
明楼	明楼面阔要整数尺寸，系按明间面阔一丈七尺折半，得八尺五寸，再加五寸得九尺即是	明楼面阔 = 九尺
次楼	次楼面阔七尺，按次楼面阔一丈五尺折半，得七尺五寸，弃所余五寸得七尺即是	次楼面阔 = 七尺
高拱柱	高“次间面阔八扣”宽“见方按大额枋厚八扣”	高拱柱高 = 次楼面阔 ×0.8= 五尺六寸 高拱柱宽 = 大额枋厚 ×0.8= 一尺二寸五分

续表

构件	《牌楼算例》算法	计算过程
单额枋	高按高拱柱方加一成	单额枋高 = 高拱柱方 ×1.1= 一尺三寸八分
折柱	高随各额枋，进深按柱径三分之一分，面阔按进深七扣	折柱进深 = 五寸三分面阔 = 三寸五分
花板	高同折柱，各间要单块数，厚按折柱进深，系连衬活在内	
边夹楼垂花板	次间雀替	
次间雀替	长按次间面阔四分之一分，高同小额枋，厚按柱径十分之三分	次间雀替长 = 三尺八寸二分高 = 一尺二寸八分厚 = 四寸三分
斗口		一寸六分

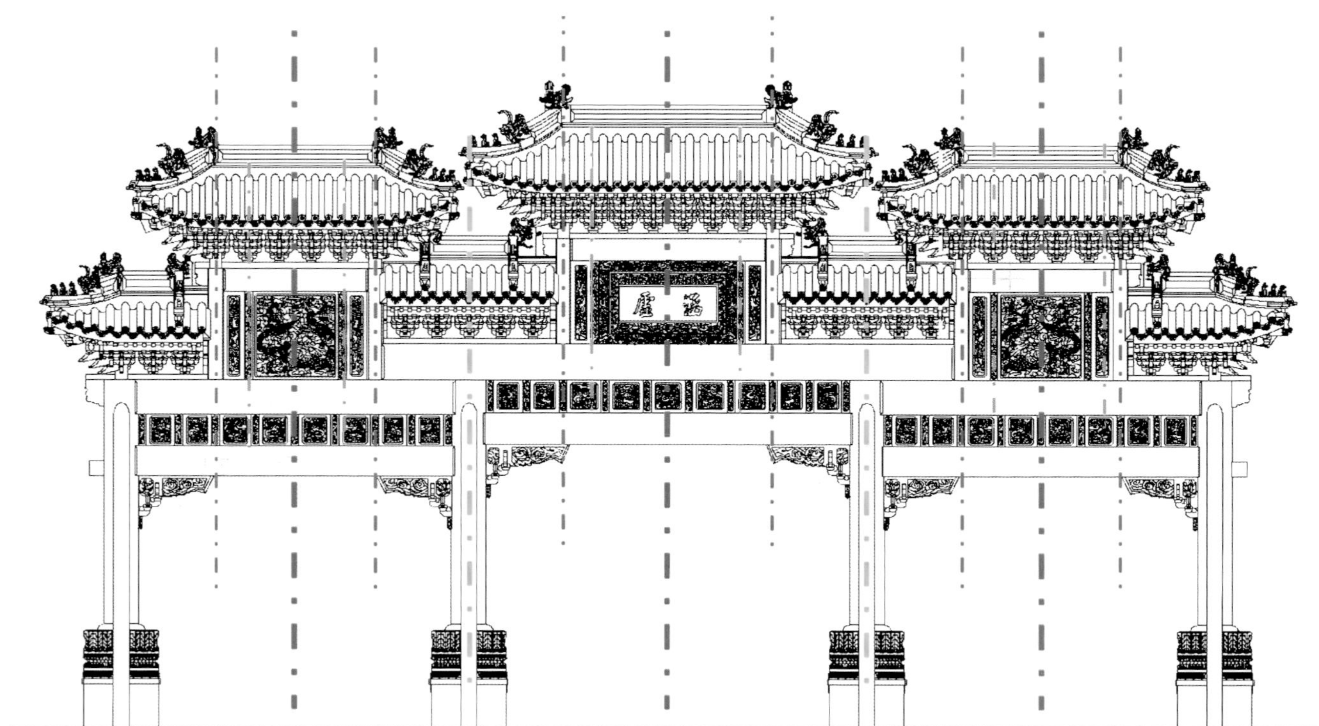

颐和园涵虚坊牌楼轴线关系图

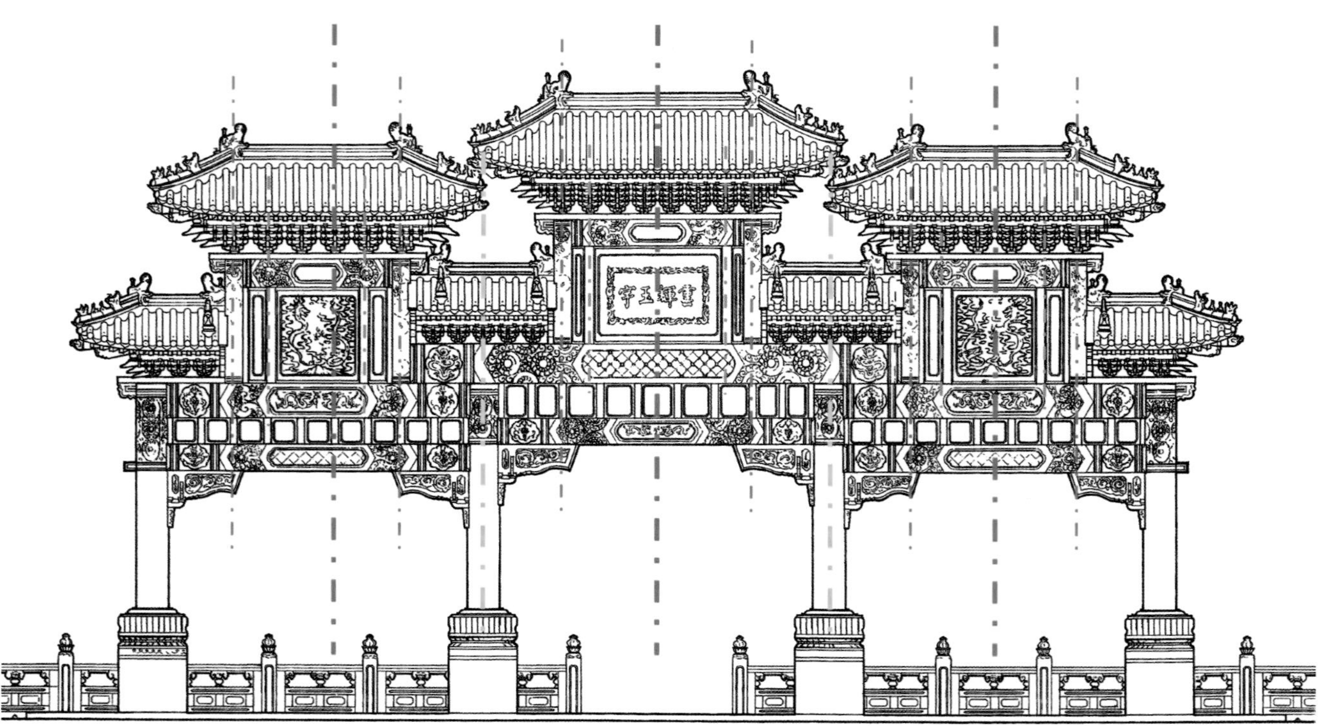

颐和园云辉玉宇牌楼轴线关系图

牌楼构件尺寸计算表

构件	《牌楼算例》算法	计算过程及结果
小额枋	明间“厚比高收二寸”次间“厚比高收二寸”	明间小额枋厚 = 小额枋高 - 二寸 = 一尺二寸四分 次间小额枋厚 = 小额枋高 - 二寸 = 一尺零八分
大额枋	厚比高收二寸	大额枋厚 = 一尺五寸六分
龙门枋	厚比高收二寸	龙门枋厚 = 龙门枋高 - 二寸 = 一尺七寸二分
折柱	进深按柱径三分之一分，面阔按进深七扣	折柱进深 = 柱径 × $^{1}/_{3}$ = 五寸三分
高拱柱	高“次间面阔八扣”，宽“见方按大额枋厚八扣”	高拱柱高 = 次楼面阔 ×0.8= 五尺六寸 高拱柱宽 = 大额枋厚 ×0.8= 一尺二寸五分
飞头出檐	明间飞头六寸，其余飞头五寸，各按此三份定出檐	明间飞头 = 六寸出檐距离 = 十八寸 其余飞头 = 五寸出檐距离 = 十五寸

牌楼庑殿顶构件尺寸计算表

构件	计算方法	尺寸
檐桁	3 斗口	四寸八分
脊桁	4 斗口	六寸五分
椽	1.1 斗口	径一寸八分
扶脊木		高五寸四寸
老角梁	3.4 斗口	高五寸四寸
子角梁头	2.1 斗口	高三寸三分
老角梁出檐	（$^{2}/_{3}$ 檐平出 +2 椽径）加斜	明楼：长四尺七寸一分 其余楼：长四尺五寸一分
子角梁出老角梁	（$^{1}/_{3}$ 檐平出 +1 椽径）加斜	其余楼：长二尺三寸二分
盖瓦		三寸四分
正脊		高一尺二寸三分

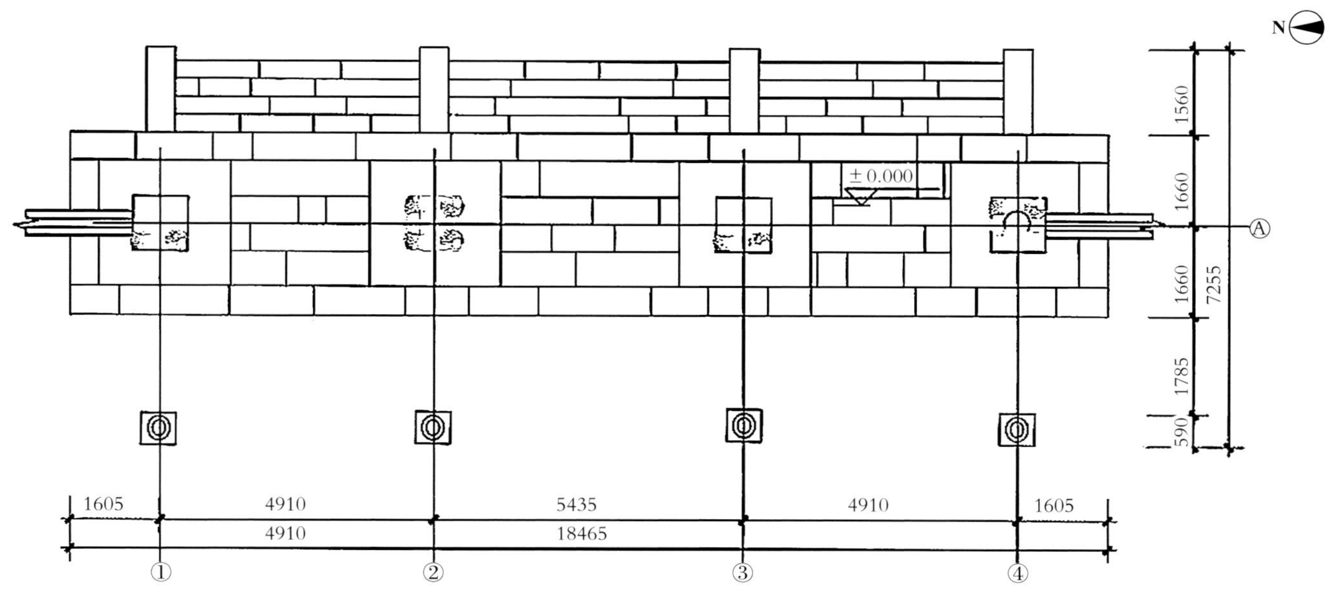

梵天牌楼复原平面图

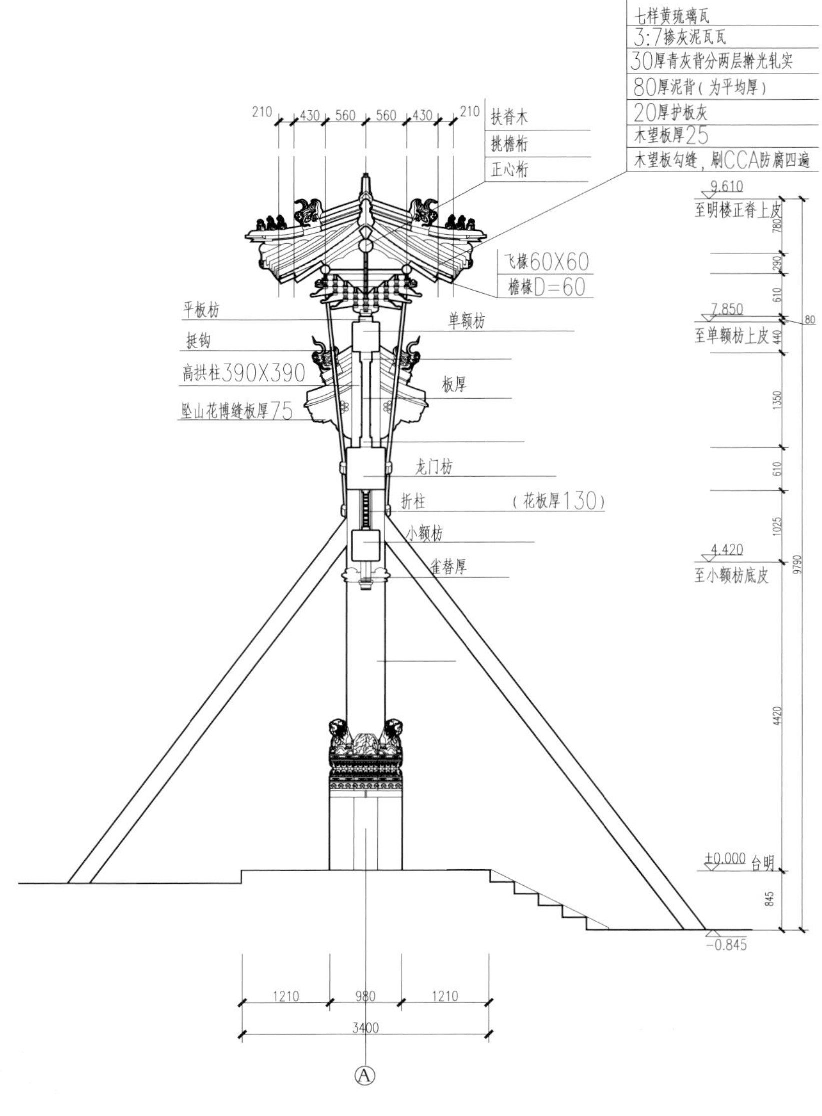
七样黄琉璃瓦
3:7掺灰泥瓦瓦
30厚青灰背分两层擀光轧实
80厚泥背（为平均厚）
20厚护板灰
木望板厚25
木望板勾缝，刷CCA防腐四遍
210 430 560 560 430 210
扶脊木
挑檐桁
正心桁
飞椽60X60
檐椽D=60
9.610
至明楼正脊上皮
平板枋
挺钩
高拱柱390X390
单额枋
板厚
坠山花博缝板厚75
7.850
至单额枋上皮
龙门枋
折柱
（花板厚130）
小额枋
雀替厚
4.420
至小额枋底皮
±0.000 台明
-0.845
1210 980 1210
3400
A

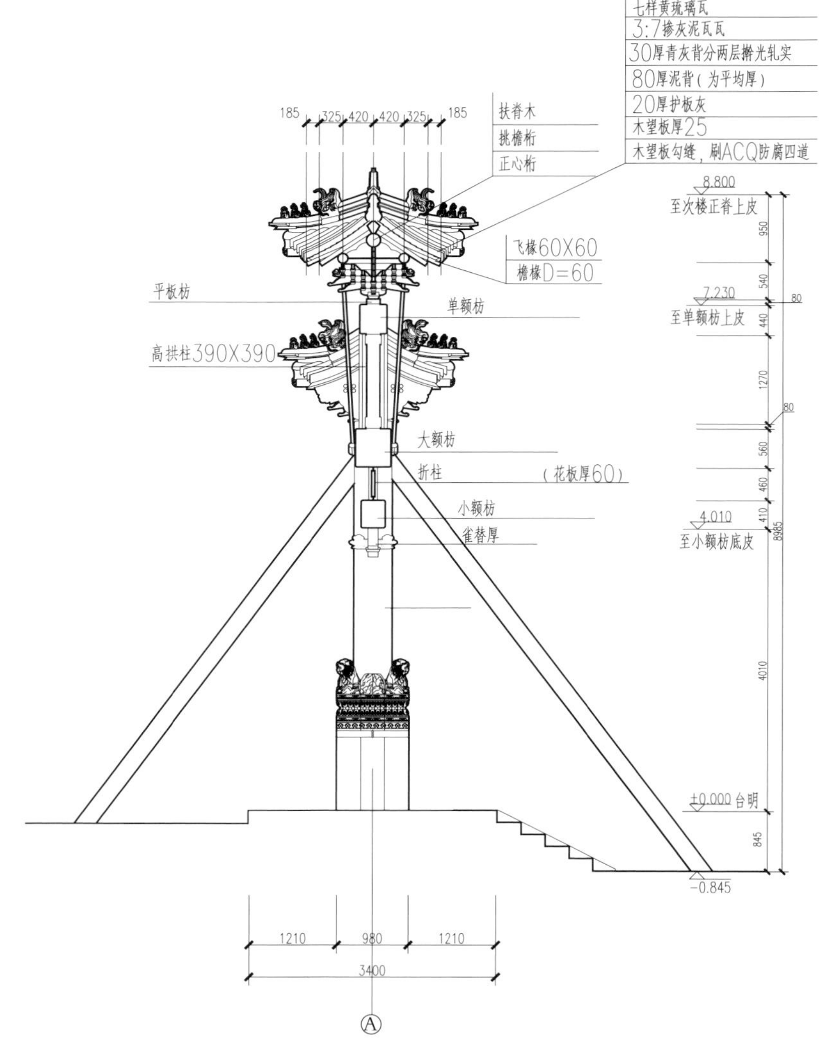
七样黄琉璃瓦
3:7掺灰泥瓦瓦
30厚青灰背分两层擀光轧实
80厚泥背（为平均厚）
20厚护板灰
木望板厚25
木望板勾缝，刷ACQ防腐四道
185 325 420 420 325 185
扶脊木
挑檐桁
正心桁
8.800
至次楼正脊上皮
飞椽60X60
檐椽D=60
平板枋
单额枋
7.230
至单额枋上皮
高拱柱390X390
大额枋
折柱
（花板厚60）
小额枋
雀替厚
4.010
至小额枋底皮
±0.000 台明
-0.845
1210 980 1210
3400
A

梵天牌楼复原剖面图

梵天牌楼复原正立面图　　梵天牌楼复原侧立面图

牌楼花板设计图[1]

三牌楼整体复原立面图

1　花板设计说明：明间龙门枋、小额枋之间有折柱隔架相接；折柱看面雕饰蕃草花纹；中间花板图案为双龙戏珠，两侧依次是飞凤、翔凤图案；次间中间花板图案是云龙、飞凤图案。

第五节 小 结

本次复原研究通过多元信息的互相补充与印证，更为准确地再现了清漪园时期须弥灵境建筑群的格局与形象，有利于深化对须弥灵境建筑群设计思想和审美观念的整体认知。三牌楼围合的空间，其性质为园林化处理的佛寺前导空间，既实现了苑囿区至佛寺区的转折，又自然地完成了东、西、北三路与须弥灵境建筑群间的流线转换。将常见的一层配殿变为二层配楼，大殿平台高度恰好为配楼一层层高，并在配楼二层设置通往大殿平台的连廊，这样既解决了配楼与大殿高低悬殊的问题，同时又维持了配楼应有的衬托作用，弥补了因高差导致的配楼与大殿的空间隔阂。须弥灵境大殿体量甚大，其以“神的空间”的名义为“人的空间”服务[1]，借天然地势营造错落平台，与其南侧藏式建筑部分一同“聚巧形而展势”，统摄后山的同时，也达到了极佳的远观效果，是清代皇家园林大型建筑组群设计的优秀范例。

1　王其亨等:《风水理论研究》，天津大学出版社，2005年，第163页。

第三章

后山中轴线宗教建筑群设计分析

清漪园后山中轴线宗教建筑群是乾隆皇帝精心营造的一处佛国胜境，是清代藏传佛教建筑中汉藏结合的典型代表。本章基于对相关文献档案的研究分析及对现存实物的测绘调查，通过多尺度网格比较，选用一丈五尺的平格网对须弥灵境、云会寺、善现寺的水平与竖向空间关系进行分析，揭示了三者空间一体化的客观事实。并从尺度控制、地形适应与改造、构图与比例关系、轴线塑造与转折、曼陀罗图式等不同层面阐释了该建筑群的设计思路及策略。

第一节

平格控制下的组群设计

须弥灵境建筑群虽历经焚修，但除香岩宗印之阁、南瞻部洲和光绪时期添建的值房外[1]，整体格局，尤其是平面布局，完全延续了乾隆时期的格局，为根据遗址现状分析该建筑群最初的规划设计提供了可能。

傅熹年曾指出，中国古代建筑设计最突出的共同特点是利用模数对规划设计进行控制[2]，傅熹年还利用边长为5丈的网格对须弥灵境建筑群进行分析，探讨了建筑布置与网格的应合关系[3]。王其亨在对清代样式雷建筑图档的研究中发现了平格在清代皇家建筑规划设计中被普遍采用[4]，这进一步验证了傅熹年的判断。

随着须弥灵境建筑群遗址保护与修复工程的开展，天津大学对该建筑群进行了全面的三维扫描，获取了更为精确的空间信息，为进一步深入分析后山中轴线建筑群的设计、规划布局及控制模数提供了可能。将组群的三维激光扫描投影图分别置于边长 5 丈、3 丈、2.5 丈、2 丈、1.5 丈的方格网下，通过对比网格与建筑群院落边界、建筑中心和台基边界、各平台高度等的契合度及建筑群内各单体建筑的尺度关系[5]，最终采

1 建筑群内发生变化的建筑均有相关图档资料，如国 343-0666、国 392-0147、国 353-1639（国家图书馆：《国家图书馆藏样式雷图档·颐和园卷》，国家图书馆出版社，2018 年），以及书 4275《万寿山清漪园地盘画样全图》（故宫博物院：《故宫博物院藏品大系：善本特藏编 13 样式房图档》，故宫出版社，2014 年，第 80~81 页），可明晰建筑变化内容。

2 傅熹年曾指出中国古代建筑设计乃至城市规划、建筑群布局最突出的共同特点是用模数（包括分模数、扩大模数和长度模数、面积模数）控制规划设计，使其在规划、体量和比例上有明显或隐晦的关系，在表现建筑群组、建筑物个性的同时，仍能达到统一协调、浑然一体的整体效果。使用模数还有简化规划设计过程和提高规划设计效率的作用。傅熹年：《中国古代城市规划、建筑群布局及建筑设计方法研究》，中国建筑工业出版社，2001 年，第 8 页。

3 傅熹年：《中国古代城市规划、建筑群布局及建筑设计方法研究》，中国建筑工业出版社，2001 年，第 72~73 页。

4 清代样式雷建筑图档中有很多用墨、朱线绘制，分布均匀的经纬网格，即平格。其作为一种计量方法，在清代皇家建筑的选址勘测、规划和施工设计中被普遍采用。从样式雷建筑图档中看，负责规划设计的样式房每以平格图为基础来推敲建筑组群平面布局的地盘样，并按相应高程图平子样进行竖向设计。王其亨：《清代样式雷建筑图档中的平格研究——中国传统建筑设计理念与方法的经典范例》，《建筑遗产》2016 年第 1 期。

5 须弥灵境建筑群藏式部分各建筑尺度大致可分为四种：四色塔作为藏式部分建筑的单元尺寸，其一层为正方体，边长 1.5 丈，可视为 1 模数。日光、月光殿与四大部洲较为重要，建筑尺度较大，一层建筑高度均比 1 模数再大 2 尺，其中东、西部洲（东、西部洲为异形，其进深按南北墙体中点间距）与日光、月光殿平面长宽尺寸基本相同，长边长度约为 2 模数；北俱芦洲平面为方形，边长约为 2 模数。八小部洲尺度介于四色塔与四大部洲之间，其进深尺寸均相同，高度均为 1 模数，又根据所在位置的不同，面阔尺寸分为两种，第一种位于南、北大部洲的东、西两侧，为等边六边形；第二种位于东、西大部洲的南、北两侧。最为重要的香岩宗印之阁，作为藏式部分的中心建筑，其进深、面阔分别为 5、6 模数。

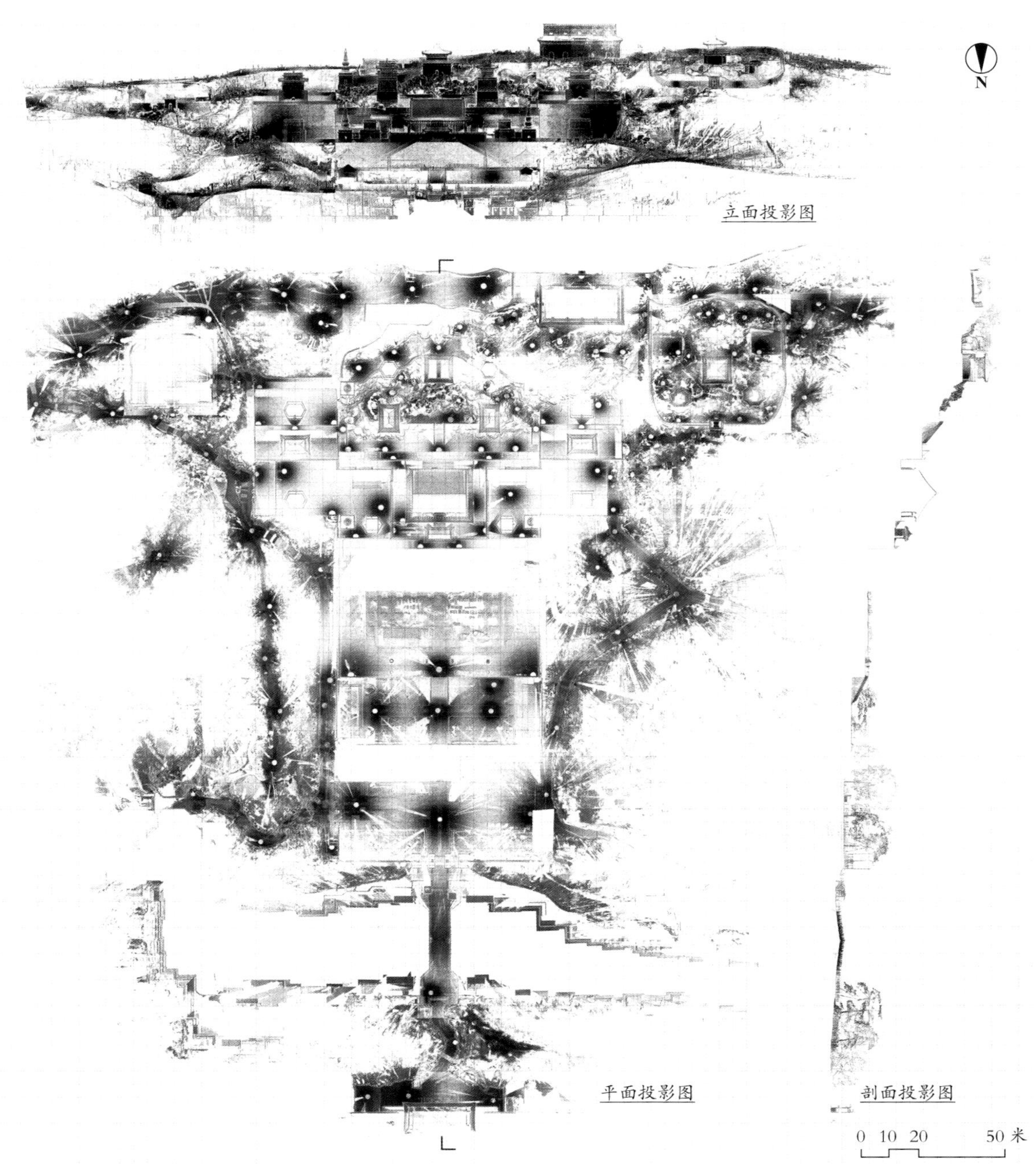

须弥灵境建筑群现状平、立、剖面三维点云影像[1]

用 1.5 丈网格与三维扫描投影图相叠合的方式，对后山建筑群空间进行分析。

▼ 须弥灵境建筑群藏式部分各单体建筑尺度表[2]

建筑	面阔		进深		高度（包括宇墙、台基）	
红塔	4840 毫米	1.5 丈	4840 毫米	1.5 丈	4840 毫米	1.5 丈
黑塔	4784 毫米	1.5 丈	4784 毫米	1.5 丈	4616 毫米	1.5 丈
绿塔	4840 毫米	1.5 丈	4840 毫米	1.5 丈	4840 毫米	1.5 丈
白塔	4810 毫米	1.5 丈	4810 毫米	1.5 丈	4616 毫米	1.5 丈
北俱芦洲	9950 毫米	3.1 丈	9950 毫米	3.1 丈	5440 毫米	1.7 丈
东胜神洲	10310 毫米	3.2 丈	6553（南北墙体中点间距）	2.1 丈	5453 毫米	1.7 丈
西牛贺洲	10340 毫米	3.2 丈	6730 毫米	2.1 丈	5453 毫米	1.7 丈

1 此图由须弥灵境建筑群现状平、立、剖三维激光扫描仪投影图和 1.5 丈平格网叠合而成。

2 表中数据源于天津大学建筑学院测绘图，各数值均为建筑一层数据，其中面阔与进深数据不包括台基尺寸，数据单位按 1 营造尺 =31.83 厘米换算。

续表

建筑	面阔		进深		高度（包括宇墙、台基）	
日光、月光殿	9910 毫米（南北向尺寸）	3.1 丈	6608 毫米（东西向尺寸）	2.1 丈	5450 毫米	1.7 丈
小部洲①（等边六边形）	6859 毫米	2.2 丈	6211 毫米	2 丈	4634 毫米	1.5 丈
小部洲②	8034 毫米	2.5 丈	6210 毫米	2 丈	4785 毫米	1.5 丈

一、平面布局与空间关系

空间可以看作是一系列具有连贯性的变化构图，可通过对比和出其不意的手法激发并保持其意趣[1]。须弥灵境建筑群的空间划分，有节奏地收紧与放大，形成张弛有度的平面构图，又以视线的遮挡与突现营造出一条动人的景观流线。

后山中轴线建筑群整体布局可视为由四个南北向排列、边长 15 格的方形（亦称 15 丈方）控制设计的，轴线南端又以藏式部分作为枢纽，协调、连接两侧的智慧海、云会寺与善现寺。四个方形以汉式部分总面阔（汉式部分的东、西围墙中线）为边长，南北向自北宫门起至须弥灵境藏式部分（北俱芦洲南侧边界）止，分界点为三孔石桥中、配楼所在平台北和须弥灵境大殿所在平台北。与汉式部分不同的是，藏式部分东、西两侧各凸出面阔 6 格的平台。云会寺与善现寺分别由边长 10 格与 6 格的方形控制布局。智慧海位于藏式部分与云会寺之间，与藏式部分西侧平台面阔相同。

四个方形恰好对应四种空间属性。

一是前奏空间。自北宫门起，穿过两座土山夹成的“S”形曲道后顿觉“柳暗花明又一村”，走在拱起的石桥上，两侧栏杆形成夹景，层层踏跺将视线向上引导，呈现在面前的即是庞大、错落的寺庙园林空间，自然地完成了从宫门空间到林苑空间的转换。自转坡起，踏上石桥，步移景异，此段所见为远景景观，也是步入后山中轴线上这组大型宗教建筑群的“前奏”。

二是转换空间。行至桥中，便进入了第二个空间，视野所及为步移景异的中景景观[2]。自桥中起，向南经一小段下坡，大殿的屋顶逐渐显现；至慈福牌楼北侧踏跺前，须弥灵境大殿的部分墙身被踏跺遮挡；拾级而上，大殿再次逐渐浮现；至踏跺中间平台处，向南望去，慈福牌楼明间形成“画框”，大殿的完整形象恰立于画框之中；继续前进，即步入三牌楼围合的空间。自桥中至慈福牌楼，平面构图虽简单，但巧妙的高差设计使观者的视角在行进中不断变化，从而获得丰富多变的视觉体验。

三牌楼围合的空间虽属汉式部分，但其性质为园林化处理的佛寺前导空间。既实现了苑囿区至佛寺区的转折，又自然地完成了东、西、北三路与须弥灵境间的流线转换。游人行至三牌楼围合空间的中心位置，无不惊叹于大殿的雄伟壮阔，观赏须弥灵境大殿的最佳视角亦在此处[3]。三牌楼围合的空间模式亦见于其他建

1 ［英］F. 吉伯德：《市镇设计》，中国建筑工业出版社，1983 年，第 7 页。

2 中景景观是由近及远或由远及近的时空运动中的景观，即介乎远、近两极之间的景观，具有强烈的动态变化特征，充满了近与远、大与小、群体与个体、整体与局部、轮廓与细节等方面的相互转化，亦即势与形的矛盾运动与相互转化。王其亨等：《风水理论研究》，天津大学出版社，2005 年，第 145~154 页。

3 此处为能够整体观赏大殿的视点 27° 仰角。建筑物与视点距离（D）与建筑高度（H）之比为 1 时，仰角为 45°，空间较紧凑但无压迫感，适合观看建筑立面局部或材质等；D/H=2 时，仰角为 27°，空间围合感适宜，可较整体地观赏建筑；D/H=3 时，仰角为 18°，空间封闭性减弱，适合观看建筑群。同时观赏大殿的最佳水平视角为 54°，这一视角恰为当代研究成果所确认的水平最佳双目视野。［日］芦原义信：《外部空间设计》，中国建筑工业出版社，1985 年，第 27~30 页。

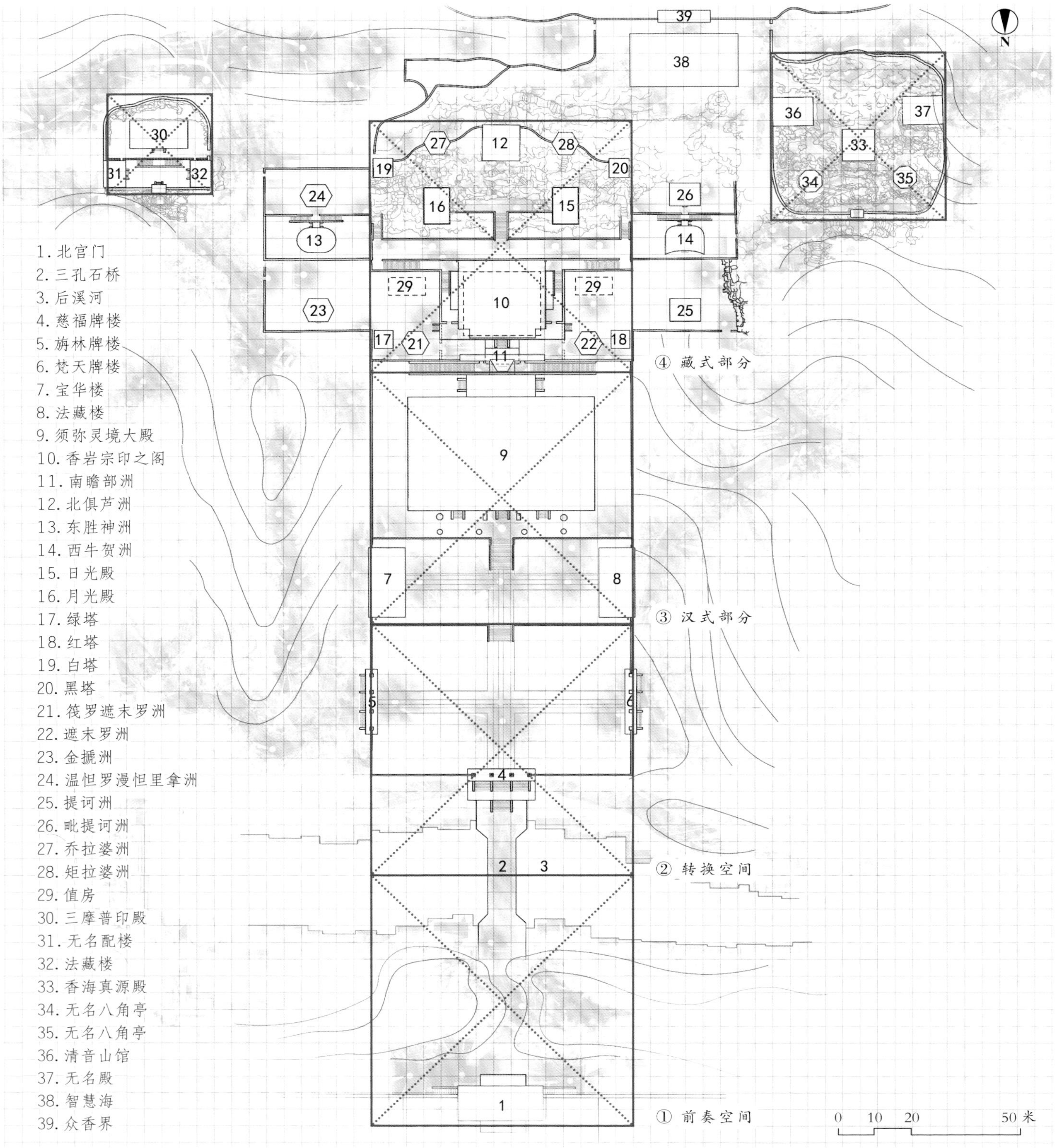

1. 北宫门
2. 三孔石桥
3. 后溪河
4. 慈福牌楼
5. 旃林牌楼
6. 梵天牌楼
7. 宝华楼
8. 法藏楼
9. 须弥灵境大殿
10. 香岩宗印之阁
11. 南瞻部洲
12. 北俱芦洲
13. 东胜神洲
14. 西牛贺洲
15. 日光殿
16. 月光殿
17. 绿塔
18. 红塔
19. 白塔
20. 黑塔
21. 筏罗遮末罗洲
22. 遮末罗洲
23. 金撫洲
24. 温怛罗漫怛里拿洲
25. 提诃洲
26. 毗提诃洲
27. 乔拉婆洲
28. 矩拉婆洲
29. 值房
30. 三摩普印殿
31. 无名配楼
32. 法藏楼
33. 香海真源殿
34. 无名八角亭
35. 无名八角亭
36. 清音山馆
37. 无名殿
38. 智慧海
39. 众香界

① 前奏空间
② 转换空间
③ 汉式部分
④ 藏式部分

0 10 20 50 米

15 丈方控制布局图

筑群，例如颐和园排云门、南湖岛、西宫门，圆明园鸿慈永祜与含经堂，景山寿皇殿，北京东岳庙，故宫大高玄殿，清西陵，雍和宫等地，这一空间模式在《康熙南巡图》中也曾多次出现。

三是汉式部分。循阶向上，汉式部分建筑巨大的体量即在眼前，产生近形特写的效果。此时藏式部分已几乎从视野中消失，观者身处其中，触眼所及皆为汉式部分的建筑。在配楼平台上沿中轴线行进时，左右环顾即为观赏配楼完整形象的最佳视角；在配楼与须弥灵境大殿之间登阶仰望时，为观赏大殿整体形象的极限视角（45° 仰角）[1]。继续向前，视线便很自然地从观赏整体转为聚焦局部了。

汉式部分自中轴线至两侧（每侧各 35 米范围内）基本在“百尺”的阈值附近[2]，与前山大报恩延寿寺相

1 ［日］芦原义信：《外部空间设计》，中国建筑工业出版社，1985 年，第 27~30 页。

2 从周尺到康熙时期的量地官尺，将“百尺为形”的基本尺度规定折算为公制，约为 23~35 米。王其亨等：《风水理论研究》，天津大学出版社，2005 年，第 145 页。

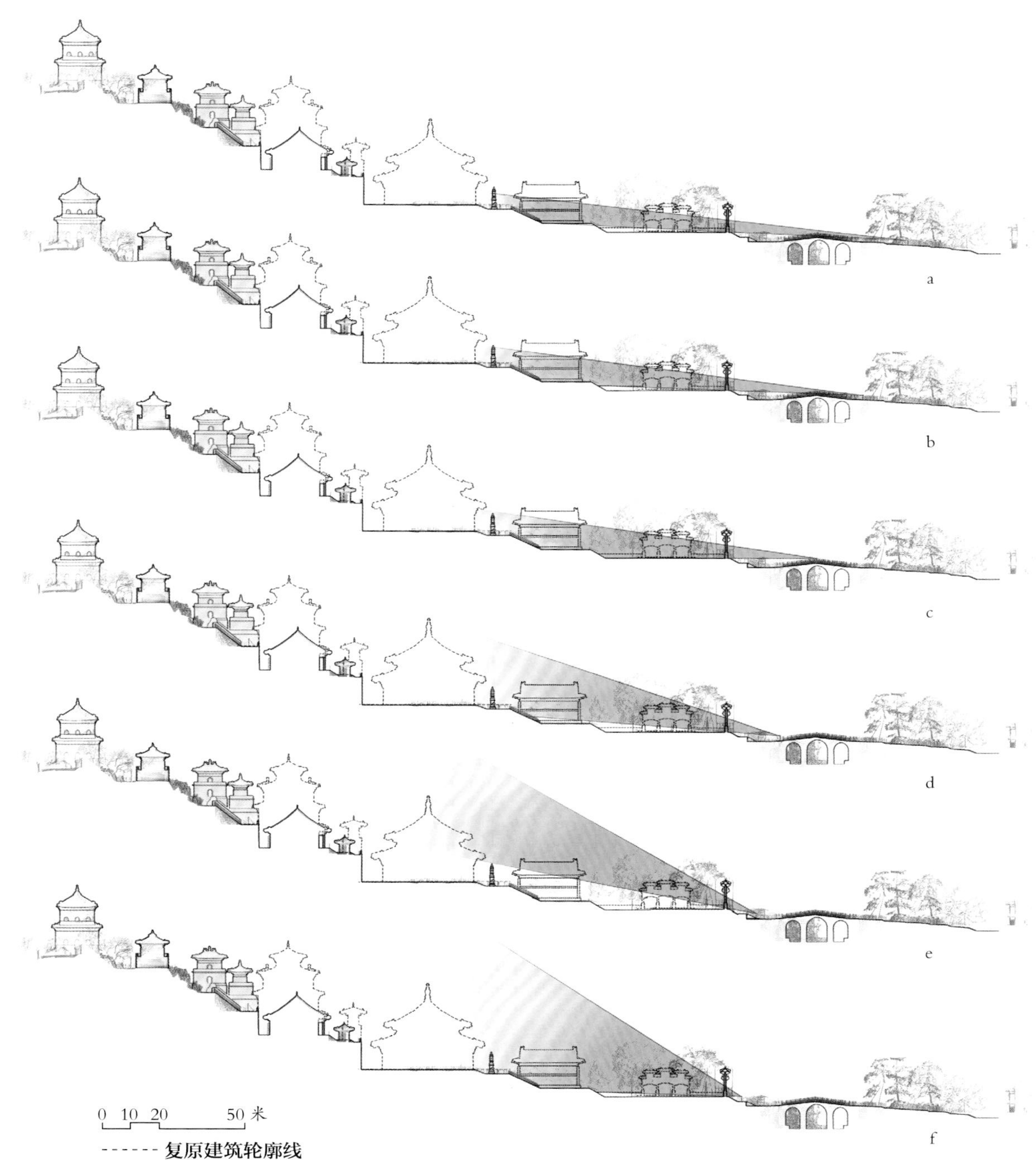

须弥灵境建筑群前奏空间至转换空间（a~f）视线分析图

当。“居中为尊”的主体建筑，承袭历代大型宫殿建筑的尺度，其轴线两侧尺度均控制在百尺之内[1]。须弥灵境大殿通面阔约为 52 米，其体量在此条件下已达最大——大殿与配楼台基边界线重合。

四是藏式部分。自须弥灵境大殿南门出，目之所及即一面巨大的红墙，沿着墙两侧的踏跺拾级而上，便到了另一番天地——富于特色的藏式部分。自石桥始至三牌楼围合空间，仅在慈福牌楼的框景中可见到须弥灵境大殿，而藏式部分则被掩映在树木与建筑之中；继续向南，体量庞大的大殿立于眼前，而藏式部分几乎从视野中消失。因此，沿中轴线行走，自始至终未见藏式部分的庐山真面目，这也在一定程度上说明须弥灵境建筑群，尤其是其藏式部分，其设计并非着眼于近景，而是作为远景和对景，出现在游览路线和各个景点中，为山林野趣补充了浪漫和神秘的色彩[2]。藏式部分的整体尺度逾越了“百尺为形”的规模，但除作为视觉中心的香岩宗印之阁外，其他建筑单体的体量均不算很大。须弥灵境建筑群藏式部分借天然地势营造错落平台，“聚巧形而展势”，有效提升了远观效果。正如乾隆皇帝诗中所言：“何分西土东天，倩他装点名园。”设计者借藏式部分的大尺度建筑，提升了园囿其他部分的观景效果。

1 王其亨等:《风水理论研究》，天津大学出版社，2005 年，第 156~157 页。

2 中国圆明园学会筹备委员会:《圆明园》第四集，中国建筑工业出版社，1984 年，第 12 页。

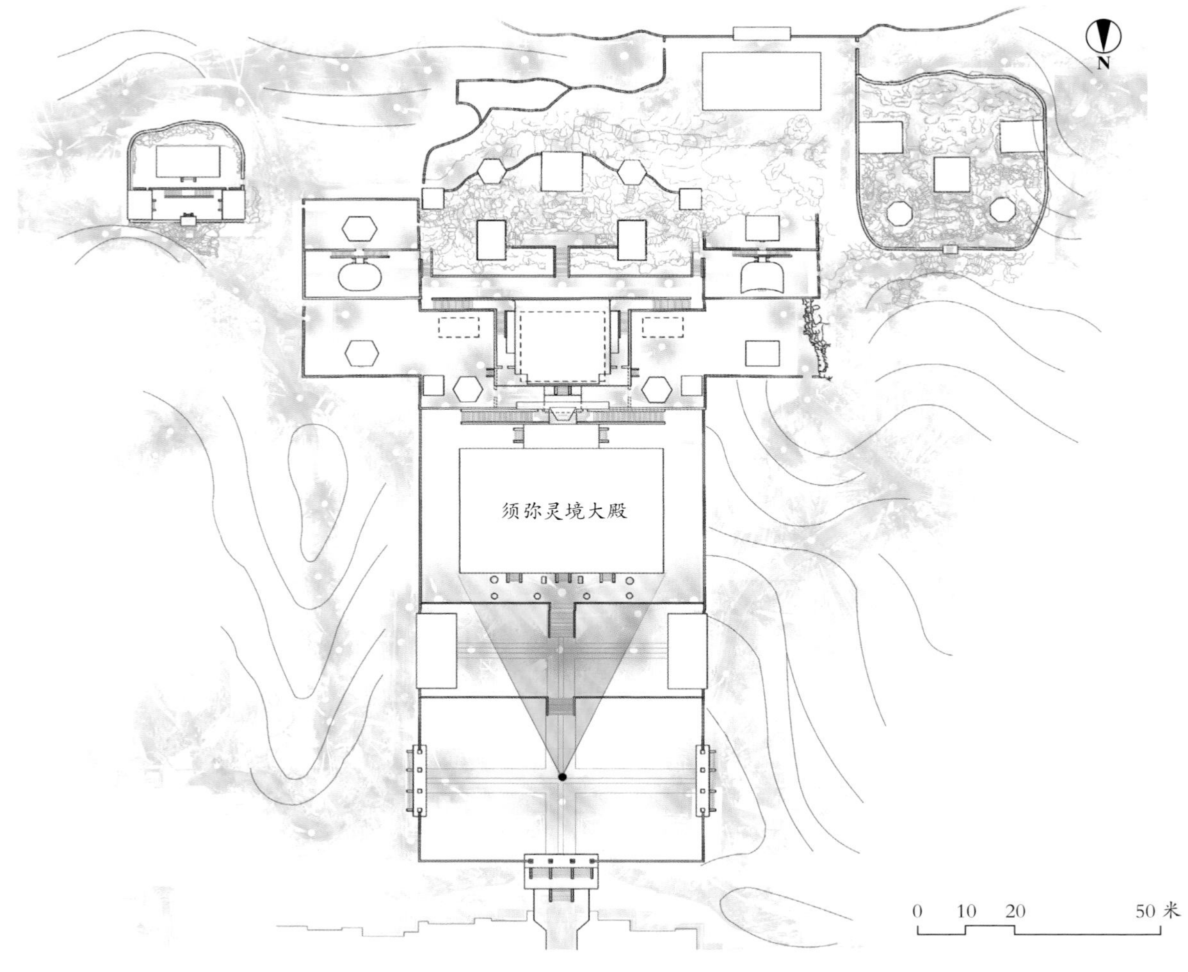

须弥灵境大殿的最佳水平观赏视角

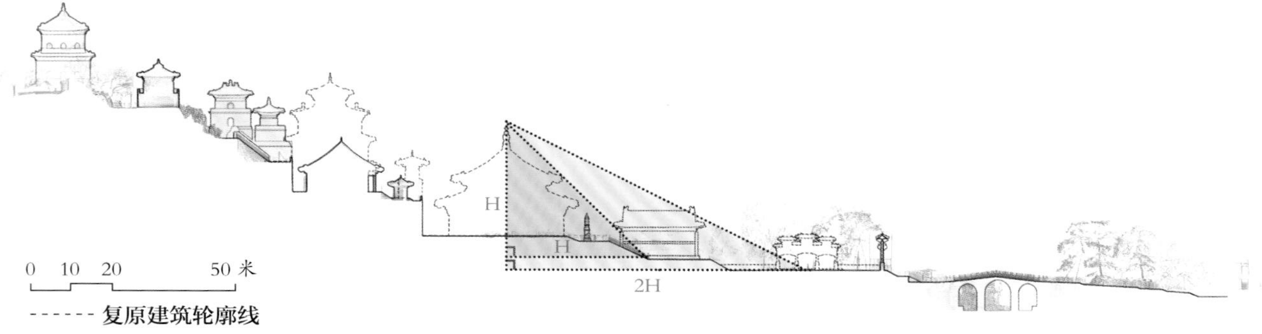

须弥灵境大殿竖向观察视角

须弥灵境建筑群自北宫门起至土坡转折处的园林化处理别有意趣。由石桥起至三牌楼空间，步移景异，同时借三牌楼围合区域进行空间转换；汉式部分遵循“百尺为形”的原则，作为近形特写；藏式部分巧借地势，利用单体布置以“聚形展势”。后山中轴线这段空间序列的视觉处理，充分体现了在移步之间完成建筑组群风格转换的设计思路。

须弥灵境汉式部分与藏式部分之间又存在着巧妙的平衡。二者整体尺寸倒转，面阔与进深的长短比值

须弥灵境配楼的最佳观赏视角

均为 9 : 5[1]。然汉式部分处低位，以长进深布置，在自北宫门起至慈福牌楼的前奏部分的铺垫下，以深远的布局由序曲逐步进入高潮。藏式部分居高位，以宽面阔展开，最大限度地展示佛国世界的壮阔。须弥灵境建筑群在一深一阔、一高一低、一前一后的布局中实现空间及视觉的均衡，同时象征着清代帝王对汉藏文化的平衡。

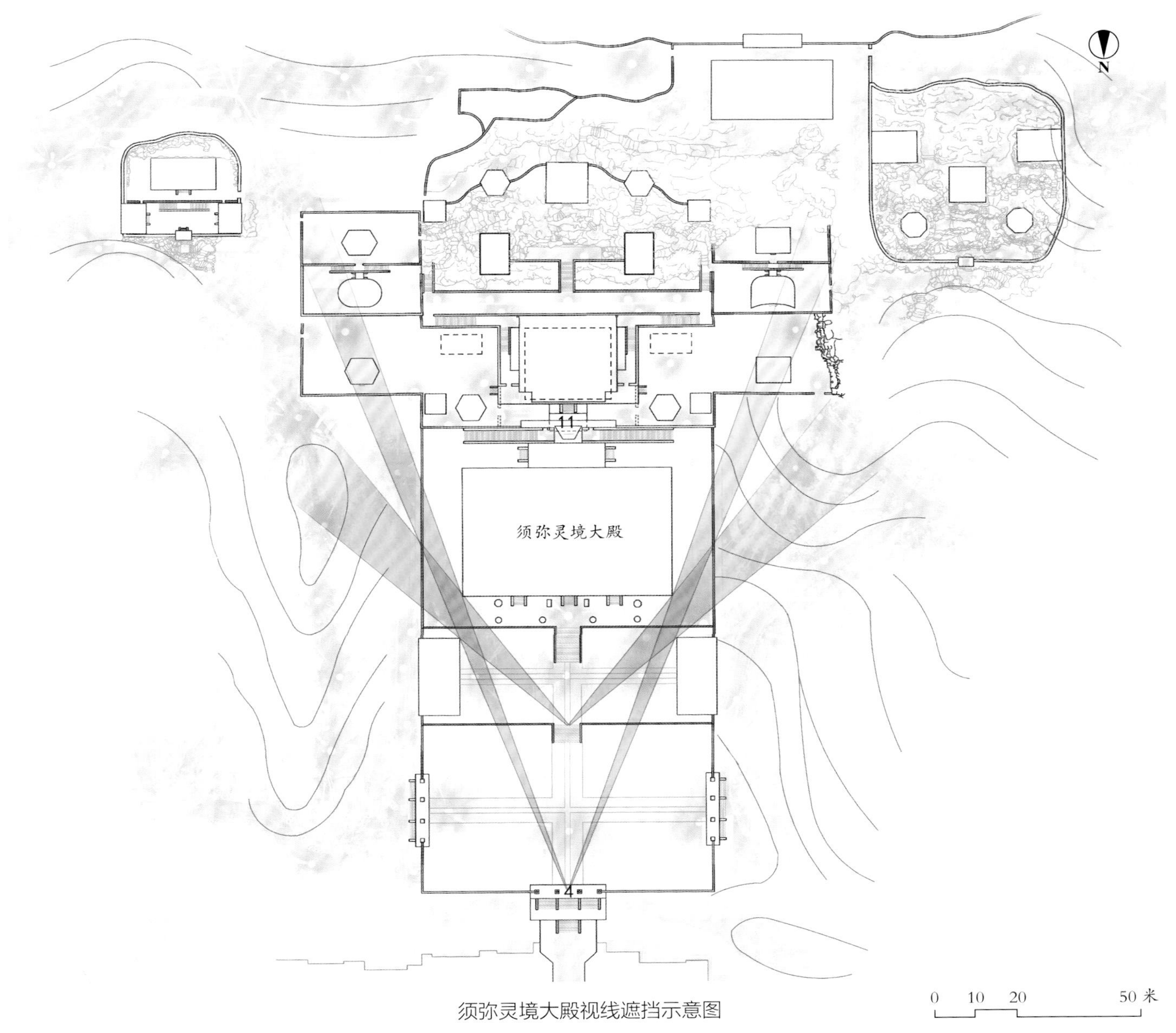

须弥灵境大殿视线遮挡示意图

二、地形的适应与改造

根据文献资料，瓮山原是由清淤拓湖之土在附近堆积而成，山上“童童无草木”。根据现场调研发现的原始山石，可大致推测瓮山的原始地形。其山体以智慧海所在区域为最高，向四周呈辐射状降低。智慧海区域、须弥灵境藏式部分西侧平台处、云会寺南侧、善现寺南侧及东侧发现大量原始山石。根据 1934 年出版的《颐和园全图》，须弥灵境配楼左、右两侧均有原始山石，如今仅在东配楼东南侧发现一水平状原始山石，西侧山石似被土掩埋，而这两处原始山石或为配楼平台设计标高的基准。

自万寿山山脊起至苏州街，高差共为 12 格，地势南陡北缓，整体建筑布置基本顺应山势。结合原始山

1 汉式部分总面阔（汉式部分的东、西围墙中线间距）为 15 格，总进深（自慈福牌楼北侧踏跺至须弥灵境大殿南）约 27 格；藏式部分总面阔（藏式部分东、西平台外侧宇墙中线间距）为 27 格，总进深（自南瞻部洲北至北俱芦洲南）为 15 格。

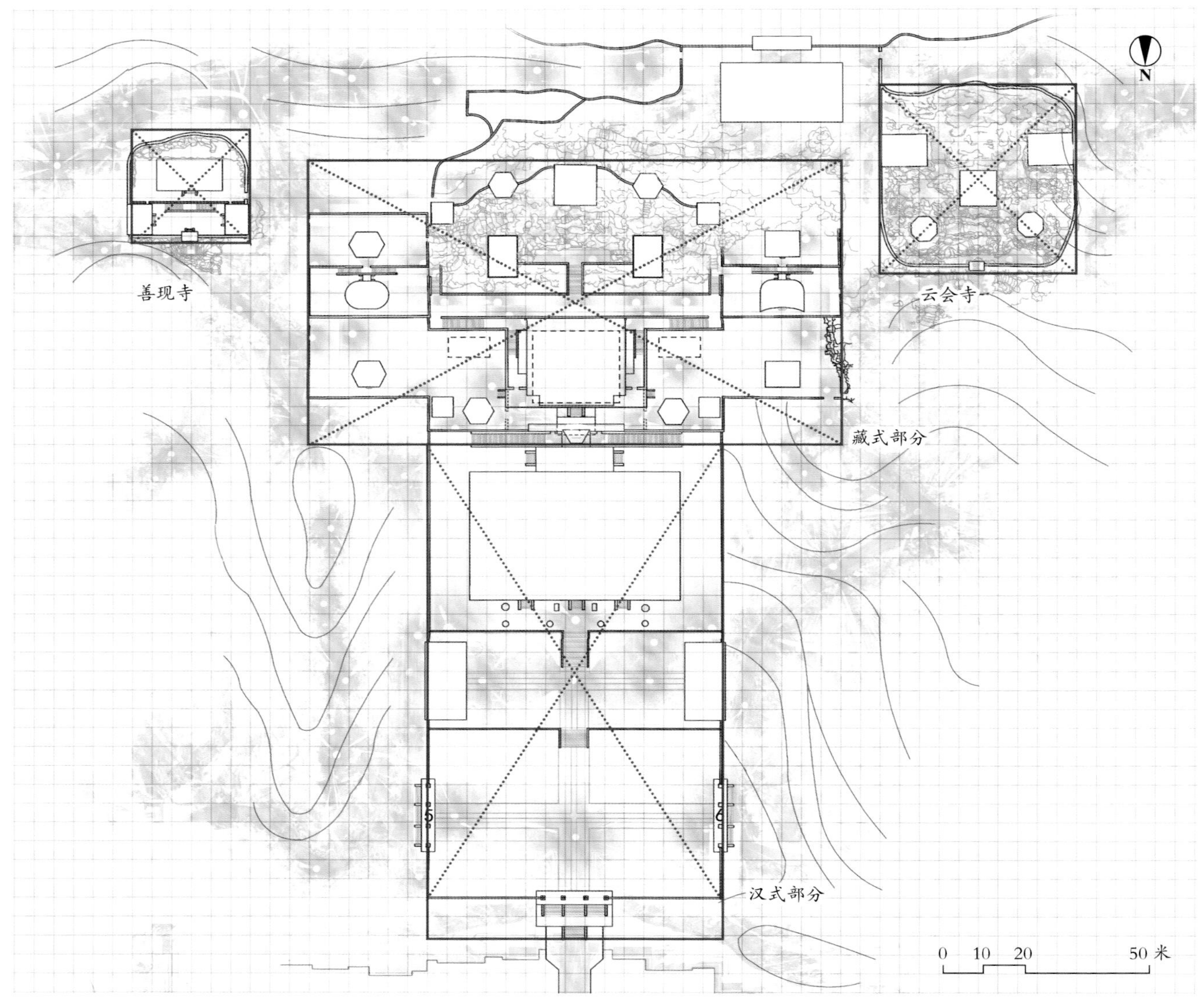

须弥灵境建筑群汉式、藏式部分关系示意图

石的分布情况对须弥灵境建筑群各平台高度进行分析发现，自地势最高点的智慧海至配楼两侧的原始山石，以东、西部洲与南瞻部洲（香岩宗印之阁）所在平台为分界点，高差三等分，间距3格，而配楼至苏州街高差也恰为3格[1]。

针对后山坐南朝北、山石密布及南侧靠近山脊处略陡峭、东西向较宽阔的地形条件，设计者“略师其意，就其天然之势，而不舍己之所长”[2]，结合原始地形，以“立体曼陀罗”的形式，借藏式建筑的高台解决了高差过大的问题。

2010年11月须弥灵境大殿考古发掘现场（张龙摄）

高台上的日光、月光殿所在高度，恰好位于北俱芦洲与东、西两大部洲之间；嗢怛罗漫怛里拿洲与毗提诃洲平台及红、绿色塔（高度与乔拉婆洲、矩拉婆洲相同）则将其三等分（两两高差皆为1丈）。如此有规律的高度分布，显然经过精心的设计结果。

1 苏州街泊岸下约1.5米的地方，恰好为夏季后溪河水面的位置。

2 《清高宗（乾隆）御制诗文全集》五集卷八十九，台北故宫博物院，1976年。

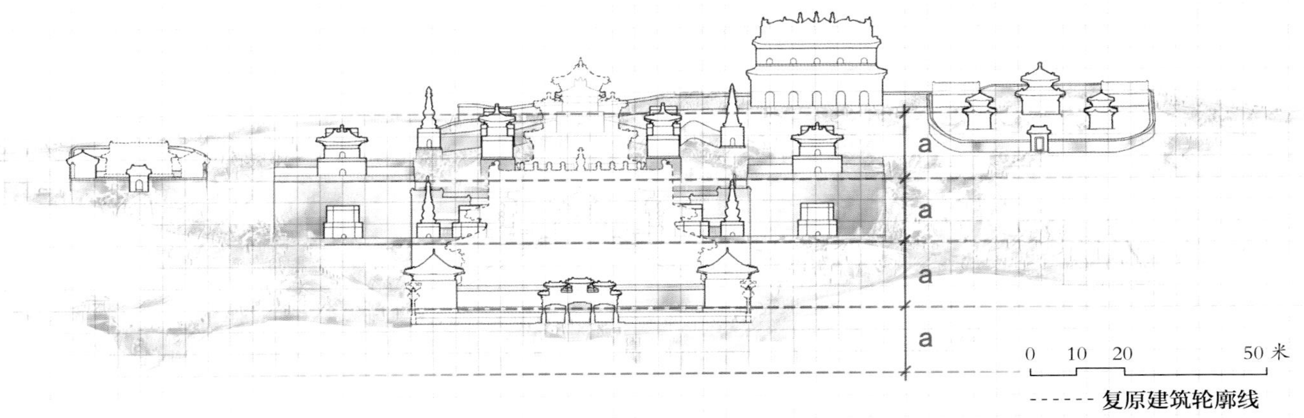

颐和园后山中轴线高差分析（a=3 格）

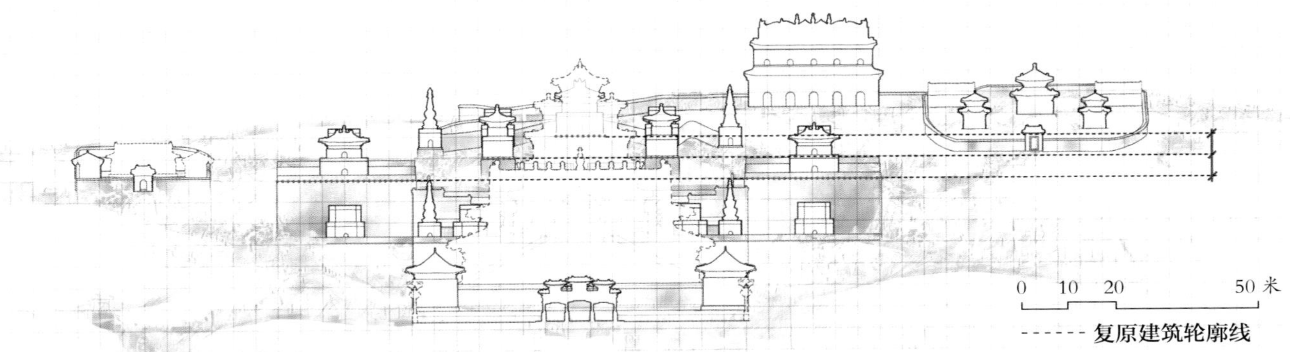

颐和园后山中轴线高差等分规律一

颐和园后山中轴线高差等分规律二

第二节

轴线的塑造与转折

从须弥灵境建筑群的立面图可以看出，颐和园后山中轴线宗教建筑群设有一主、一次、三辅共五条轴线：主轴线即组群中轴线；次轴线为东胜神洲—智慧海轴线；辅助轴线分别为与次轴线对位的西牛贺洲轴线及善现寺轴线和云会寺轴线。

自北向南，慈福牌楼、须弥灵境大殿、南瞻部洲、香岩宗印之阁及北俱芦洲错落有序地被置于中轴线上，经三孔石桥的引导，透过慈福牌楼的框景，台地层层升起，踏跺两侧设扶手墙，左右两侧对称布置建筑，中轴线因一次次渲染变得突出而明确。

东胜神洲与西牛贺洲体量相当，沿中轴线对称布置在高约 14 米的红台上，两洲南、北两侧各布置一小部洲。此外，在东胜神洲南侧布置着作为前山景观收束点的智慧海，智慧海与后山中轴线宗教建筑群有着巧妙的联系，自然地实现了前山轴线向后山的过渡与转折，形成了建筑群的次轴线。

再外侧有云会寺、善现寺对位构成的两条轴线。二者较藏式部分庞大的体量而言略显单薄，二者之间的距离与次、中轴线间的距离并不相同，而是稍向中靠拢，遵照"左崇而右实，右胜而左股"[1] 的原则，实现整体效果上的协调。又因善现寺体量更小，在空间上距中轴线更近。

须弥灵境建筑群作为控制整个后山建筑集群的核心，其中轴线与前山轴线相错，这种"错中"现象或为地形因素导致[2]。须弥灵境建筑群与云会寺之间、智慧海以北有面积近 1400 平方米的原始山石[3]，如此大面

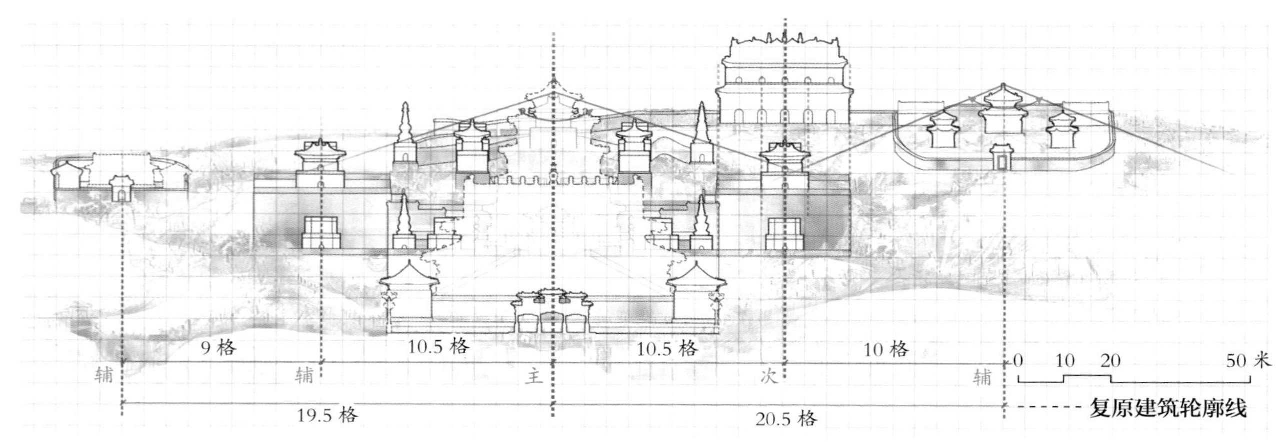

须弥灵境建筑群立面轴线的布置

1 王其亨等:《风水理论研究》，天津大学出版社，2005 年，第 185 页。

2 周维权认为这种"错中"现象的产生可能是由于后山一带环境幽邃，建筑物以较小的体量和疏朗灵活的布置为宜，但由于政治上的需要又不能不在此时此地建置须弥灵境建筑群。若前、后山"对中"，势必要削平构虚轩所在的小山岗，不仅增加土方开挖的工程量，也毁掉了后山唯一的一处宜于四面环眺的景点。若轴线往东移约 50 米至现在的位置，则须弥灵境建筑群正好处于构虚轩和寅辉城关旁的小山岗之间，既减少了工程量，又能够利用左、右两座山岗，把建筑群的一部分隐蔽起来，适当地减少了大体量建筑群对后山成景的不良影响。清华大学建筑系:《建筑史论文集（第八辑）》，清华大学出版社，1987 年，第 78 页。

3 原始山石的大致面积根据三维激光扫描图确定。

积的原始山石不宜改造，强行施工不仅费时费力，亦不符合“因地制宜”的理念。

前、后山轴线可以相错，但不可分离。设计者巧妙地利用建筑布置，使得前、后山轴线自然地衔接、过渡，并完成转折。金柏苓认为：“后大庙……以智慧海为枢纽与前山轴线取得了联络。”[1] 周维权先生认为设计者利用东胜神洲及其前后的小部洲所形成的次要轴线对齐智慧海作为前山中轴线的延伸以弥补“错中”的缺陷。这样，前山和后山的中轴线虽然彼此错位，但却能够形成一定的几何关系[2]。

智慧海与须弥灵境藏式部分西侧高台的面阔一致，次门洞间距恰与东胜神洲的面阔相等。其与北侧的东胜神洲及前、后小部洲形成了一条仅次于中轴线的轴线，并利用此轴线两侧的建筑布置形成较为一致、和谐的对称布局以强化轴线。例如北俱芦洲与云会寺主殿香海真源殿的海拔高度相近，平面中心点在南北向上重合，距离几乎相等[3]，又各自与北侧日光、月光殿和重檐八角亭形成了两个角度相近的三角形。而在万寿山的山脊线上和智慧海东、西两侧对称布置着四道围墙，南侧围墙为排云殿组群北云墙；北侧围墙西北段借云会寺南云墙形成，东北侧位于须弥灵境南侧，与西北侧大致对称。南、北围墙高程几乎一致，各自的环抱范围内叠石林立，囊括了山顶的绝大多数叠石。对称布置的围墙既突出了中御路，又巧妙地处理了轴线转折，与智慧海共同显示前山轴线位置所在，同时将须弥灵境藏式部分、云会寺与智慧海密切地联系在一起。

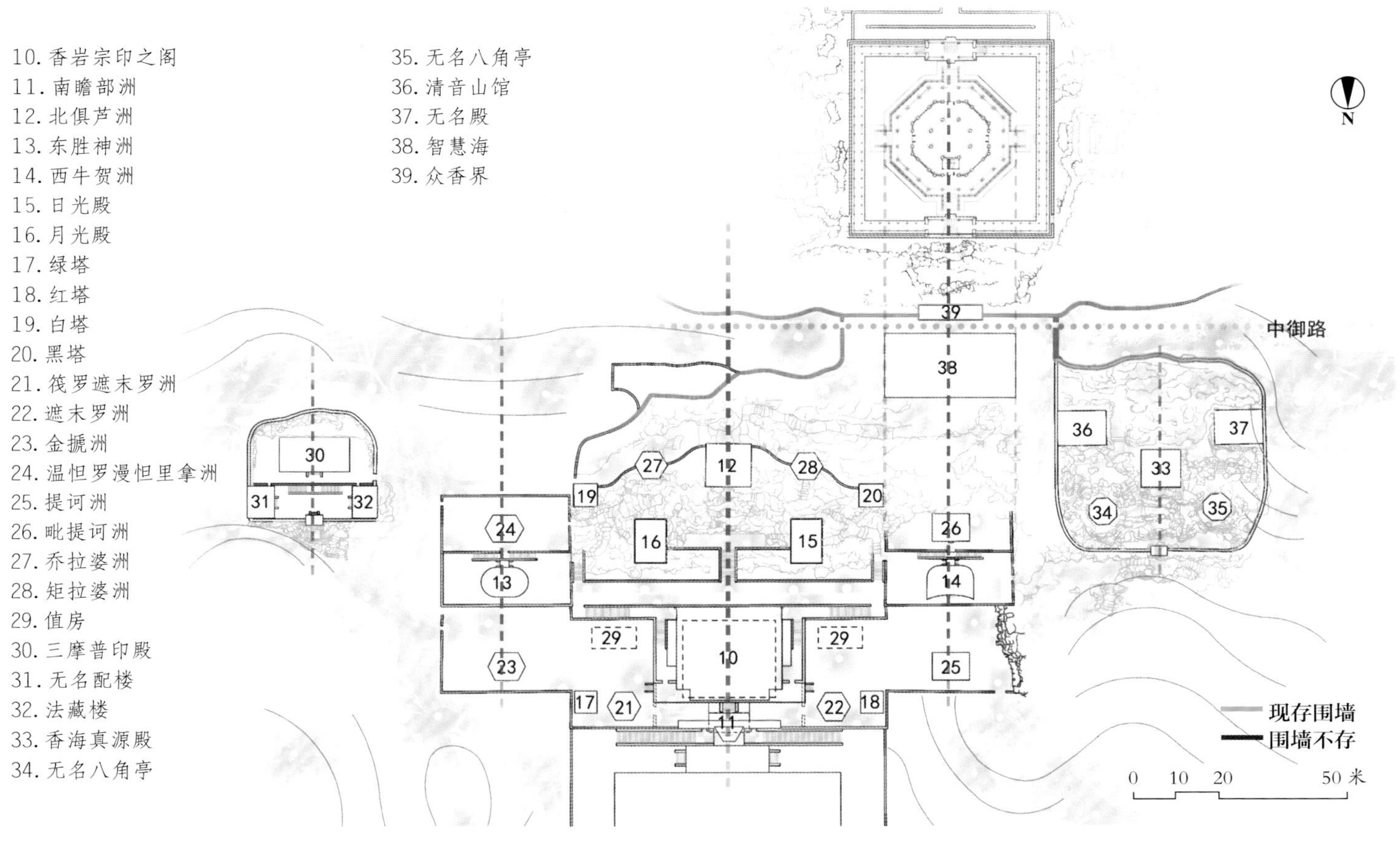

颐和园前、后山建筑群轴线转折处理平面示意图

囿于地形条件，前、后山轴线错开，但又通过种种设计使得前山轴线并非戛然而止，而是得以接续，转而成为后山宗教建筑群的次轴线。在衬托中轴线的同时，既使智慧海不致过于突兀，又使前山轴线“余韵袅袅”，别具一种威严。前山与后山轴线的衔接与转折由此完成。

1 中国圆明园学会筹备委员会：《圆明园》第三集，中国建筑工业出版社，1984 年，第 12 页。

2 清华大学建筑系：《建筑史论文集（第八辑）》，清华大学出版社，1987 年，第 79 页。

3 东胜神洲—智慧海轴线与其东、西两侧的北俱芦洲与云会寺组群中心的距离分别约为 16 丈和 15 丈，比例接近 1：1。

第三节

曼陀罗的营造

曼陀罗图案是印度宗教神学最基础的空间图示，被广泛运用于清代皇家建筑设计，成为清代皇家园林宗教建筑群体的重要布局形式[1]。须弥灵境为普宁寺的姊妹建筑群，写仿桑耶寺，其中藏式部分基于地形条件，以香岩宗印之阁为中心，环以四大部洲、八小部洲、四色塔的整体格局形成了巨大的群体曼陀罗[2]。

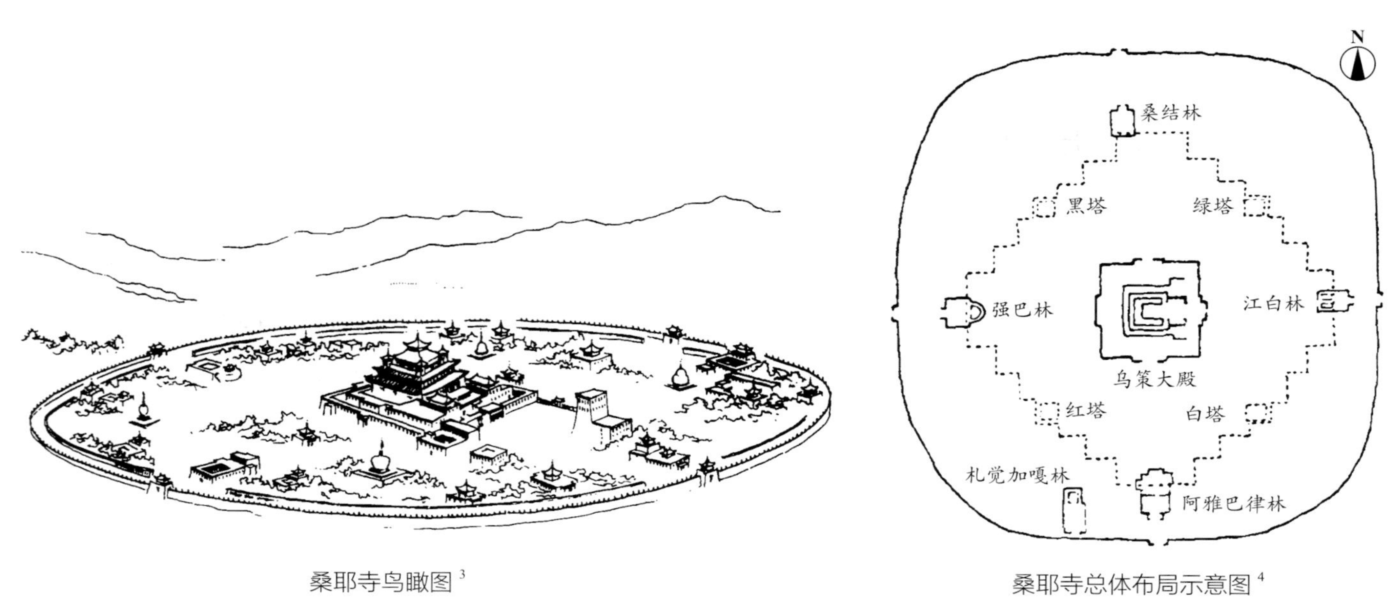

桑耶寺鸟瞰图[3]

桑耶寺总体布局示意图[4]

《阿毗达摩俱舍论》中对“世界”进行了详细的描写[5]，须弥灵境建筑群藏式部分的建筑布置基本符合佛经中的描述。值得注意的是，须弥灵境建筑群坐南朝北，但藏式部分四大部洲的布置并未限于实际方位，而是南北颠倒、东西反转，即北俱芦洲在南，南瞻部洲在北，西牛贺洲在东，东胜神洲在西。

藏式部分的整体布局除遵守对称布置及轴线布置的通常规律外，在平面中还存在多对等分关系，如藏式部分整体被四色塔和南、北部洲四等分，中心区域（与汉式等宽的部分）被日光、月光殿和南、北部洲

1 李倩枚：《何分西土东天，倩他装点名园——清代皇家园林中宗教建筑的类型与意义》，天津大学硕士学位论文，1994 年，第 36~37 页。

2 “西藏传统的都纲法式经过概括抽象，可以提炼出其模型法则，即：平面呈回字形围合，中部高耸，内含主尊造像。根据这一基本法则，可以变异衍生出许多新的都纲法式类型，诸如北京、承德乾隆时期修建的许多藏传佛教建筑，在形式上均属于此。这些新的都纲法式类型与西藏传统的都纲法式相比，在造型上进一步突出表现了曼陀罗原型的特点和意义，形式也更加丰富多变。普宁寺大乘阁和颐和园须弥灵境的香岩宗印之阁均为中空的都纲法式，大乘阁和香岩宗印之阁则与众多附殿、喇嘛塔等建筑一起，形成了巨大的群体曼陀罗。”吴晓敏：《效彼须弥山，作此曼拿罗——清代皇家宫苑中藏传佛教建筑的原型撷取与再创作》，天津大学硕士学位论文，1997 年，第 49~50 页。

3 陈耀东：《西藏阿里托林寺》，《文物》1995 年第 10 期。

4 宿白：《藏传佛教寺院考古》，文物出版社，1996 年，第 64 页。

5 “须弥山为世界中心，其两侧有日、月光，周围往复，护卫东西，照耀着须弥山。周围有八山九海环绕，在咸海中布列四洲（即我们所说的四大部洲），每个大部洲周边又有两个小部洲。”敏公上师注：《阿毗达磨俱舍论略注》，上海古籍出版社，2016 年，第 367~399 页。

四等分，东、西部洲被香岩宗印之阁东、西两侧围墙三等分。除筏罗遮末罗洲、遮末罗洲与光绪时期添建的两座值房外，将各部洲与塔等 16 座建筑中心点相连，能够形成一八边形（筏罗遮末罗洲、遮末罗洲位置略向南侧偏移）。

香岩宗印之阁并未按照佛经中的描述被置于几何中心，而是与日光、月光殿呈三角形布局，均衡地布置在八边形的中心区域。这种布局是由于万寿山的地形南陡北缓，若将香岩宗印之阁强行布置于几何中心，组群中将会出现一个巨大的高台。香岩宗印之阁的崖壁占用两层的高度，其南立面仅能看到屋顶部分，南、北两侧立面将失去平衡，踏跺的布置也会成为难题。而当其与日光、月光殿呈三角形布局时，便可以利用三者之间的间距设置平台以化解高差。纵使香岩宗印之阁未在几何中心，但庞大的体量依然使其能够成为须弥灵境藏式部分的构图与视觉中心。

因地形原因，香岩宗印之阁被迫向北挪移，藏式部分的整体构图也随之发生变化。香岩宗印之阁自身进深较大，其偏移导致藏式部分北半部的各部洲与塔整体向北移动，筏罗遮末罗洲、遮末罗洲受到挤压，同时又限于进深的整体规划，脱离了整体构图，被放置在了两侧建筑（绿塔与香岩宗印之阁东侧围墙、红塔与香岩宗印之阁西侧围墙）间距中心的位置。建筑的偏移挤压了北侧空间，使其略显拥挤，相比之下南侧的空间又稍显空旷，从而形成了以香岩宗印之阁为中心，整体“前扁后圆”的空间格局。尽管如此，香岩宗印之阁与其余各建筑的空间关系并未改变，香岩宗印之阁北侧的各建筑中心仍位于香岩宗印之阁中心点以北。

香岩宗印之阁体量虽大，但要将各部洲和塔相统一，仍非易事。将藏式部分各建筑统一的主要手法为以下两种。

一是模度系统。任何优秀的设计总会显示出各组成单元在总体中的相对地位，并且很大程度上是通过单元尺寸的不同比例及它们之间的集成关系来实现的[1]。须弥灵境藏式部分各建筑即是在单元尺寸（1.5 丈）的基础上增加尺寸或取其倍数来塑造的。这种设计手法的应用使得藏式部分各建筑间建立起协调的比例关系，使得组群的整体空间布局协调一致。

二是形式协调。须弥灵境藏式部分以体量巨大的香岩宗印之阁统摄其他建筑[2]，同时在组群建筑形象的处理上也显示出相似性。藏式部分较重要的建筑均为歇山或庑殿顶，优美的屋顶曲线突出了建筑形象，又在屋面饰以黄琉璃，取得色彩上的一致。这些手法使得藏式部分虽建筑要素较多，但整体上仍呈现出较强的统一性。

须弥灵境藏式部分的整体营造遵循着严密的几何控制与数理关系，却并未限于常规，去追求极致的完美，而是根据实际情况灵活调整。香岩宗印之阁作为视觉中心，以其巨大的体量统摄藏式部分，同时运用模度系统与形式协调进一步强化藏式部分的统一性。

1 ［美］托伯特·哈姆林:《建筑形式美的原则》，华中科技大学出版社，2020 年，第 64~70 页。

2 “建筑整体做到统一，可通过次要部分对主要部分的从属关系，并让构成一座建筑的所有部分的形状与细部取得协调。”［美］托伯特·哈姆林:《建筑形式美的原则》，华中科技大学出版社，2020 年，第 20 页。

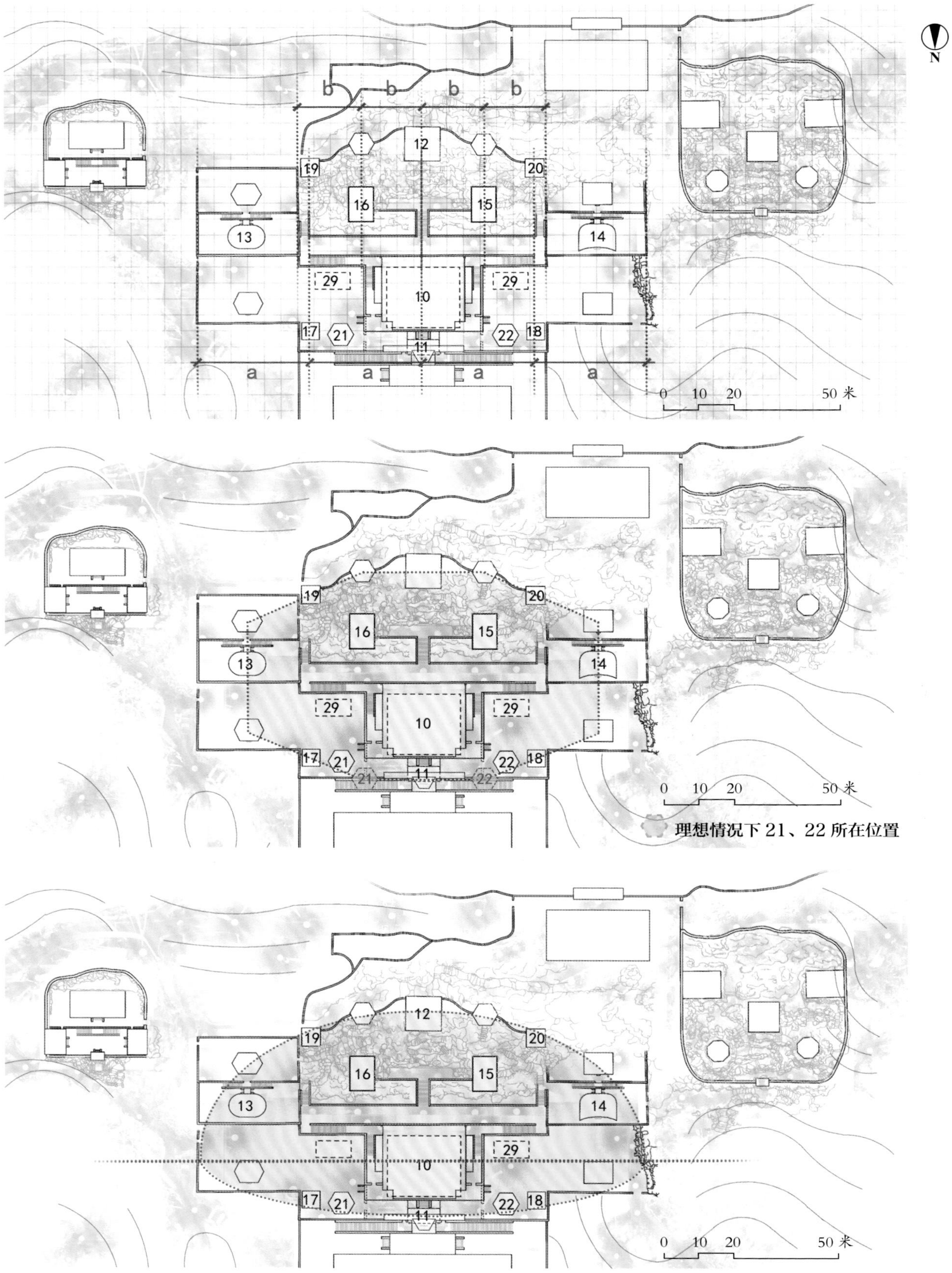

理想情况下 21、22 所在位置

10. 香岩宗印之阁
11. 南瞻部洲
12. 北俱芦洲
13. 东胜神洲
14. 西牛贺洲
15. 日光殿
16. 月光殿
17. 绿塔
18. 红塔
19. 白塔
20. 黑塔
21. 筏罗遮末罗洲
22. 遮末罗洲
29. 值房

须弥灵境建筑群藏式部分中的等分关系（上）、平面构图规律（中）及空间分布（下）

第四节
小　结

通过借助 1.5 丈的平格网对后山中轴线宗教建筑群的构图、比例、空间进行分析，不难发现，“童童无草木”的瓮山，其原始岩石裸露的特性被充分尊重与利用，借以突出宗教山林意象。在竖向设计上将场地高差四等分，前导空间与汉式寺庙占两份，藏式寺庙占两份。一主、一次、三辅五条轴线均衡布置，巧妙地实现了前山大报恩延寿寺中轴线在后山的延续及与后山中轴线主次关系的转换。中路须弥灵境采取汉藏结合的方式，在高低纵横间实现汉藏建筑的均衡。南北纵深方向划分四个方形，对应不同的空间氛围，利用地形高差营造一系列连续、变化的动态景观。

组群平面设计亦严格遵循对齐原则。须弥灵境建筑群在东西向产生了多对等分关系，如东、西大部洲之间被日光、月光殿等分为三份，间距为 7 格；藏式部分西侧边界、绿塔、北俱芦洲（中轴线）、红塔、藏式部分东侧边界间距相等，为 6.75 格；善现寺中心、西牛贺洲、中轴线、东胜神洲、云会寺中心之间的距离分别为 9、10.5、10.5、10 格。组群的平面、立面构图亦有严密的对齐关系。

须弥灵境建筑群平面构图中的对齐关系如下：

黑塔、白塔台基南侧——善现寺大殿平台北侧边界；

北俱芦洲台基北侧边界——香海真源殿台基北侧边界；

善现寺北侧围墙——日光、月光殿南侧边界；

日光、月光殿中心——嗢怛罗漫怛里拿洲、毗提诃洲建筑北侧边界；

云会寺北侧围墙——连接日光、月光殿的平台北侧扶手墙——嗢怛罗漫怛里拿洲、毗提诃洲平台北侧扶手墙；

红塔、绿塔中心——香岩宗印之阁台基北侧边界。

须弥灵境建筑群立面构图中的对齐关系如下：

云会寺山门——东、西大部洲建筑一层顶部；

日光、月光殿台基——金摅洲、提诃洲平台北侧扶手墙顶部；

嗢怛罗漫怛里拿洲、毗提诃洲所在平台——连接日光、月光殿平台扶手墙顶部；

善现寺正殿——东、西大部洲平台扶手墙顶部；

善现寺山门——日光、月光殿北侧平台扶手墙顶部。

藏式部分基于地形，运用了精密的数理关系、几何图示、形状色彩统一等设计手法营建曼陀罗式布局，形成以香岩宗印之阁为中心、整体“前扁后圆”的空间格局。东、西两侧的善现寺、云会寺从交通组织、空间关系、设计手法等方面与须弥灵境的汉、藏两部分对应，形成巧妙的一体化设计。

相比承德普宁寺，颐和园后山中轴线宗教建筑群并非完美之作，乾隆皇帝也未留下任何诗文记载其创作意象。但其在整体布局、环境协调、单体设计中独具匠心的设计策略，仍不失为大型建筑组群设计的优秀范例，其体现的中国古代建筑设计思想与方法仍可对当代山地建筑设计有所启迪。

第四章 项目背景

颐和园作为世界文化遗产，同时也是现存规模最大、保存最完整的皇家园林。其后山中轴线建筑群更是清王朝实施“兴黄安蒙、以教治心”国策的产物，是清代国家统一、民族团结的见证。

2009年，一次偶然的机会，原中国现代文学馆馆长、中国当代作家舒乙先生发现颐和园后山须弥灵境东侧花承阁的《御制万寿山多宝佛塔颂》碑碑文是用汉、满、蒙、藏四种文字书写的，他由此萌生了一个想法：“如果在颐和园后山恢复完整的、设计精良的西藏建筑群，同时把它当作西藏题材的博物馆，这将是不得了的一件大事。因为颐和园是世界文化遗产，把它保护好、利用好，这项工作将产生重大的社会影响。”

从此，舒乙先生开始一次次探访香山、北海等有涉藏建筑历史遗迹的地方，用心去触摸一块块古代藏文石碑和古建筑，并追寻这些文物古迹背后的历史故事。在北京得出了宝贵的考察结果后，舒乙先生又前往河北承德。他多次往返于北京和承德之间，写出了《十五块京城有藏字的石碑》《藏式建筑——京城的精彩》《塞外胜境承德——一个有象征意义的地方》《围场的石碑、草原、森林》四篇调研报告。2009年6月，舒乙先生提出，应保护和修复在北京的涉及西藏的历史文物。胡锦涛同志得知舒乙先生的提议后，于2009年8月作出重要批示。北京市政府按照胡锦涛同志的批示立即要求相关部门落实。

2009年11月3日，北京市政府召开专题会，确定了北京市加强涉及西藏文化遗产保护工作方案。中共北京市委办公厅将方案报送中共中央办公厅。颐和园、香山等涉藏建筑修缮项目报请北京市政府列入“2010年在直接关系群众生活方面拟办重要实事”项目。

为落实北京市委、市政府要求，确保项目按计划实行，2009年12月25日，国家文物局、北京市文物局、北京市公园管理中心组织专家在北京植物园会议中心就颐和园、北海、香山涉及西藏的古建筑修复保护工作的必要性和可行性进行座谈[1]。由张之平、吕舟、王世仁、李永革、张克贵组成的专家组[2]对须弥灵境项目前期工作给予充分肯定，认为文物历史沿革清晰准确、资料齐全，并建议进一步收集须弥灵境遗址复建依据，对遗址进行全面的考古研究。

北京市文物局

颐和园、北海、香山古建筑修复
保护工作专家座谈会会议纪要

2009年12月25日，市文物局与市公园管理中心组织召开了颐和园、北海、香山古建筑修复保护工作专家座谈会。会议首先听取了颐和园四大部洲建筑群修缮及须弥灵境建筑群复建、北海公园万佛楼、大佛殿古建筑群修缮与复建、香山公园宗镜大昭之庙修缮与复建情况的汇报。专家对项目的可行性进行了座谈，文物部门领导提出了下一步工作要求。专家意见如下：

一、颐和园、北海、香山等三个文物保护单位古建筑修缮、复建项目均具有其一定的必要性、可行性，有利于按照规划要求实现文物保护单位的真实性和完整性，改善文物景观环境，原则上同意修缮、复建方案。

二、实施中尽量使用传统材料、传统作法，注重传统工艺的传承和保护。

三、前期资料收集工作比较详实，要对建筑遗址进一步充分勘查、研究，收集整理历史照片、彩画、图纸等基础资料，并进一步研究补充复建项目的目的和意义，抓紧开展立项和设计工作。

四、要在原址上采用原材料、原工艺、原形制复建，尽早开展鎏金工艺传承使用的专项研究工作。最大限度地保护遗址，评

北京市文物局《颐和园、北海、香山古建筑修复保护工作专家座谈会会议纪要》

2009年12月28日，中共北京市委向中共中央上报的《关于落实胡锦涛总书记对北京地区涉及西藏文化遗产保护工作批示情况的报告》得到批复。

1 参会人员包括：国家文物局遗产处处长唐炜，文物处处长刘洋；北京市文物局副局长王丹江，文保处处长王玉伟、副处长黄威；北京市公园管理中心副主任高大伟，综合处处长袁朋、副处长朱英姿；北京市颐和园管理处副园长丛一蓬；北京市北海公园管理处副园长师宗海；北京市香山公园管理处园长张渝丽等。

2 其中张之平为中国文化遗产研究院教授级高工，吕舟为清华大学建筑学院教授，王世仁为原北京市古代建筑研究所所长，张克贵为故宫博物院研究馆员。

2010年1月5日，北京市文物局与北京市公园管理中心组织召开了颐和园、香山、北海等文物修缮项目协调会[1]。会议讨论了颐和园四大部洲建筑群修缮及须弥灵境建筑群复建，北海公园万佛楼、大佛殿古建筑群修缮与复建，香山公园宗镜大昭之庙修缮与复建事宜。

2010年1月18日，颐和园须弥灵境建筑群复建工程报北京市文物局立项[2]。申报内容包括：复建须弥灵境大殿、山门殿、宝华楼、法藏楼、梵天牌楼、旃林牌楼，修缮慈福牌楼，修缮院落地面。2010年5月6日，北京市文物局会同国家文物局对此进行了批复，强调须弥灵境遗址是颐和园的重要组成部分，对其实施复建须慎重，应依据考古工作成果，对遗址保存现状进行评估，制订遗址保护方案，开展专项研究和论证，进行多方案比选[3]。

为落实国家文物局和北京市文物局对颐和园须弥灵境遗址复建工作的安排，2010年8~11月，受颐和园委托，北京市文物研究所对须弥灵境建筑群遗址进行考古

北京市颐和园管理处

颐园建文〔2010〕3号　　签发人：阚　跃

颐和园关于须弥灵境建筑群复建工程立项的申请

北京市文物局：

须弥灵境建筑群位于颐和园万寿山主中轴线的北部，是一组庞大的汉、藏混合风格的佛寺建筑群，建筑布局呈丁字形平面，沿山坡的纵深自北向南逐层台地叠起，该建筑群始建于乾隆年间，其规划设计以西藏著名古刹桑耶寺为设计蓝本，是当时清漪园内主要建筑群之一。无独有偶，与承德的“普宁寺”在建筑艺术上成为一对姊妹作品，其建筑特点为继承汉族建筑的优良传统，融汇兄弟民族的建筑特点，创造出一种独特的建筑风格，体现清廷以宗教为手段，达到在政治上团结边疆各兄弟民族，求得国家统一繁荣的目的。

须弥灵境建筑群在咸丰十年（1860年），遭到英法联军焚毁。光绪十四年，为收藏大报恩延寿寺佛像，原址重建香岩宗印之阁，1980年复建了四大部洲、八小部洲和4座梵塔，建筑主体均改为混凝土结构，基本恢复了原有的建筑形式和风格，目前只

1

北京市文物局立项《颐和园关于须弥灵境建筑群复建工程立项的申请》

须弥灵境大殿遗址

须弥灵境大殿遗址现场考古调查

考古发掘项目验收报告

项目名称	颐和园须弥灵境遗址考古发掘	位置	颐和园内
承担单位	北京市文物研究所		
工作时间	2010年8月5日－12月2日	发掘面积	3000平方米
标本采集	完成	记录资料	完成
验收意见	2010年12月2日，由北京市文物研究所组织专家对颐和园须弥灵境遗址考古发掘工作进行了验收。经现场查勘，检阅图纸，对现场负责人员问询，形成验收意见如下： 该项发掘工作能严格按照《田野考古工作规程》要求进行田野发掘，科学清理遗迹，文字记录、影像记录、绘图记录等资料收集符合田野考古要求，为文物保护提供了科学依据。 专家组一致同意通过验收。		
备注			
专家签字	[illegible]		
填表时间	2010年12月2日		

须弥灵境遗址《考古发掘项目验收报告》

1 北京市文物局副局长王丹江、计划财务处处长党娟、文物保护处处长王玉伟，北京市公园管理中心副主任高大伟、综合处处长袁朋、计划财务处处长刘岱，北京市颐和园管理处副园长丛一蓬，北京市北海公园管理处副园长师宗海，北京市香山公园管理处副园长甘长青等参会。

2 《颐和园关于须弥灵境建筑群复建工程立项的申请》（颐园建文〔2010〕3号）。

3 《关于须弥灵境建筑群复建工程立项的复函》（京文物〔2010〕436号）。

调查与发掘，并出具了《颐和园须弥灵境遗址考古发掘完工报告》，为后续复建方案设计和可行性研究报告的编制提供了充分依据。颐和园根据专家意见对遗址现场进行了妥善保护和处理。

2010 年底，开始对须弥灵境建筑群进行综合研究、复原设计及遗址保护展示设计。根据考古发掘报告内容，进一步优化须弥灵境建筑群的综合研究，完善须弥灵境建筑群复原设计方案，并于 2012 年 4 月完成须弥灵境建筑群复原设计方案[1]。

须弥灵境建筑群复原立面渲染图

2012 年 4 月 19 日，须弥灵境建筑群复原及遗址保护方案专家评审会[2]在颐和园文昌院召开，由付清远、张之平、王立平、吕舟、李永革组成的专家组[3]对须弥灵境建筑群保护和修复方案进行了论证，专家一致认为遗址格局清晰，又有大量遗存构件，综合考虑须弥灵境建筑群的现状，建议须弥灵境大殿不进行复建，而是恢复到台明进行遗址保护及展示，两配楼、两牌楼应采取复建的方式进行遗址保护及展示，并按照工程的性质分为须弥灵境遗址保护和配楼、牌楼复建两个项目分别申报。

在专家意见的基础上，设计单位完成《颐和园须弥灵境遗址保护工程方案设计》，内容包括须弥灵境遗

2012 年 4 月 19 日专家论证会现场

1　内容包括复建须弥灵境大殿、宝华楼、法藏楼、梵天牌楼、旃林牌楼，修缮慈福牌楼，以及周边环境整治。遗址保护面积 1812 平方米，修复建筑面积 1004 平方米（含二层），修缮建筑面积 62 平方米，周边环境整治面积 6133 平方米。

2　北京市公园管理中心副主任高大伟、综合处处长袁鹏、综合处副处长朱英姿，颐和园副园长李林杰参加会议。

3　其中付清远为原中国文化遗产研究院总工程师，王立平为中国文物信息咨询中心副总工程师，李永革为故宫博物院古建修缮处处长。

2012 年 4 月 19 日专家评审意见

址保护与周边环境整治；并完成《颐和园须弥灵境配楼、牌楼复建及周边环境整治工程方案设计》，内容包括梵天牌楼、旃林牌楼、东配楼宝华楼、西配楼法藏楼复建，慈福牌楼修缮及周边环境整治。

2013 年 1 月 25 日，在北京市颐和园管理处召开了须弥灵境遗址保护工程，须弥灵境配楼、牌楼复建及周边环境整治工程方案专家评审会[1]，由付清远、晋宏逵、吕舟组成的专家组[2]一致认为：遗址具有重要价值，

2013 年 1 月 25 日专家论证会现场

1　北京市文物局文保处副处级调研员王辅宇，北京市公园管理中心副主任高大伟、综合处副处长朱英姿，颐和园副园长丛一蓬参加会议。

2　晋宏逵为原故宫博物院副院长。

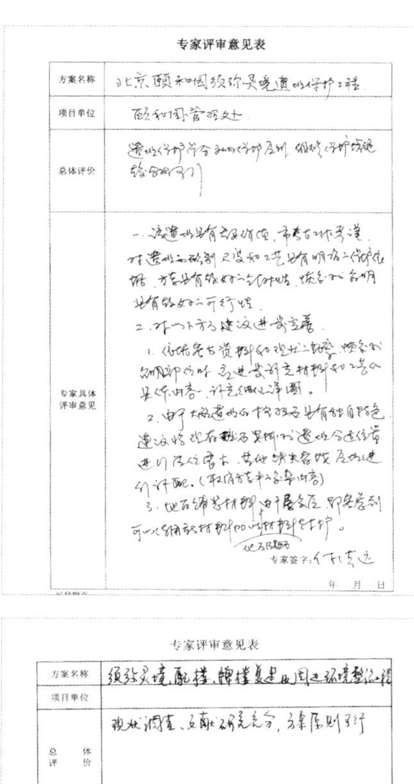

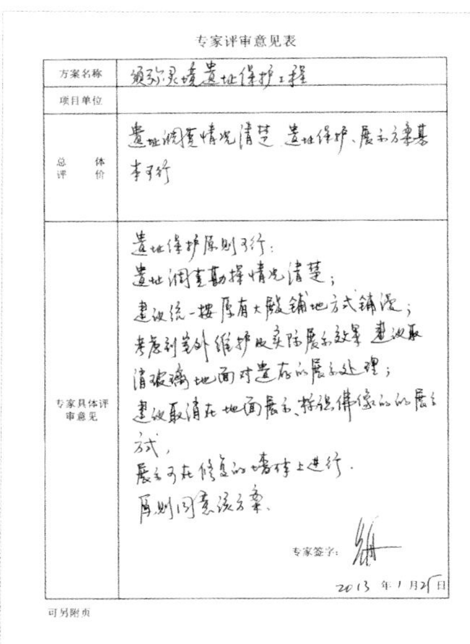

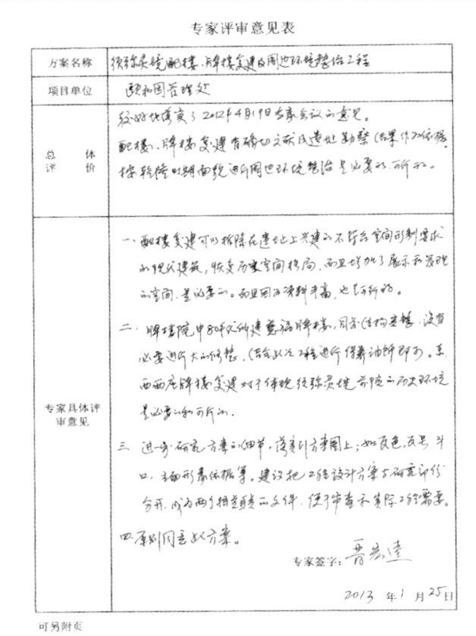

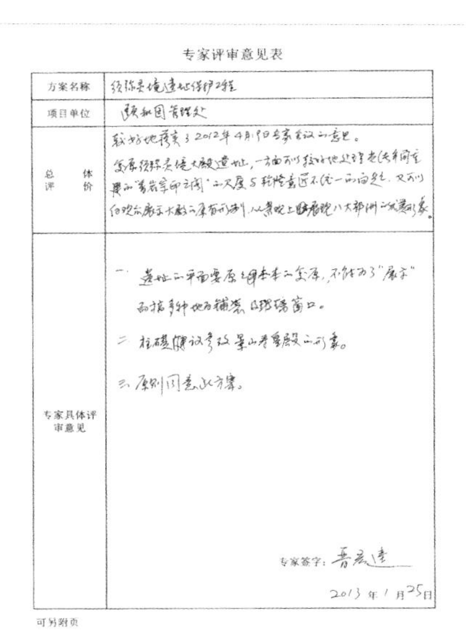

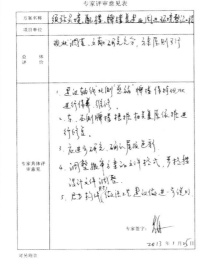

2013 年 1 月 25 日专家评审意见

前期考古、勘察资料齐全，遗址保护和复建方案可行，并建议补充完善材料、做法、瓦号等细节设计。

2013 年 2 月 21 日，北京市公园管理中心主任张勇带队来颐和园听取涉藏建筑项目规划建设工作汇报[1]，就推动涉藏建筑项目对颐和园整体规划建设及建筑格局的平衡效果、万寿山前后景区的协调呼应，以及皇家文化遗产的深层次挖掘等问题进行交流会谈。

2013 年 5 月 30 日，在北京市公园管理中心召开了须弥灵境遗址保护及牌楼、配楼复建方案汇报会[2]。在专家意见的基础上进行方案调整、深化设计，将遗址保护方案与配楼、牌楼复建方案合并，完成《颐和园须弥灵境建筑群遗址保护与修复工程方案设计》[3]。

2013 年 7 月 29 日，颐和园须弥灵境建筑群遗址保护与修复工程方案呈报北京市文物局。2014 年 4 月 1 日，收到国家文物局及北京市文物局批复，同意所报方案，并对方案提出修改意见：深入勘察遗址现有遗存及建筑构件的保存状况，加强遗址研究及对考古发掘资料的研究，进一步论证琉璃屋顶色彩选取的科学性。

颐和园及相关单位按照国家文物局和北京市文物局的批复要求，对方案进行再次调整、补充完善和深

1　北京市公园管理中心副主任高大伟、主任助理赵康、综合处副处长朱英姿陪同；颐和园园长阚跃、党委书记毕颐和、副园长丛一蓬、园长助理秦雷，以及建设部、研究室等相关部门领导陪同。

2　北京市公园管理中心副主任高大伟、综合处处长袁朋、副处长朱英姿，颐和园园长刘耀忠、副园长丛一蓬参会。

3　主要内容包括：须弥灵境遗址保护；修复宝华楼、法藏楼及两座牌楼；修缮慈福牌楼；景区内扶手墙、围墙、踏步等整修添配，院落地面整修；景区内及施工通道周边树木、道路保护及局部恢复；古树保护及绿化调整。

2015 年 10 月 2 日专家评审意见

化设计。2015 年 10 月 2 日，由付清远、王立平、晋宏逵组成的专家组对施工方案进行了第三次论证。专家们一致认为：方案可行，应对方案阶段的设计意图进行贯彻和深化。

颐和园和相关单位在专家意见的基础上，完成了须弥灵境建筑群遗址保护与修复工程施工方案。2017 年 9 月 19 日，须弥灵境建筑群遗址保护与修复工程施工方案呈报北京市文物局。2017 年 11 月 14 日，北京市文物局予以批复，原则同意该设计方案。

北京市颐和园管理处

颐园建文〔2017〕106 号　　签发人：刘耀忠

颐和园关于须弥灵境建筑群遗址保护与修复工程方案核准的请示

北京市文物局：

颐和园须弥灵境建筑群位于颐和园万寿山北麓。建筑群坐南朝北，为汉地佛寺建筑群风格，自北向南由慈福、梵天、旃林三座牌楼、宝华楼、法藏楼两座配楼，须弥灵境大殿，六座建筑组成，占地面积9410平方米。须弥灵境建筑群始建于乾隆十八年（1753）；咸丰十年（1860）遭到英法联军焚毁；建国后，整修须弥灵境基座，复建慈福牌楼，其他建筑大部分仅存遗址至今。

经现场勘察，现慈福牌楼为正脊、黄琉璃瓦顶，旋子彩画，混凝土结构，保存较好；梵天、旃林牌楼现仅残留夹杆石，且残缺不全；宝华楼、法藏楼两座配楼遗址上建临时用房各五间；须弥灵境大殿建筑遗址上砌筑高1.2米水泥台，铺墁水泥方砖。

鉴于上述情况，拟对须弥灵境建筑群实施保护性修缮，内容包括：须弥灵境遗址保护，修复东、西配楼、梵天牌楼、旃林牌楼，修缮慈福牌楼，周边环境整治。其中：遗址保护1812平方米，

《颐和园关于须弥灵境建筑群遗址保护与修复工程方案核准的请示》（颐园建文〔2017〕106 号）

北　京　市　文　物　局

京文物〔2017〕1585 号

北京市文物局关于颐和园须弥灵境建筑群遗址保护与修复工程方案核准的复函

北京市颐和园管理处：

你处《关于须弥灵境建筑群遗址保护与修复工程方案核准的请示》（颐园建文〔2017〕106 号）及附件收悉。经我局组织北京市文物保护事务中心技术审核，现将核准意见函复如下：

一、原则同意该设计方案设计。

二、对该方案提出如下修改意见：

（一）应补充遗址现状图，详细反映现有遗存及建筑构件的保存状况。

（二）应补充遗存现状的分析评估，补充遗址本体专项保护措施。

（三）前期研究与遗址保护措施不足，应补充建筑各遗址的考古报告和平、剖面实测图及大样图。

（四）补勘遗址遗留的建筑各部历史信息，在保护方案设计中做到最大限度的保护遗产的真实性和完整性。

—1—

《北京市文物局关于颐和园须弥灵境建筑群遗址保护与修复工程方案核准的复函》（京文物〔2017〕1585 号）

第五章 勘察设计

第一节 价值评估

一、文物价值评估

须弥灵境建筑群位于颐和园万寿山北麓，建筑群坐南朝北，南半部为藏式风格，北半部为汉式风格。两组建筑群共同构成清漪园时期万寿山后山 200 米长的南北中轴线，是一组庞大的汉、藏混合风格的佛寺建筑群。

须弥灵境建筑群复原设计效果图[1]

须弥灵境建筑群复原设计剖面图[2]

1 清华大学建筑学院:《颐和园》，中国建筑工业出版社，2000 年，第 447 页。

2 清华大学建筑学院:《颐和园》，中国建筑工业出版社，2000 年，第 421 页。

清军入关前，皇太极就尊崇藏传佛教，他一方面致书五世达赖，延请高僧传法，一方面广修藏传佛教寺庙。入关后，清王朝的统治者对藏传佛教采取一系列保护政策，并不惜斥巨资在今北京、河北承德和山西五台山广修藏传佛教寺庙，作为供奉大活佛及蒙藏僧俗领袖朝觐皇帝时礼佛之用，以表清廷对藏传佛教的尊奉，提高皇帝在藏传佛教领袖中的威望，使藏传佛教领袖竭诚拥护清王朝的统治。须弥灵境建筑群既承袭了汉族建筑的传统风格，又融汇了兄弟民族的建筑特点，形成了一种独特的建筑风格，也体现了清王朝以宗教为手段，以实现在政治上团结边疆民族，巩固国家统一的目的。

须弥灵境建筑群分为两部分，南半部俗称四大部洲，北半部俗称须弥灵境。整个须弥灵境建筑群平面呈“T”形，沿万寿山山坡自北向南逐层叠起台地。处于高位的四大部洲建筑群，其规划设计以西藏著名古刹桑耶寺为蓝本，采用曼陀罗式的佛教寺庙布局，以香岩宗印之阁为中心，供奉大悲菩萨。处于低位的须弥灵境建筑群，采用伽蓝七堂式的汉地佛教寺庙布局，以九开间重檐歇山顶的须弥灵境大殿为中心，供奉三世佛，与园林氛围吻合，减省了山门、钟鼓楼等建筑。须弥灵境建筑群是清代佛教建筑中汉藏结合的典型代表。

山西五台山塔院寺

河北承德普陀宗乘之庙

河北承德普乐寺

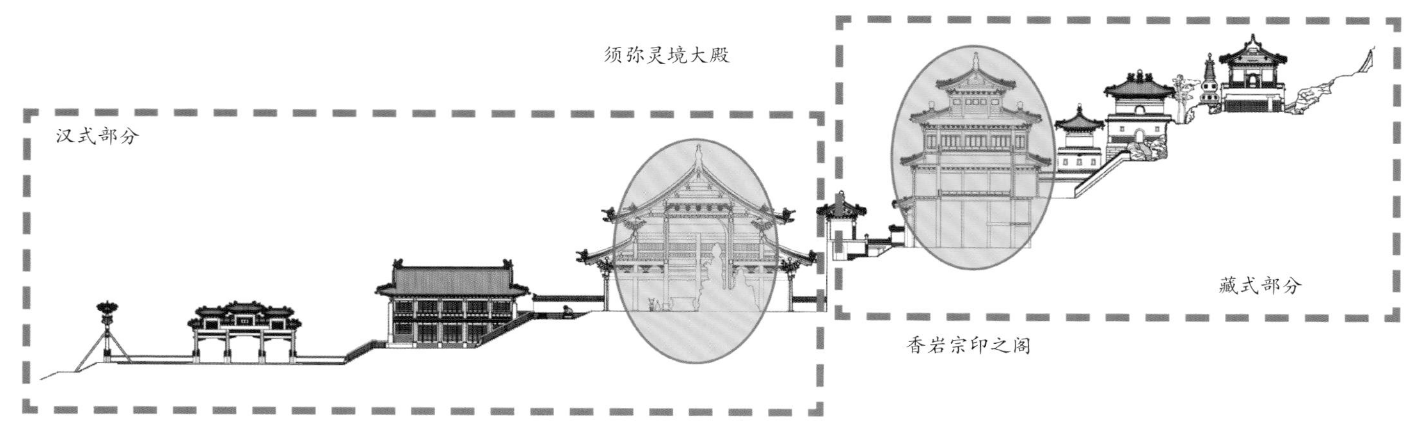

须弥灵境建筑群汉、藏风格建筑空间分析图

屹立在须弥灵境建筑群北部的旃林、梵天、慈福三座牌楼分别为从东、西、北三个方向进入该建筑群的空间标识，是从自由式布局的园林空间向规整的轴线对称布局的寺庙空间的过渡，起到了空间引导和空间转折的作用。位于第二层平台上东、西两侧，呈对称式布局的宝华楼、法藏楼则彻底完成了园林空间向寺庙空间的过渡。须弥灵境建筑群将对称式布局的宗教建筑与自由式布局的园林空间有机融合，是佛寺建筑园林化的典型案例。

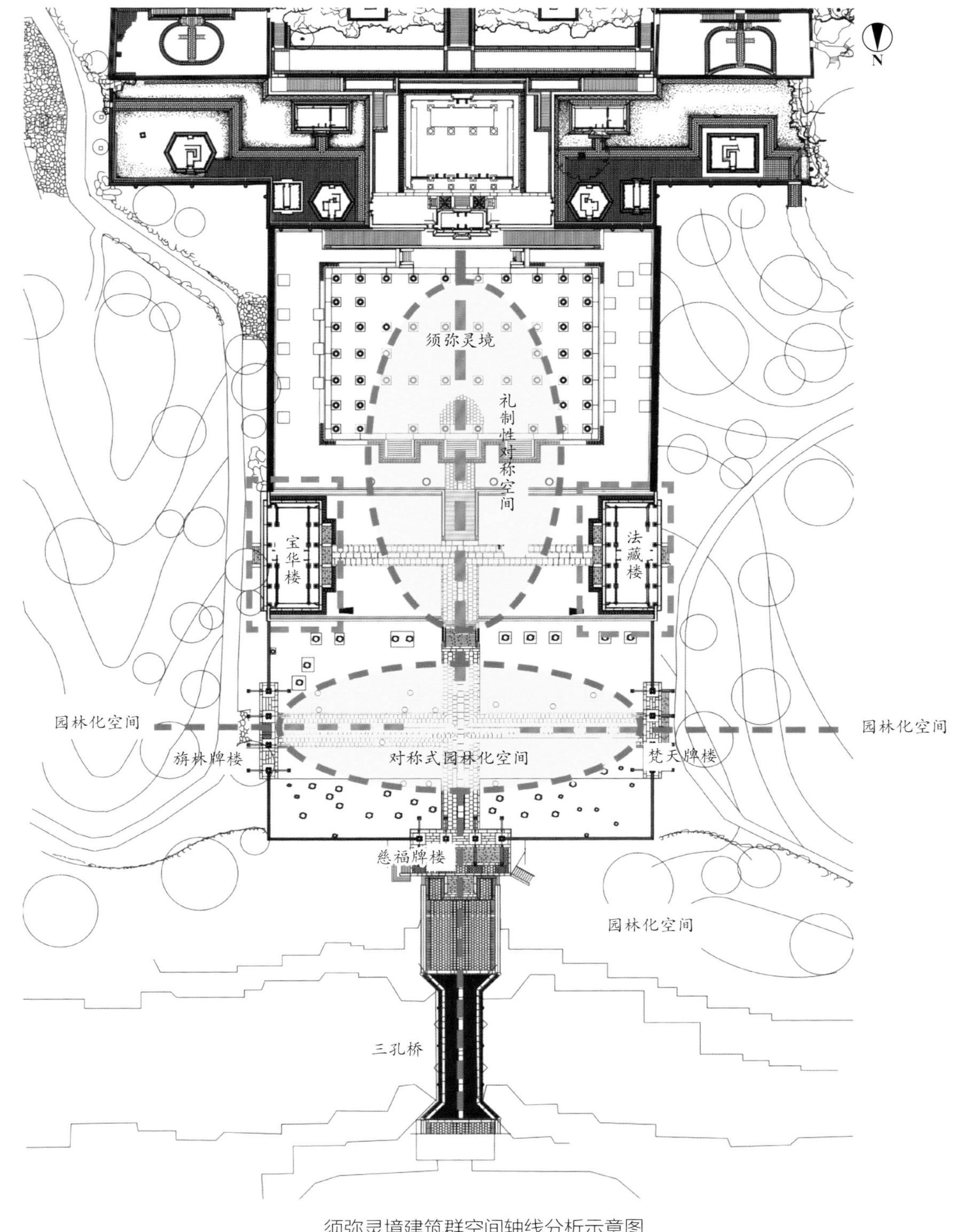

须弥灵境建筑群空间轴线分析示意图

二、项目的必要性和可行性

（一）项目的必要性

1. 恢复颐和园皇家园林建筑格局和景观完整性的需要

须弥灵境大殿是须弥灵境建筑群汉式建筑部分的核心，但在项目实施前，此处作为广场使用，容易使

游客对历史事实和该建筑群的空间设计产生误读。须弥灵境大殿是颐和园内单层面积最大的单体建筑，通过遗址原状展示能更好地向游客展现其规模。

宝华楼、法藏楼遗址上此前均建有单层卷棚硬山顶建筑，面积小于现有基址面积，作为须弥灵境建筑群的重要组成部分，这些建筑无论从规模上还是体量上均与原状不符。

须弥灵境建筑群是颐和园历史上的重要建筑群之一，承载着重要的历史、宗教、艺术、文化信息。按历史格局对其进行修复，可真实地再现须弥灵境建筑群原有的历史风貌，恢复颐和园万寿山中轴线建筑景观的完整性，保护后山完整的皇家园林历史景观环境，充分展示和传承中华民族悠久、灿烂的造园艺术、建筑文化和佛教文化，深化公众对乾隆时期藏传佛教建筑群的认知，对颐和园的历史、宗教、艺术、文化保护和研究及颐和园历史文化内涵的提升有重要价值。

2. 有利于对建筑遗址的有效保护利用

须弥灵境建筑遗址复建前保存状况尚好，保留的历史文化信息较为丰富，为复建工作提供了可靠的实物依据。复建前建筑遗址上为水泥砌筑的平台，平台的改造和维护有伤及遗址基础从而导致遗址历史文化信息丢失的潜在风险。并且地上现存夹杆石、石狮等石件已经开始风化。因此，在复建的同时对遗址进行有效保护和信息复原是非常必要的。

3. 有利于实现颐和园文物保护规划目标

须弥灵境建筑群复建项目已经被纳入颐和园文物保护规划，项目的实施对推动规划目标的实现是非常必要的。

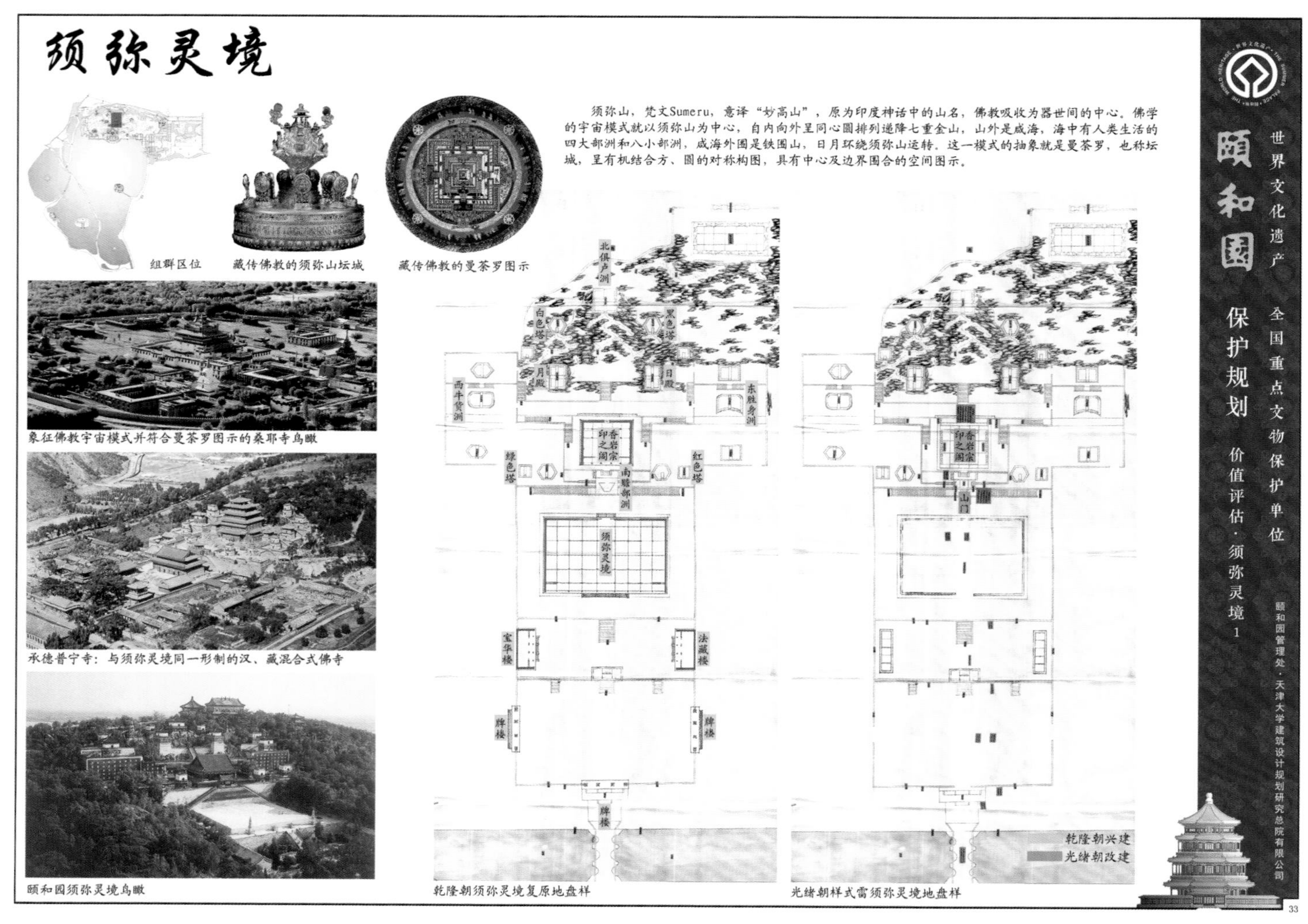

颐和园文物保护规划——须弥灵境

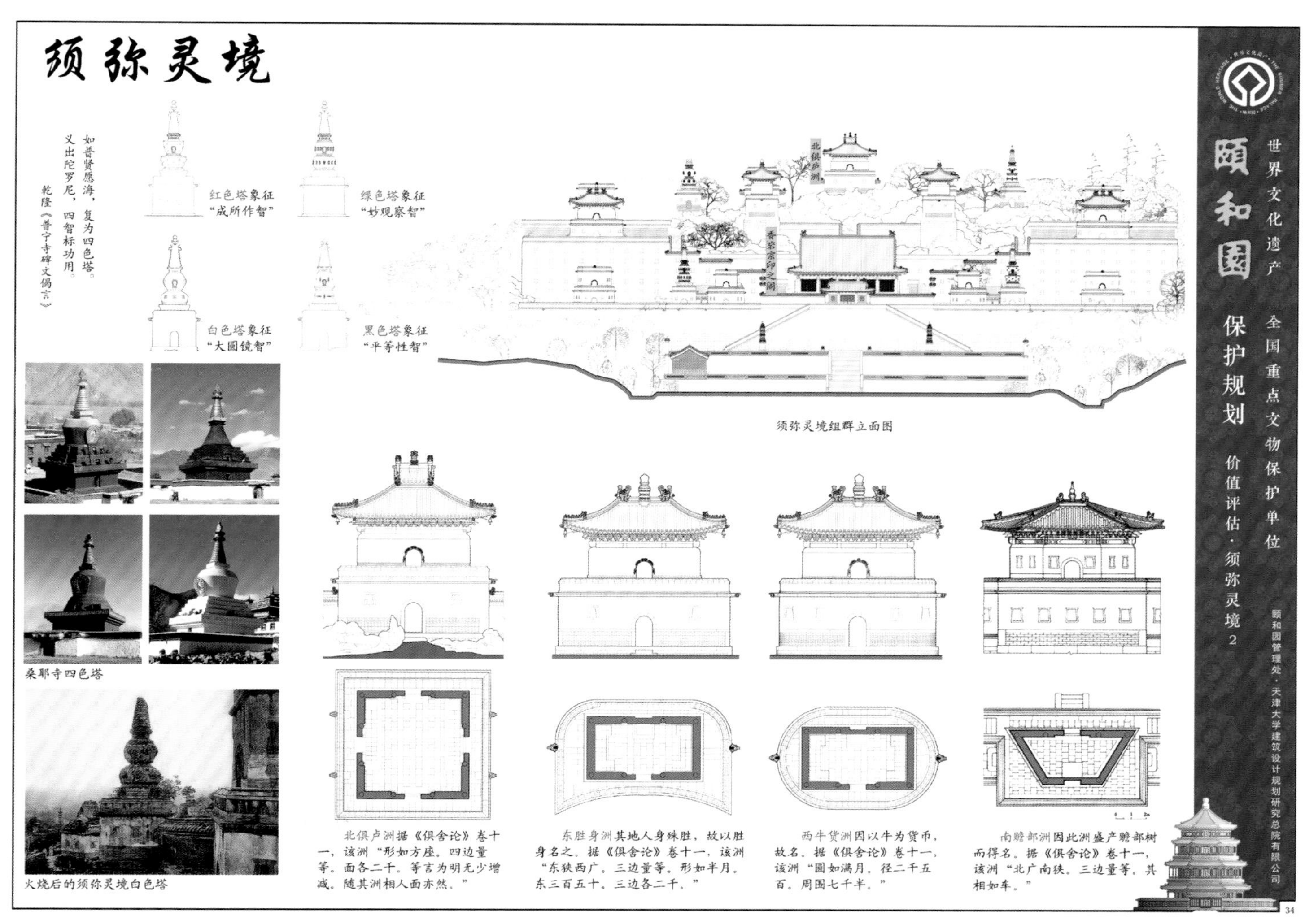

颐和园文物保护规划——四大部洲

（二）项目的可行性

须弥灵境建筑群在清漪园时期内务府的各修缮黄册和样式雷图档等资料中，均有详细记载，文献档案和相关的历史信息比较完整；建筑群遗址轮廓较清晰，保存较好；遗址与相关历史资料形成对照，互为佐证，为复建提供了真实可靠的依据，因此该项目具有实施的可能性。

须弥灵境建筑群位于颐和园的核心保护区，其周边环境和建筑功能没有发生大的改变，复建工程严格依据原形制、原尺度在原基址上进行复原，并且与现有景观环境协调一致，符合对古建筑进行原址保护的原则。

该项目遗址保存尚好，历史文献较为充分，形制、尺度、主要建筑构架尺寸在历史档案中记载较为详细，因此复建项目具备技术上的可行性。

第二节
现状勘察及评估

须弥灵境建筑群所在的三层平台，北侧三孔石桥为原状，北牌楼（慈福牌楼）为 1981 年利用原有夹杆石复建的。其余还保留了一些墙体和地面，如一层平台扶手墙、二层平台卡子墙、三层平台围墙，以及一、二层平台御路石。

一、三牌楼

（一）东牌楼——旃林牌楼

旃林牌楼位于须弥灵境建筑群一层平台东侧，原建筑于 1860 年被焚毁。牌楼东侧戗石丢失，西侧戗石保存较好；阶条石、踏跺石尚存，但普遍存在断裂、磨损的情况；夹杆石保存相对完整，但局部缺损，且中间孔洞被杂物填堵。1980 年曾对遗存的夹杆石进行整理归安。

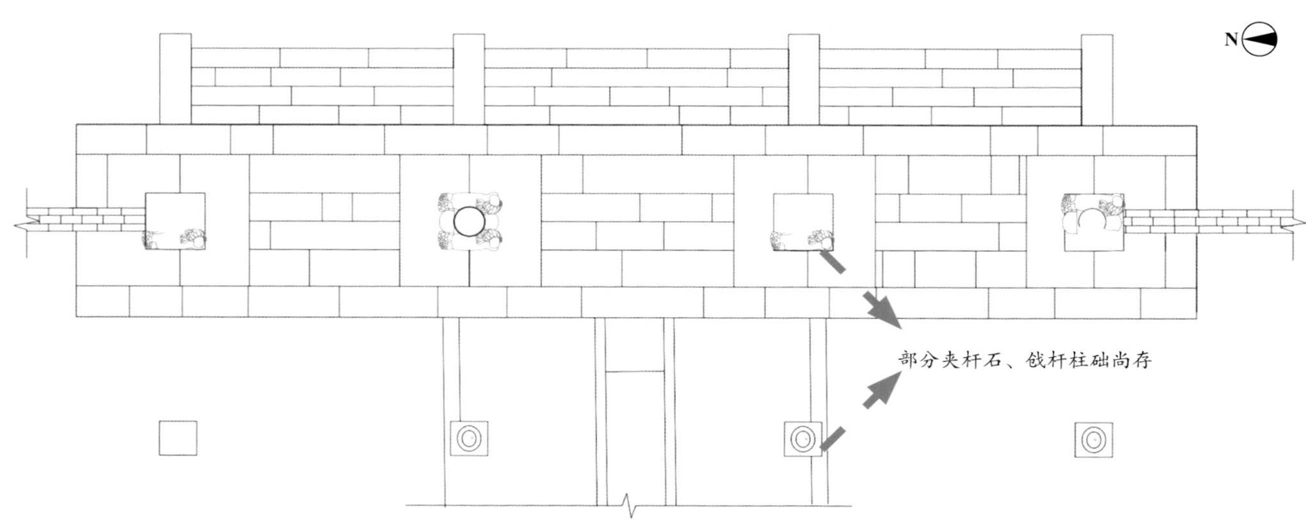
N
部分夹杆石、戗杆柱础尚存

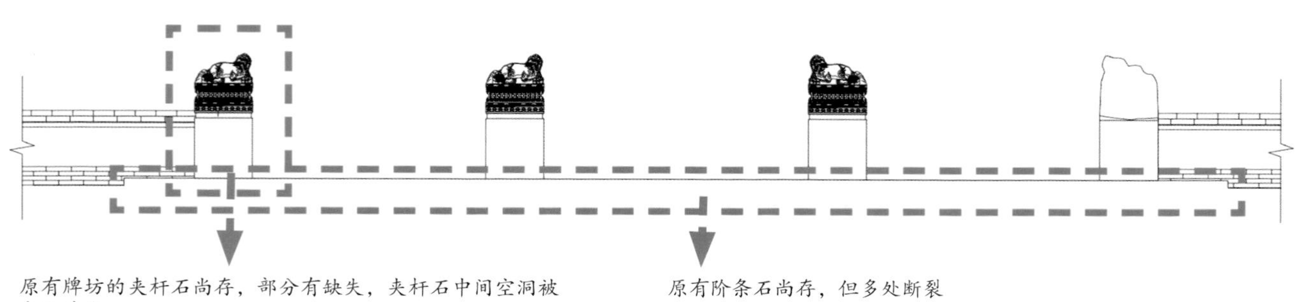
原有牌坊的夹杆石尚存，部分有缺失，夹杆石中间空洞被杂物填堵
原有阶条石尚存，但多处断裂

旃林牌楼现状测绘图

旃林牌楼夹杆石现状

旃林牌楼断裂、磨损的阶条石

旃林牌楼戗石

旃林牌楼基础

（二）西牌楼——梵天牌楼

梵天牌楼位于须弥灵境建筑群一层平台西侧，原建筑于1860年被焚毁。戗石全部丢失；阶条石尚存，但普遍存在断裂、磨损的情况；遗存两处夹杆石，均局部缺损。1980年曾对遗存的夹杆石进行整理归安。

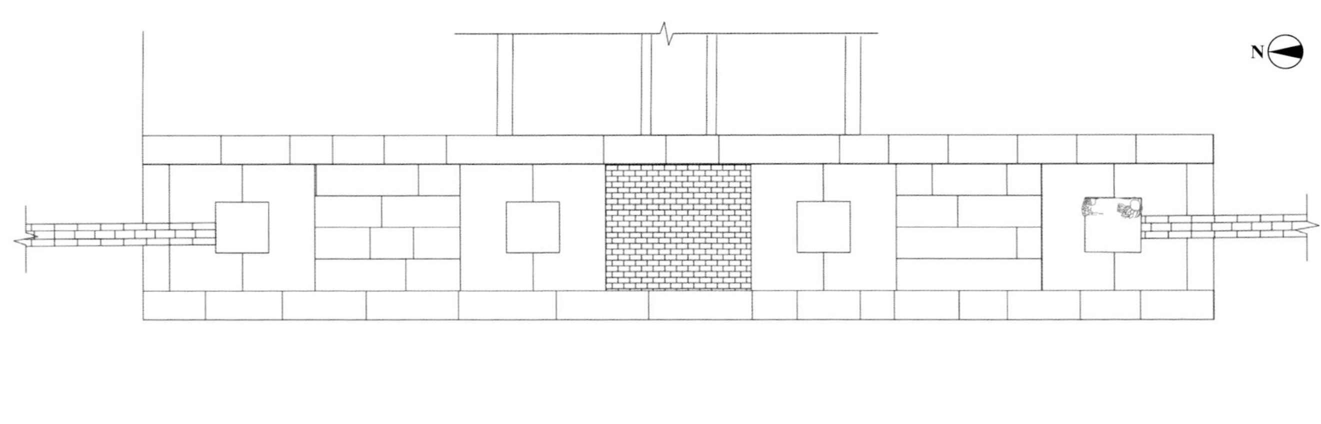
N

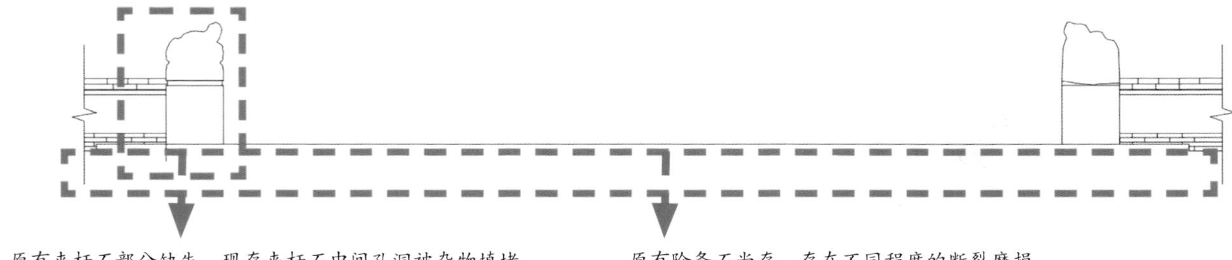
原有夹杆石部分缺失，现存夹杆石中间孔洞被杂物填堵
原有阶条石尚存，存在不同程度的断裂磨损

梵天牌楼现状测绘图

梵天牌楼现状（自西向东拍摄）

梵天牌楼夹杆石现状

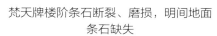

梵天牌楼明间两处缺失的夹杆石

梵天牌楼阶条石断裂、磨损，明间地面条石缺失

梵天牌楼基础

（三）北牌楼——慈福牌楼

慈福牌楼位于须弥灵境建筑群一层平台北侧。慈福牌楼是北京市颐和园管理处在1985年修复的，梁柱为混凝土结构，夹杆石拆用了原东、西牌楼残余的部分。无戗杆，仅南侧保存有戗石。现慈福牌楼由于黄琉璃瓦顶瓦件脱节、夹腮灰松动脱落，导致瓦面渗雨，木基层糟朽；油饰彩画起拱、褪色、斑驳严重；垂带踏跺走闪；阶条石尚存，但普遍存在断裂、磨损的情况。

慈福牌楼黄琉璃瓦顶与油饰彩画

慈福牌楼垂带踏跺

（四）三牌楼所在院落地面

三牌楼所在院落地面除南北向、东西向各保留一条条石御路外，其余地面均铺设水泥方砖。牌楼两侧树木与建筑遗址存在冲突。

三牌楼所在院落

牌楼两侧树木与建筑遗址的冲突

二、东、西配楼

（一）东配楼——宝华楼

宝华楼原建筑于1860年被焚毁，遗址面阔五间，进深三间。残留部分包括后檐及山墙柱顶石、台明石、陡板石、垂带踏跺、后檐墙下碱及部分上身、室内明间局部地面。此外，建筑磉礅拦土保存基本完整。

1980年曾在遗址上加盖一栋面阔五间，进深一间，面积为140平方米的单层值房。宝华楼原有台基尚存，但由于后期修建的值房未能有效保护台明，台基因冻胀导致部分阶条石走闪，并存在不同程度的风化。原有柱础尚存，但有不同程度残损。台基前添砌了两个花池，与原状不符。

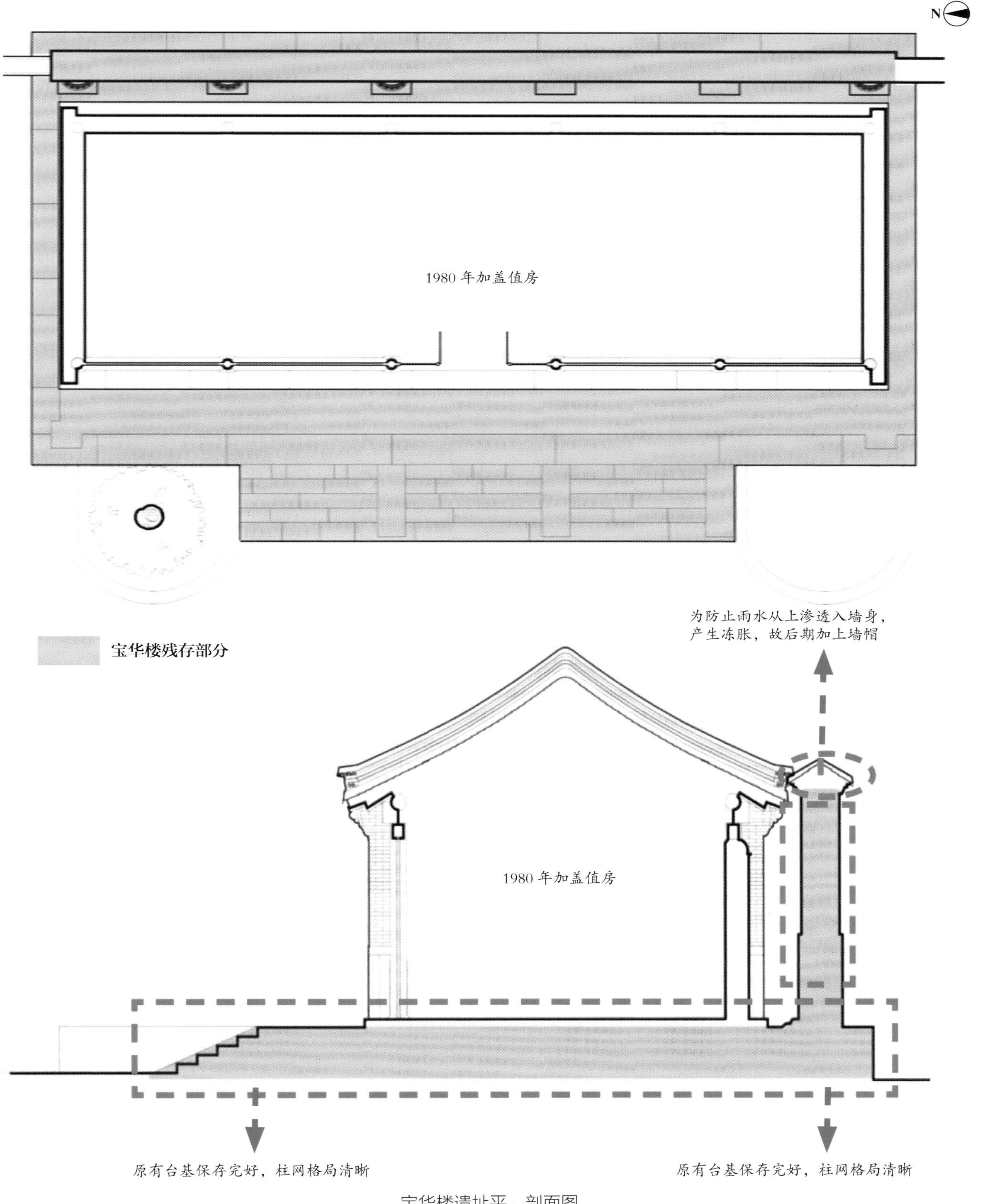
N
1980年加盖值房
宝华楼残存部分
为防止雨水从上渗透入墙身，
产生冻胀，故后期加上墙帽
1980年加盖值房
原有台基保存完好，柱网格局清晰
原有台基保存完好，柱网格局清晰

宝华楼遗址平、剖面图

1980 年在宝华楼遗址上加盖的值房

宝华楼遗址

宝华楼台明

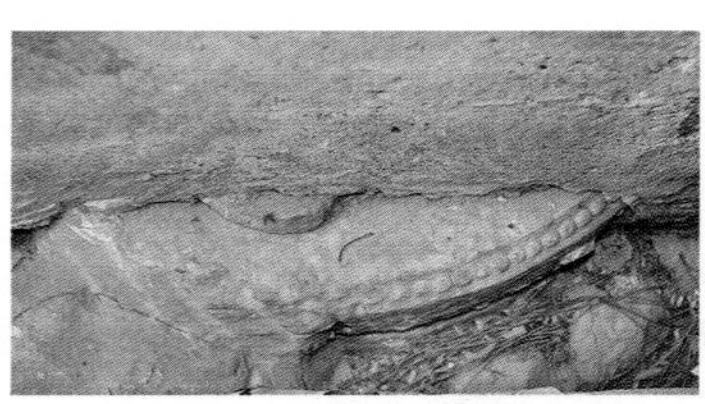
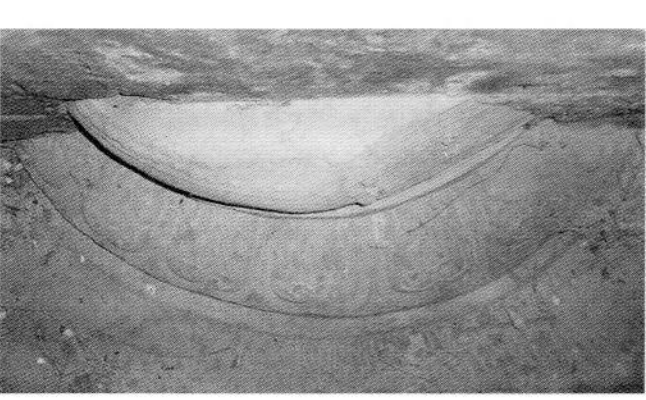

宝华楼柱础

宝华楼前添砌的花池

（二）西配楼——法藏楼

法藏楼原建筑于 1860 年被焚毁，遗址面阔五间，进深三间。残留部分包括后檐及山墙柱顶石、台明石、陡板石、垂带踏跺、后檐墙下碱及部分上身、室内明间局部地面。此外，建筑磉礅拦土基本完整。

1980年曾在遗址上加盖了一栋单层卫生间。法藏楼原有台基尚存，但由于后期修建的卫生间未能有效保护台明，台基因冻胀导致部分阶条石走闪，并存在不同程度的风化。原有柱础尚存，但有不同程度的残损。

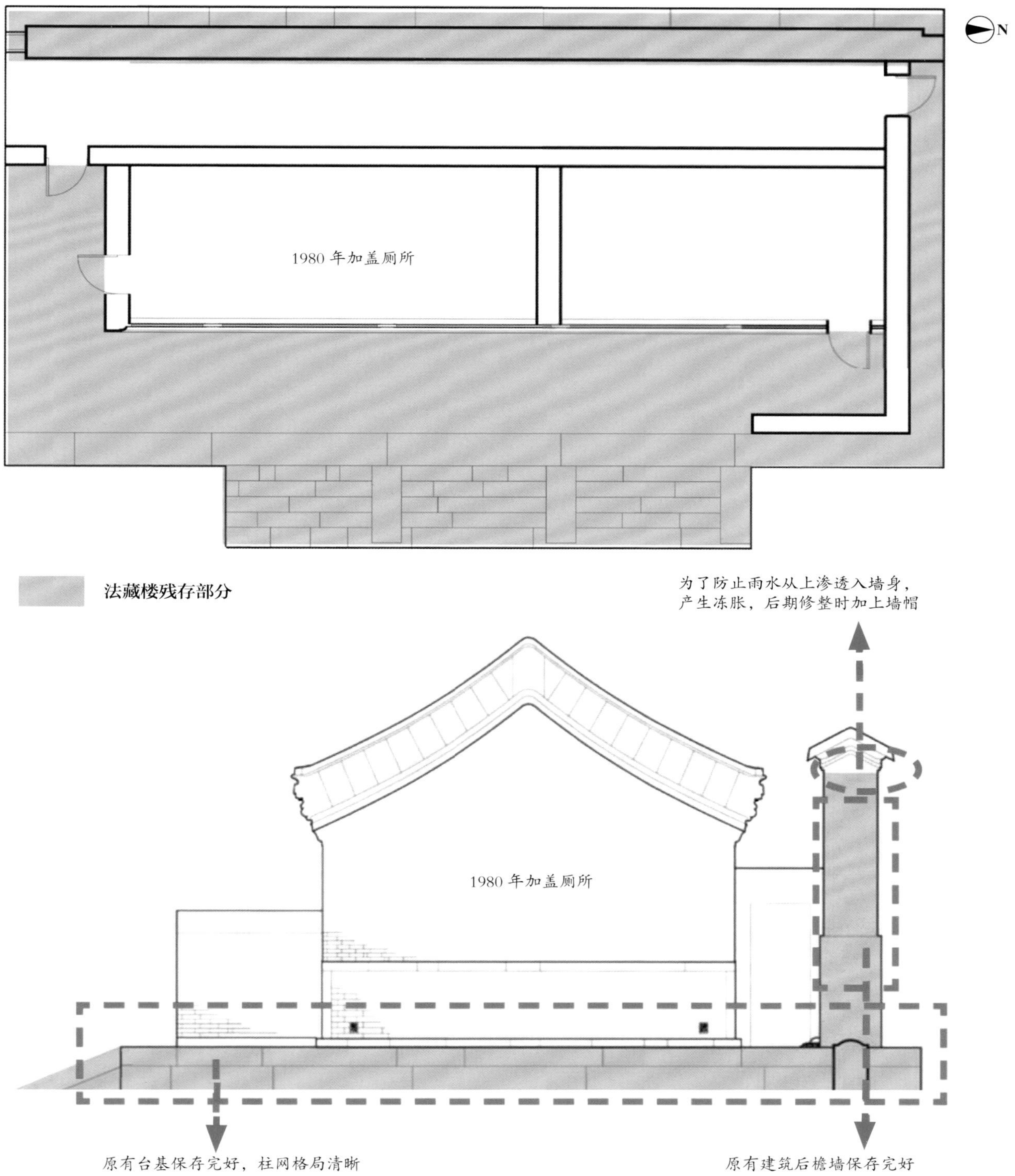

N

1980年加盖厕所

法藏楼残存部分

为了防止雨水从上渗透入墙身，产生冻胀，后期修整时加上墙帽

1980年加盖厕所

原有台基保存完好，柱网格局清晰

原有建筑后檐墙保存完好

法藏楼遗址平、剖面图

1980年在法藏楼遗址上加盖的卫生间

法藏楼遗址

法藏楼台基

法藏楼柱础

三、琉璃宇墙

琉璃宇墙位于二、三层平台北侧，原墙体于民国时期拆除。后改砌清水花砖墙，改变了原有做法，采用兰机砖砌筑，墙心花饰为混凝土预制件，墙帽抹沙子灰。扶手墙形式与乾隆时期黄绿琉璃十字花砖的形式不符。

清水花砖墙

四、须弥灵境大殿遗址

须弥灵境大殿原建筑于1860年被焚毁，在光绪时期的颐和园重修工程中未被修复，其残存构件被拆卸，遗址被掩埋。1980年，大殿遗址被改造为休闲广场。经考古发掘，大殿遗址磉礅基坑位置格局清晰，土衬石、陡板石、踏跺石、柱顶石、月台位置清晰，南侧小月台保存相对完整，后檐月台两侧残存少量土衬石，

须弥灵境大殿遗址改建的休闲广场

2010年须弥灵境大殿遗址考古发掘现场

须弥灵境大殿遗址南侧小月台东侧残留垂带踏跺、土衬石、陡板石

须弥灵境大殿遗址南侧小月台西侧土衬石、陡板石

须弥灵境大殿遗址内残留的城砖金刚墙

须弥灵境大殿遗址内残留的毛石拦土

须弥灵境大殿遗址内残留的灰土

后檐月台东侧残留少量地面砖。考古发掘完成后进行回填，以保护遗址。

须弥灵境大殿遗址周边地面，东、西围墙和北侧宇墙在 20 世纪 80 年代进行整修，至今已四十余年，受自然与人为因素影响，现存问题如下：

① 地面为后期铺设的水泥砖，与传统做法不符。

② 地面因冻胀起鼓，导致局部排水不畅，致使邻近的墙体严重酥碱。

③ 遗址所在平台仅在南侧有两个落水口，均充满杂物，排水处于无组织状态。

④ 北侧宇墙原为黄绿琉璃十字花砖的形式，后期改为梅花镂空青砖形式，与原状不符。

⑤ 两侧围墙长期受雨水冲刷，墙身反碱现象突出，局部酥碱。

⑥ 两侧围墙檐部琉璃构件多处爆釉，部分滴水、筒瓦破损、丢失。

⑦ 后期围墙修缮采用水泥砂浆，与传统做法不符。

⑧ 遗址两侧的树木为后期栽植，与原状不符。

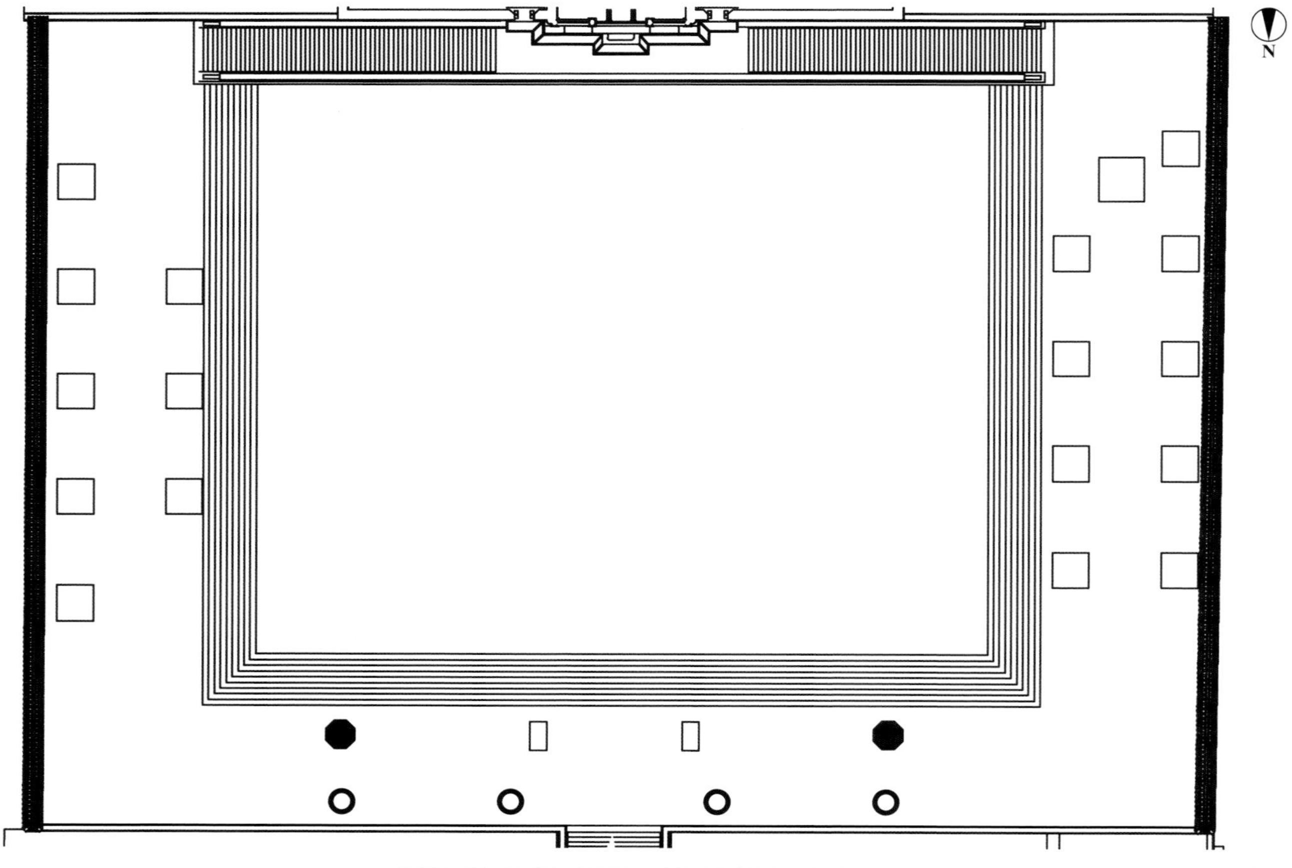

须弥灵境大殿遗址周边环境调查位置示意图

须弥灵境大殿平台铺设水泥砖

须弥灵境大殿地面冻胀起鼓与墙体酥碱

须弥灵境大殿平台落水口

须弥灵境大殿北侧的梅花镂空青砖宇墙

大殿两侧围墙墙身反碱及局部酥碱

须弥灵境大殿院落后期栽植的树木

须弥灵境大殿两侧围墙檐部构件爆釉、破损、缺失

须弥灵境大殿两侧围墙墙身上的水泥砂浆

五、现状修缮部分

现状修缮部分包括北牌楼、一至三层平台地面、台阶、一层平台扶手墙、二层平台卡子墙、三层平台围墙、二层及三层平台虎皮石墙，十七孔桥地面等现存文物的现状整修，周边环境及附属设施整治（景区内及周边树木、山石、水电设备等的整修）。

（一）北牌楼——慈福牌楼

慈福牌楼为1981年利用原有夹杆石进行复建的，斗拱以下采用混凝土结构，斗拱为木结构，取消原有戗杆，整体形象与历史照片略有偏差。但考虑到慈福牌楼主体结构保存情况较好，所以此次仅在现状基础上对其进行修缮，不做复原。现牌楼主体结构稳定；台基保存基本完好；局部垂带踏跺走错；黄琉璃瓦面瓦件脱节，夹腮灰松动脱落，导致瓦面渗雨；明楼、次楼仔角梁糟朽、下沉，椽、望、连檐、瓦口均有不同程度的糟朽；油饰彩画起拱、褪色、斑驳严重；夹杆石局部有污渍，铁兜绊锈蚀。

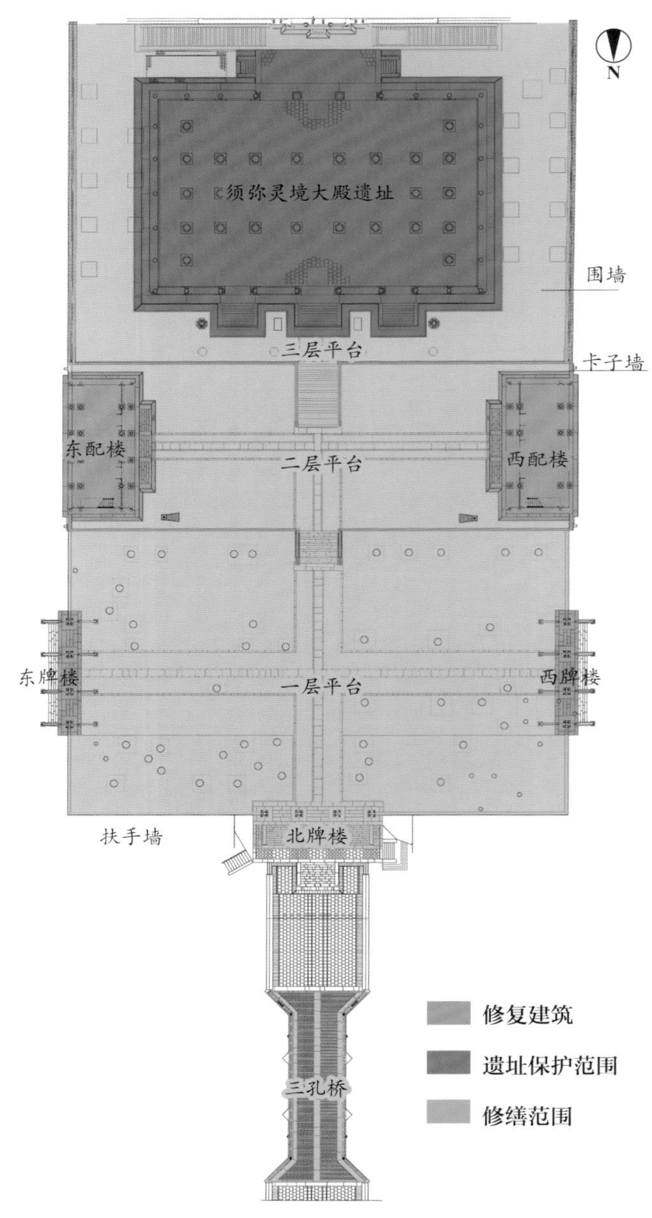

须弥灵境建筑群修缮范围平面示意图

慈福牌楼现状

（二）平台地面

一层平台地面现除南北向、东西向各保留了一条条石御路外，其余地面均铺设了水泥砖或水泥九格方砖，与历史原貌极不协调，现该地区已成为游人跳广场舞的活动场所。

二层平台地面现除南北向、东西向各保留一条条石御路外，御路石两侧甬路已改为石子和水泥方砖镶嵌铺墁，其余地面为土景。

三层平台现为水泥方砖铺墁。

一层平台地面南北向

一层平台地面东西向

二层平台地面南北向

三层平台地面

（三）一层平台扶手墙

扶手墙位于一层平台北、东、西三面，为黄琉璃瓦墙帽，现墙帽局部松动，上身红靠骨灰现已改为沙子灰外刷红浆，二城砖干摆下碱局部砌块风化酥碱。

一层平台扶手墙西面内侧

一层平台扶手墙北面内侧

一层平台扶手墙东面外侧

（四）二层平台卡子墙

卡子墙位于二层平台配楼后檐墙与三层拦土墙之间，墙体原黄琉璃瓦瓦面于20世纪80年代改为布瓦，冰盘檐开裂松动，博缝头碎裂，墙体下碱及上身墙面现均改为沙子灰面层。

二层平台卡子墙

（五）三层平台围墙

围墙位于三层平台东、西两侧，为原墙体。做法为黄琉璃瓦瓦面，绿琉璃冰盘檐，红麻刀灰上身，大城样干摆下碱。现黄琉璃瓦瓦面脱节、松动，瓦件大小、纹式、颜色较为凌乱，瓦面捉节灰、夹腮灰松动

三层平台围墙

脱落，西侧围墙局部瓦件缺失；绿琉璃冰盘檐灰缝脱落，局部釉面酥碱脱落；墙体上身抹灰空鼓、粉化，墙面污渍，大面积开裂脱落；城砖下碱局部砌块风化酥碱，大面积外抹青灰或水泥。

（六）二、三层平台虎皮石拦土墙

原拦土墙为城砖砌筑，现有虎皮石拦土墙为20世纪40年代后改的做法，现虎皮石拦土墙保存基本完好，水泥砖勾缝局部开裂、松动、脱落。

虎皮石拦土墙

（七）三孔石桥地面

三孔石桥现有大城样立铺地面，局部地砖酥碱，造成地面坑洼严重。

三孔石桥地面

第三节

修缮设计方案

一、牌楼修复设计

（一）大木结构设计

根据文献档案、遗址现状及相关参考资料可知（详见第三章），东牌楼（旃林牌楼）、西牌楼（梵天牌楼）为三间四柱七楼，前后带戗杆，明楼九踩斗拱单翘三下昂，次楼七踩斗拱单翘双下昂，边楼五踩平身科斗拱重昂，夹楼五踩平身科斗拱重翘，头停黄琉璃庑殿成造。设计方案决定对牌楼现存的台基构件进行归安，缺失的夹杆石、锁口石及地面条石按现有材质规格进行添配。

因为东、西牌楼遗址涉及树木的移植、避让等问题，而树木的移植、避让方案一直未得到绿化主管部门的受理审批，所以本次修缮项目将东、西牌楼的修复进行了减项。

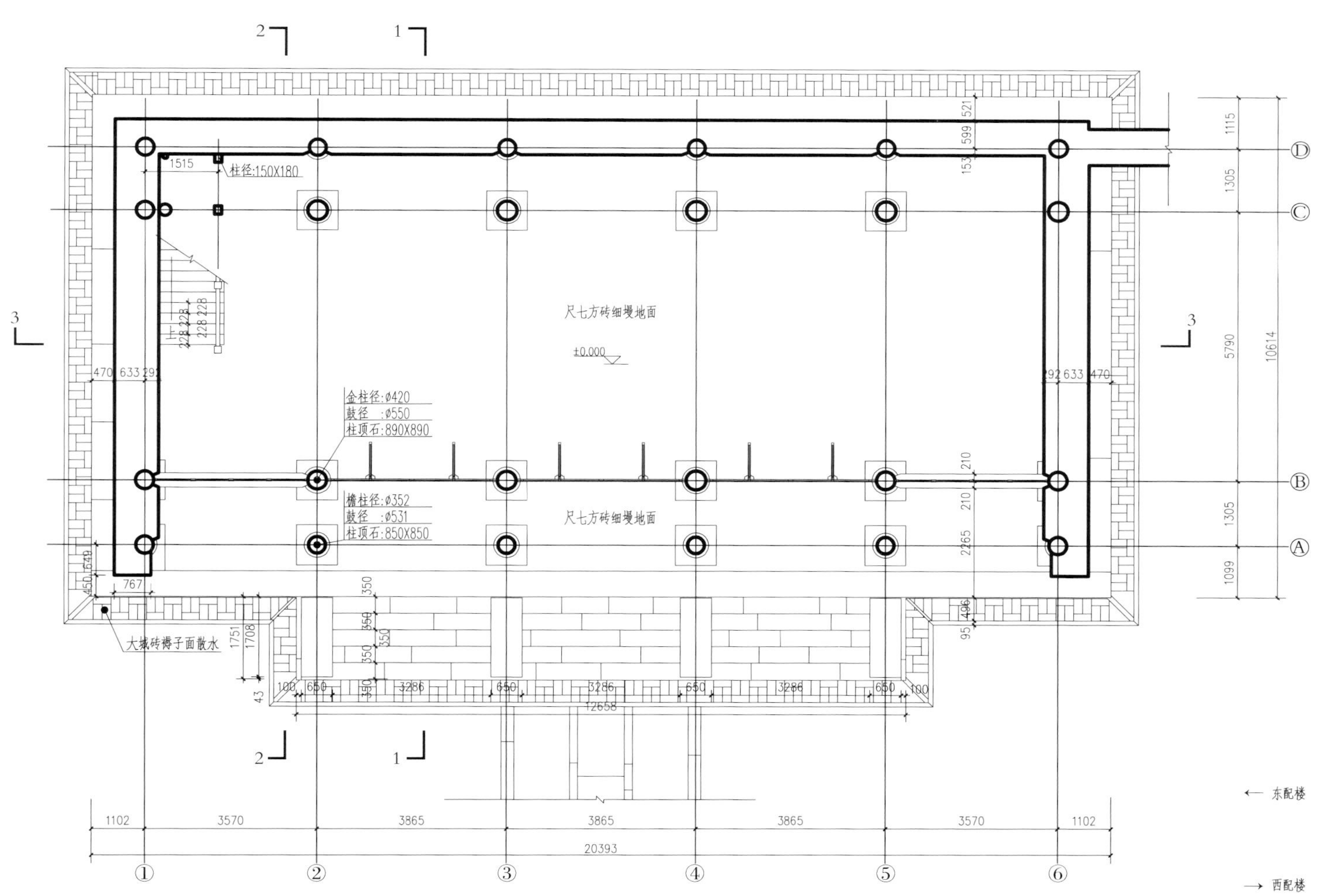

东、西牌楼一层平面修缮图纸

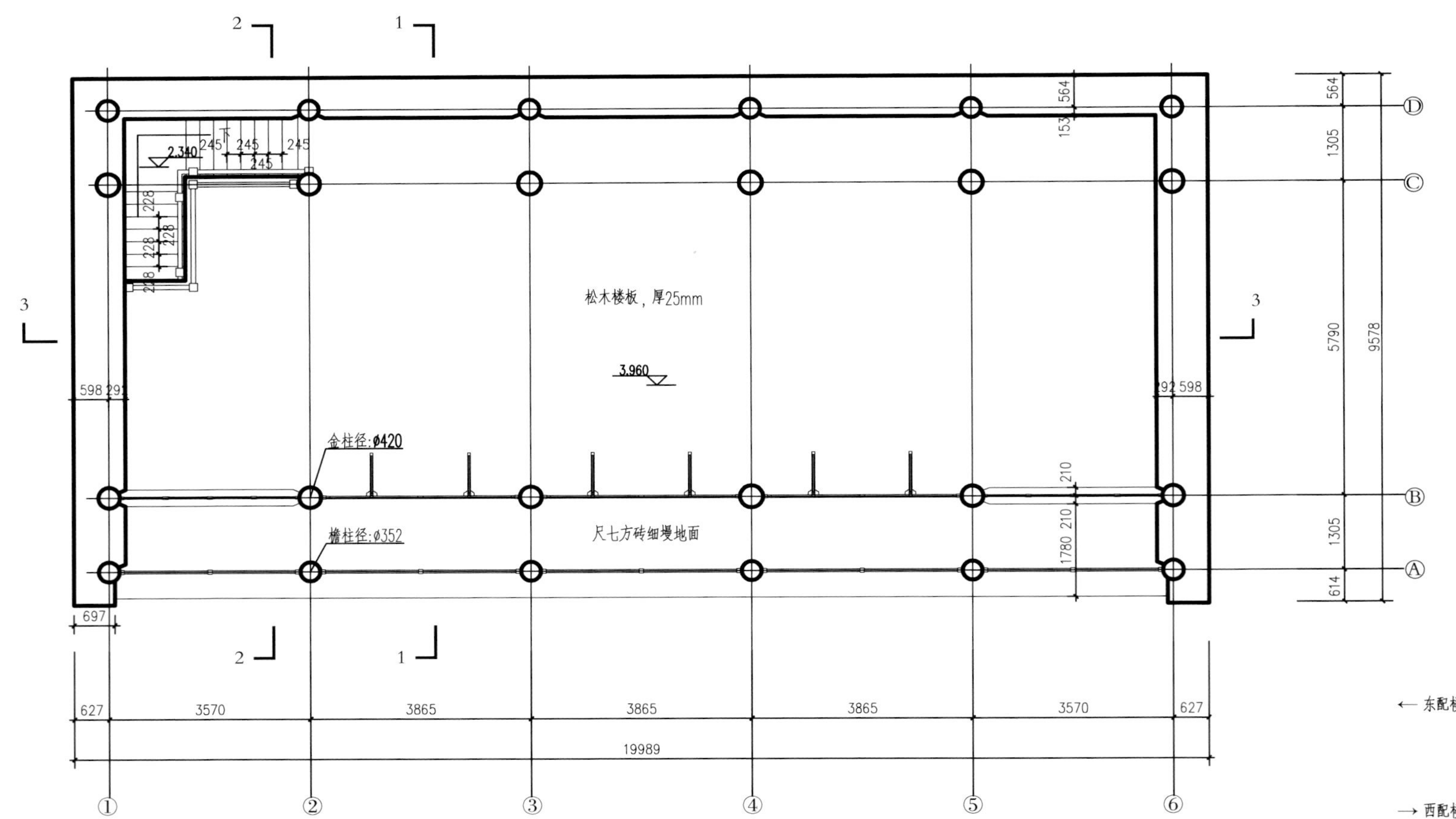

东、西牌楼二层平面修缮图纸

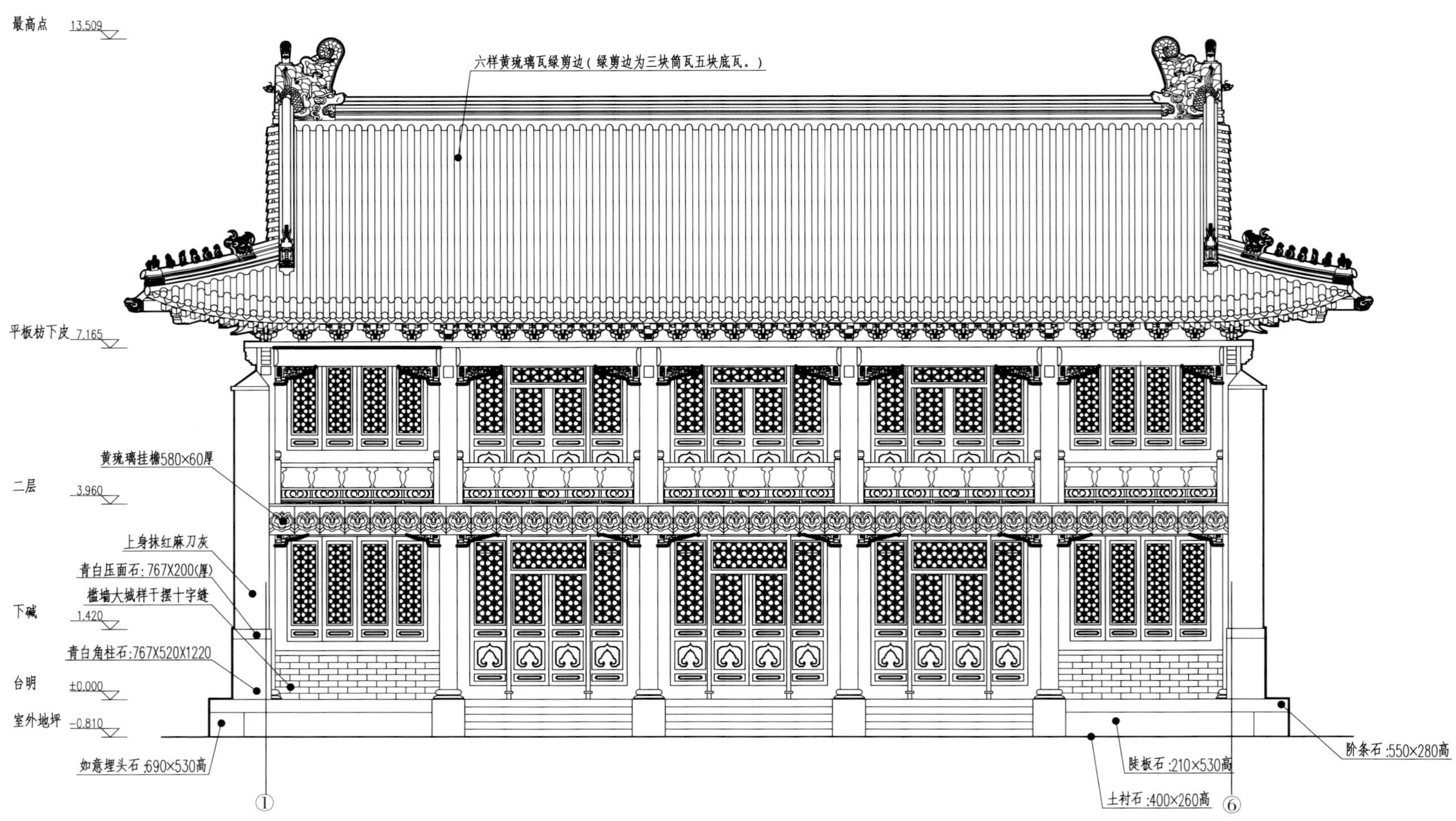

东、西牌楼正立面修缮图纸

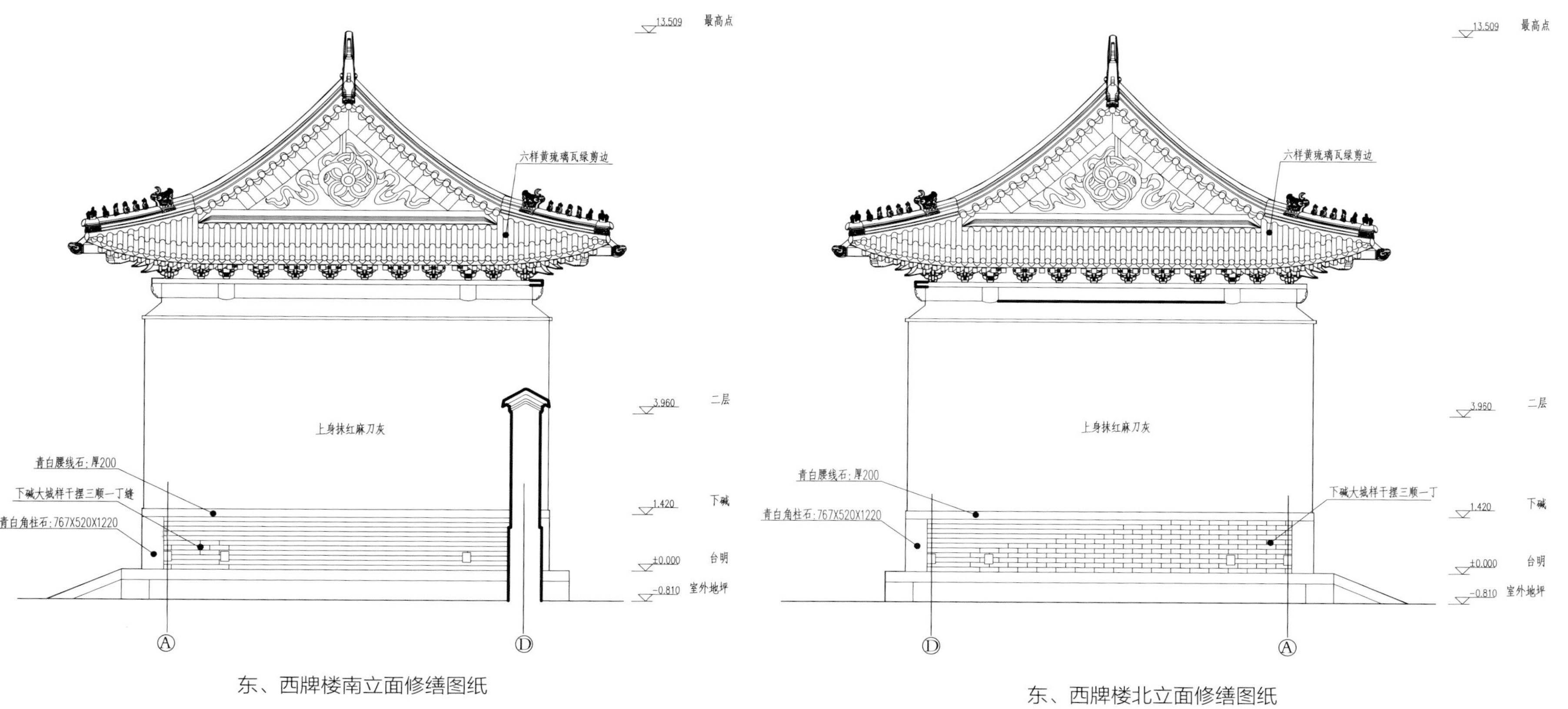

东、西牌楼南立面修缮图纸

东、西牌楼北立面修缮图纸

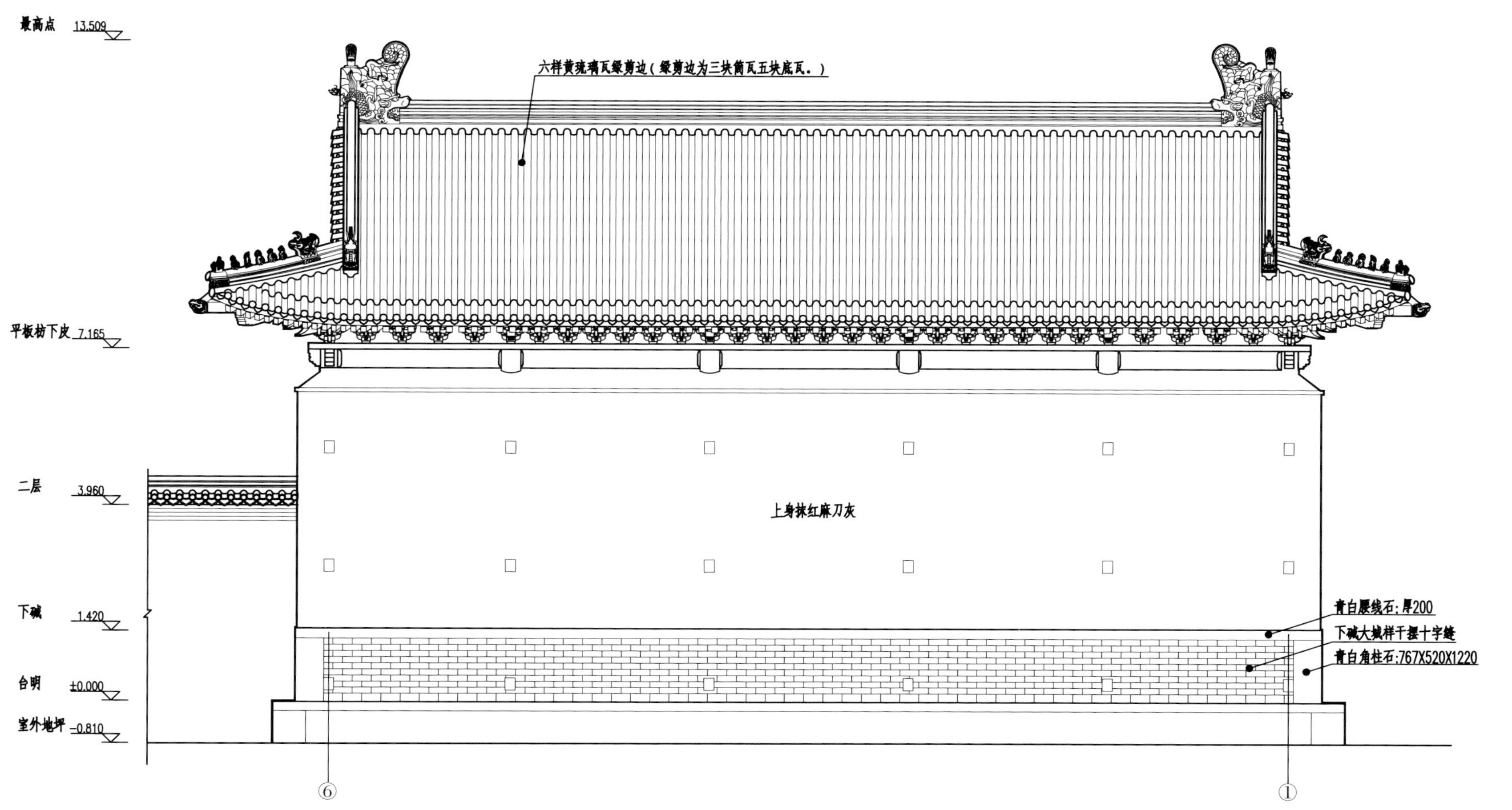

东、西牌楼背立面修缮图纸

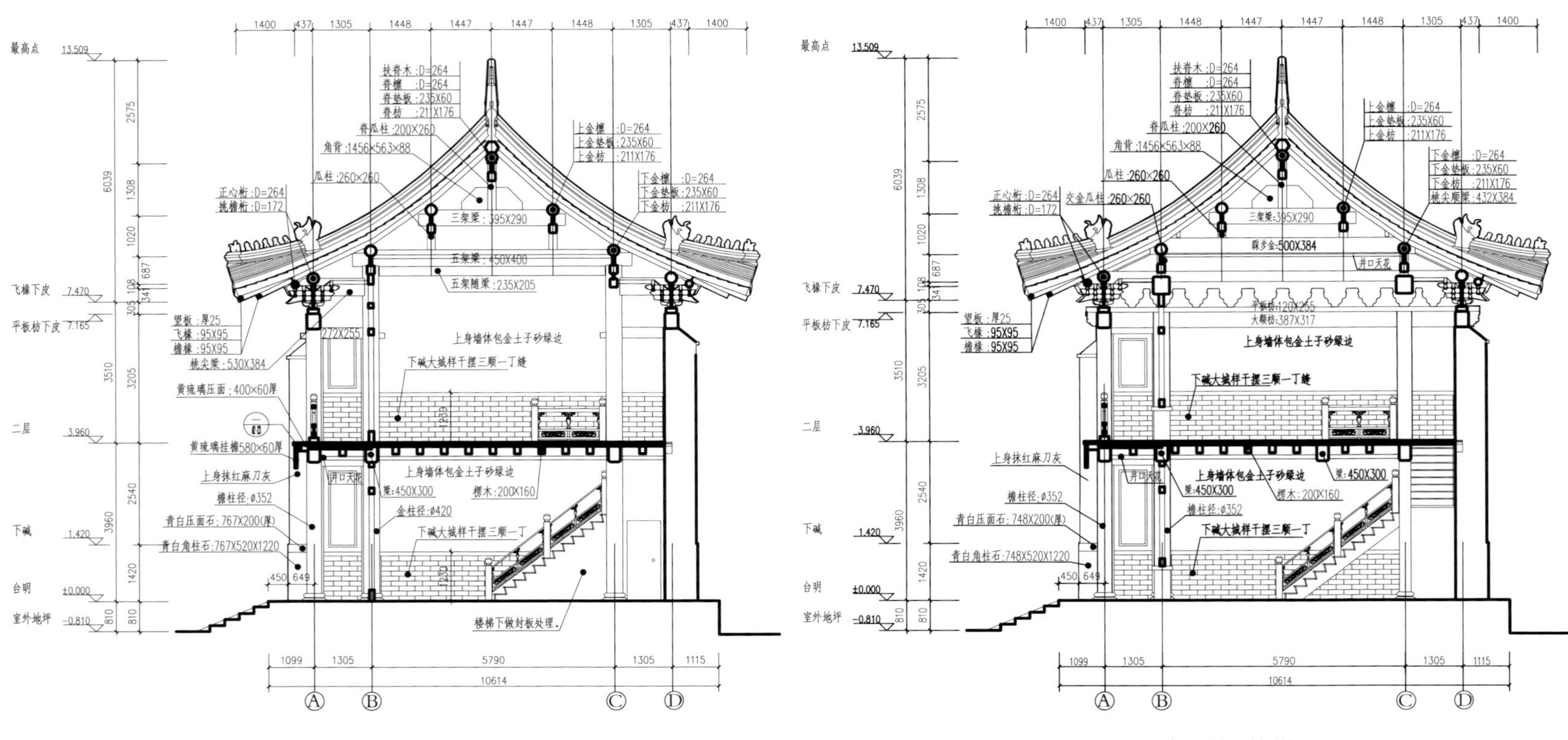

东、西牌楼 1-1 剖面修缮图纸

东、西牌楼 2-2 剖面修缮图纸

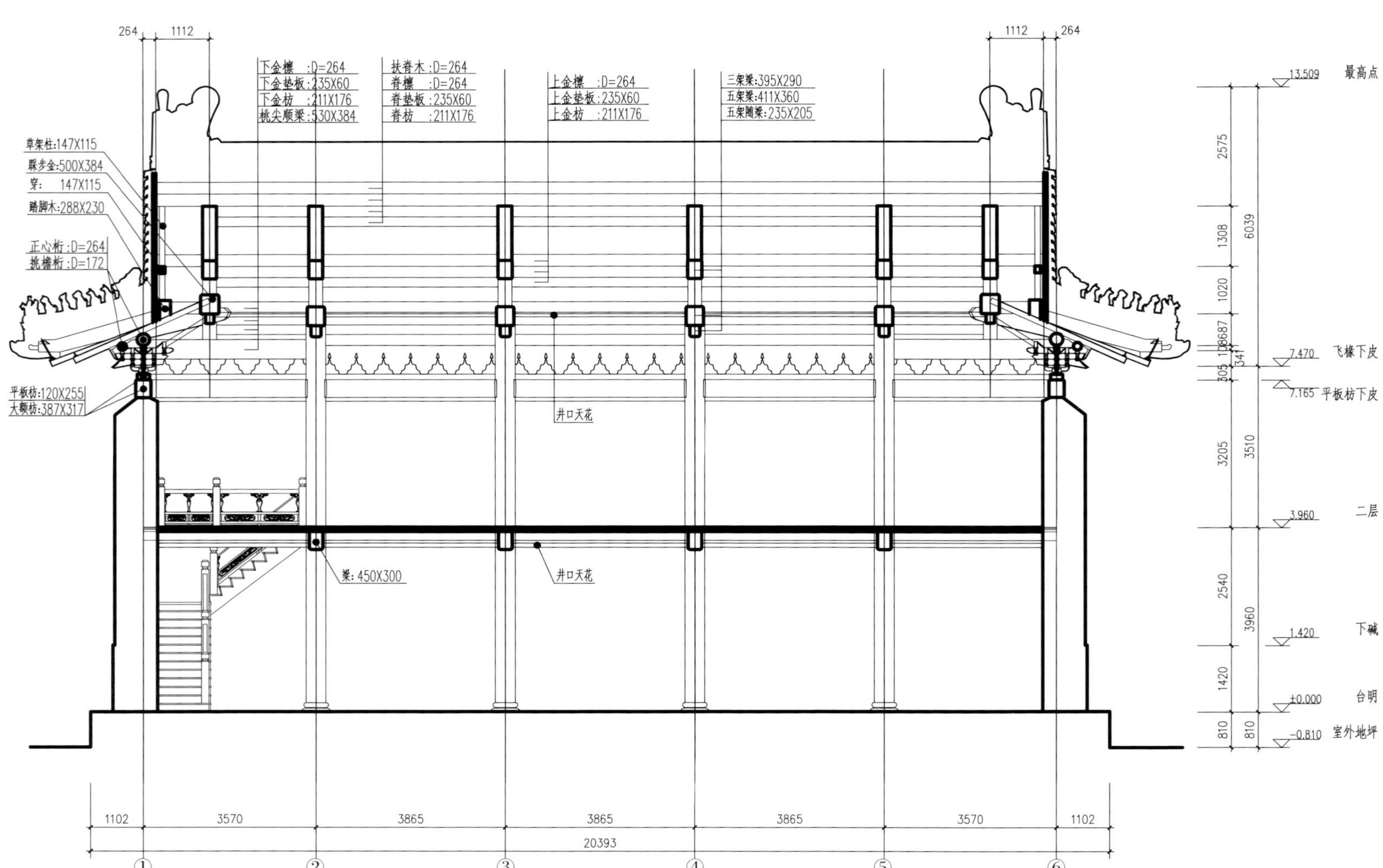

东、西牌楼 3-3 剖面修缮图纸

（二）彩画设计

须弥灵境建筑群由须弥灵境、宝华楼、法藏楼及牌楼和三孔桥、四大部洲组成。颐和园四大部洲建筑群与河北承德普宁寺的四大部洲建筑群在格局、等级、建筑功能方面均一致，建筑时期亦相近，所以颐和园四大部洲建筑群中的北俱芦洲、东胜神洲、西牛贺洲、日殿和月殿彩画是参照普宁寺原有彩画重绘，此方案已经过专家论证并实施。宝华、法藏二楼和牌楼位置与承德普宁寺山门及东、西配殿所处位置及功能一致，因此其彩画绘制也参照了承德普宁寺山门及东、西配殿的彩画形式，绘制异兽西番莲盒子和龙锦方心金线大点金旋子彩画。

河北承德普宁寺东配殿

河北承德普宁寺配殿山花

二、配楼修复设计

（一）台基

归安现存的台明石、陡板石、垂带踏跺、如意石等石活。宝华楼台明石南山、北山共更换两块，南山补配一块；陡板石北山更换一块；如意石添配三块。法藏楼台明石北山更换一块、前檐更换三块，陡板石北山面更换一块。磉礅拦土保留，补夯被破坏的灰土。新做大城样褥子面细墁散水。东配殿添配前檐檐柱柱顶石及金柱柱顶石各四个（柱顶石带雕花），其余现存柱顶石修补归安。西配殿添配前檐檐柱柱顶石及金柱柱顶石各五个（柱顶石带雕花），其余现存柱顶石修补归安。

承德普宁寺东、西配殿内檐异兽西番莲盒子和龙锦方心金线大点金旋子彩画

河北承德普宁寺山门殿内檐六字真言天花

（二）地面

一、二层廊内新做尺七方砖细墁地面，其中一层明间后檐残留部分方砖地面保留，二层木楼板地面为松木材质。

（三）墙体

拆砌后檐墙，原后檐角柱、腰线石重新拆安归位，两山面腰线石、压面石、角柱石添配。内、外下碱按原形制砌筑大城样三顺一丁，槛墙为大城样干摆十字缝，上身城砖糙砌，室外红麻刀灰刷红浆，室内包金土子砂绿边。

（四）屋面

新做歇山顶六样黄琉璃绿剪边屋面，五样绿琉璃脊。

（五）大木

新做大木构架，大木结构承重构件均采用东北落叶松，望板采用红松横铺，斗拱采用硬木，天花和门窗装修采用红松。建筑侧角按 1% 收分。所有承力构件不许用拼合料，各大木构件制作、安置均要按照操作规程执行，各部位木材含水量要求符合验收标准。

（六）装修

新做三交六碗菱花槛窗隔扇木装修，具体尺寸见设计图纸。门窗装修采用红松，木材含水率要符合验收标准。东、西配楼门窗内侧做软硬博缝，具体做法如下：

① 博缝糊饰：即钉镶于隔扇、槛窗缝隙处，具有保温、防尘功能的护缝纸板。

② 硬博缝：即内衬袼褙的博缝，是用多层纯棉粗纺布及手工宣纸托裱而成，剪裁拼接后宽约 20 厘米，与隔扇和槛窗等高、等宽，一般厚5~6毫米，钉于隔扇、槛窗缝隙处，亮钉压锭。袼褙做法为用七层纯棉布、五层纸托裱约四十层，厚 5~6 毫米，其外包裹配套颜色的粗纺着色纯棉布一层，最外层布颜色随装修颜色。所有裱糊用的糨糊要剔除面筋，用大红袍花椒水做防虫处理。

③ 软博缝：即不衬袼褙，只用托裱绫缎包钉于隔扇、槛窗轴部。

如隔扇一槽四扇，用硬竖博缝三条、硬横博缝八条，以此类推。凡隔扇、槛窗轴部均钉软博缝。现内衬袼褙可用三合板外包适当厚度的海绵替代，海绵外包纯棉布，棉布颜色随装修颜色。博缝宽度将缝隙完全掩盖住即可。

（七）彩画

新做油饰地仗彩画，绘制异兽西番莲盒子、龙锦方心金线大点金旋子彩画，飞头绘片金万字、椽头绘龙眼宝珠。

三、须弥灵境大殿遗址保护设计

须弥灵境大殿面阔九间，进深六间，北面有三组踏跺痕迹，南侧为月台，月台东、西两侧为垂带踏跺。

（一）现状清理

拆除大殿遗址上铺墁的水泥方砖，清除磉礅坑内回填的杂土至坑底，拆除清理遗址内后砌的机砖或城砖台帮，将遗址全部露出。

（二）基础

砌筑城样砖糙砌磉礅，补砌大城样金刚墙，补砌毛石拦土。

（三）台基

修复大殿遗址台帮、台明石、台阶、地面、柱顶石。山墙后檐墙及槛墙修复 1080 毫米高后，山墙后檐墙上置腰线石，槛墙上置木榻板。添配以上所有构件。

（四）石活

添配土衬石、陡板石、埋头石、阶条石、柱顶石、分心石、角柱石、腰线石，恢复北侧垂带踏跺的燕窝象眼石，添配南侧月台垂带一块、踏跺两块、象眼石一块。现存构件修补后归安原位，继续使用。

（五）木作

恢复檐柱二十八根，墙内木檐柱高 1200 毫米；恢复前檐木榻板六块，并在榻板上设罩保护。

（六）墙体

恢复大城样干摆三顺一丁槛墙，山墙、后檐墙高度均为 1080 毫米（未含榻板和腰线石高度）。

（七）地面

恢复月台及室内尺七方砖地面，重做垫层；恢复大城样八方锦散水，重做垫层。

四、修缮部分设计

（一）北牌楼

混凝土结构现状保留，黄琉璃瓦面挑顶（挑至椽子）；更换糟朽望板（主要集中在明楼、次楼）、连檐、瓦口，更换糟朽椽子（主要集中在明楼、次楼飞椽）；更换两根明楼仔角梁、一根次楼仔角梁，重做泥灰背；铁件做除锈、防锈处理；重做地仗油饰彩画。

（二）平台地面

一层平台地面保留御路石，拆除水泥九格方砖地面，改用石材铺墁，重做垫层。

二层平台地面保留御路石，拆除御路石两侧20世纪80年代铺设的石子路，恢复大城砖铺墁，重做垫层；地面整体向北侧排水沟找泛水。

三层平台地面拆除现有水泥砖地面，恢复大城样海墁地面，重做垫层。

（三）三层平台台阶

归安现有踏跺石、燕窝石等石活。

（四）一层平台扶手墙、二层平台卡子墙、三层平台围墙

扶手墙：整修归安全部黄琉璃墙帽，重新勾缝；铲除上身墙面后抹沙子灰，恢复红麻刀灰墙面，外刷红浆；剔补二城样干摆下碱。

卡子墙：拆除了20世纪80年代做的布瓦，恢复了黄琉璃瓦瓦面，更换了碎裂的博缝头，上身恢复红麻刀灰墙面，外刷红浆；城砖下碱替补。

围墙：黄琉璃瓦面挑顶，更换碎裂、绿色和琉璃坯子的瓦件，添配吻兽；绿琉璃冰盘檐重新勾缝；铲抹红麻刀灰上身墙体，外刷红浆；剔补大城样干摆下碱。

（五）二、三层平台虎皮石墙

剔除现有虎皮石墙水泥勾缝，按传统工艺，顺原石缝自然走向，重新用大麻刀灰喂缝，小麻刀灰勾缝，勾缝呈泥鳅背状。

（六）三孔石桥地面

大城样三孔石桥地面原方案为揭墁，后改为剔补。

第六章

须弥灵境大殿遗址保护

考古发掘

为贯彻执行《中华人民共和国文物保护法》有关规定，2010 年 8 月 4 日至 11 月 28 日颐和园委托北京市文物研究所对须弥灵境建筑群遗址，包括慈福牌楼、梵天牌楼、旃林牌楼、宝华楼、法藏楼、须弥灵境大殿等，进行考古发掘。颐和园须弥灵境建筑群遗址的考古发掘工作严格按照《田野考古工作规程》的要求进行田野发掘，科学清理遗迹，并进行文字、绘图和影像资料的记录与收集，为须弥灵境建筑群遗址后续保护与修复工作的开展提供重要依据。

一、布设探方

须弥灵境建筑群遗址分布在三层平台之上。通过调查判断其布局后，在遗迹现象比较集中的区域进行布方，共布设 5 米 ×5 米探方 140 个、10 米 ×8.7 米探方 1 个、探沟 5 条，总发掘面积约 3630 平方米。

一层平台现存慈福牌楼、旃林牌楼、梵天牌楼遗址，基础保存完好，不进行布方。

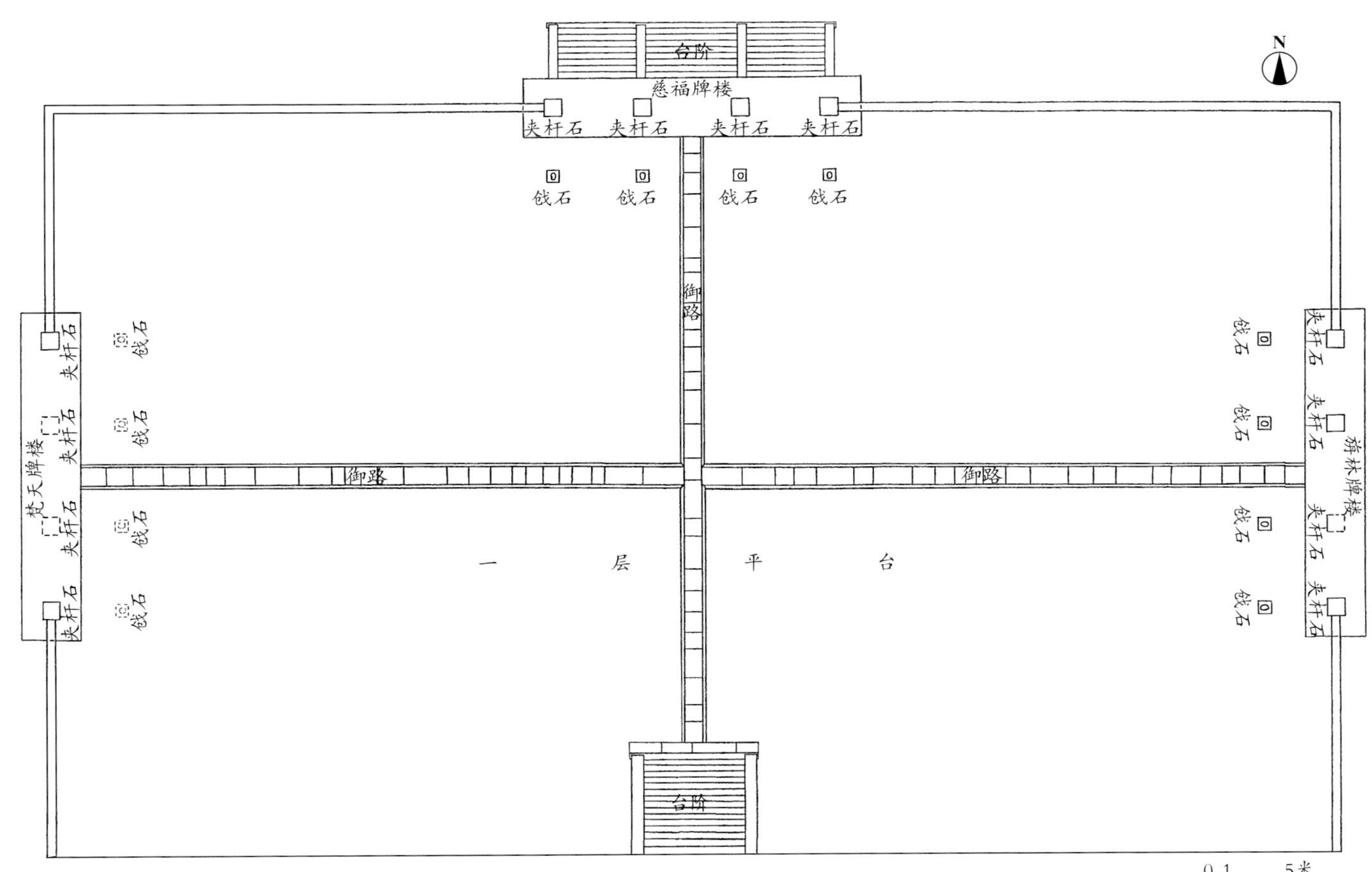

须弥灵境建筑群遗址一层平台平面图

二层平台现存宝华楼、法藏楼遗址，在该平台北侧中部布设探方 1 个、探沟 3 条，发掘面积约 130 平方米。

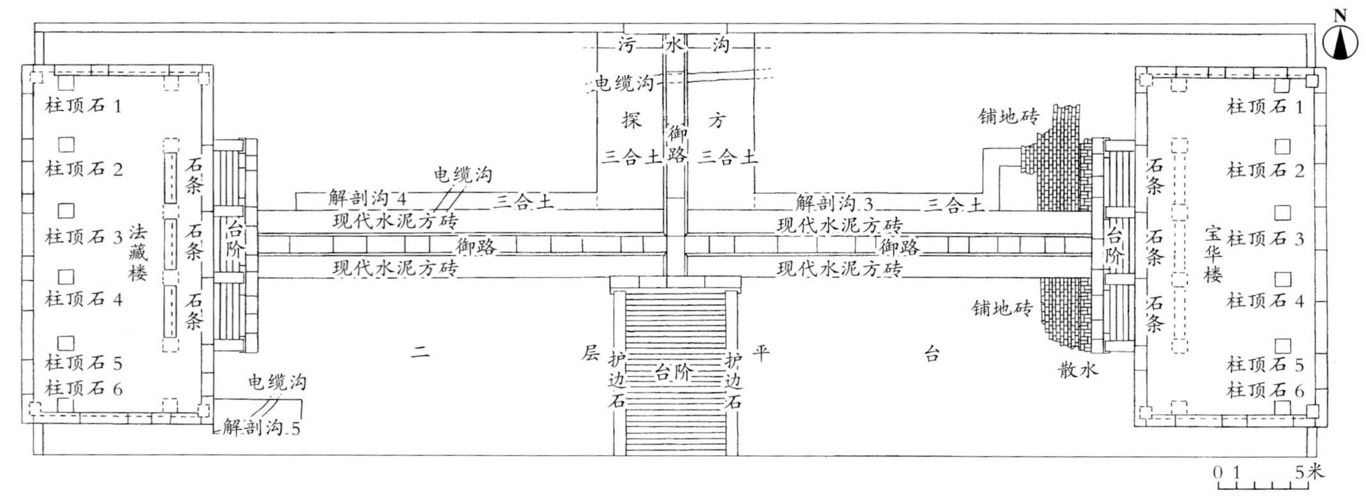

须弥灵境建筑群遗址二层平台平面图

三层平台即须弥灵境大殿遗址，以该平台的西南角为基点，共布设探方 140 个、探沟 2 条，发掘面积约 3500 平方米。

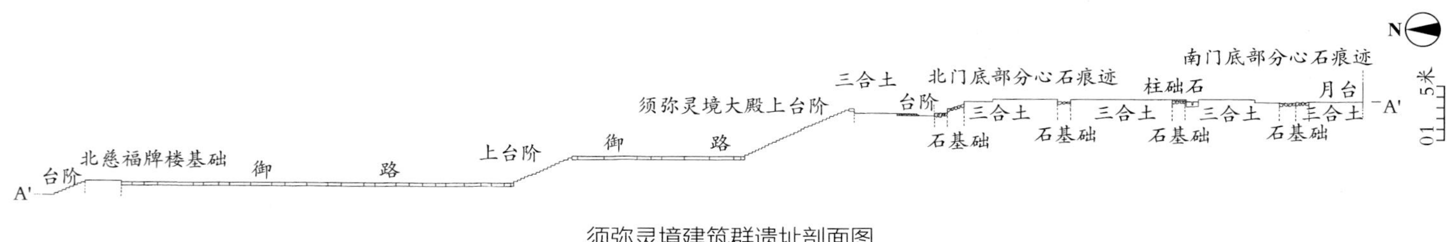

须弥灵境建筑群遗址剖面图

二、遗迹

（一）一层平台

一层平台南北长 41.7、东西宽 70.4 米。现存慈福牌楼、旃林牌楼、梵天牌楼遗址。经现场勘察，遗址基础保存完好，与须弥灵境大殿属于同一时期建筑，未进行发掘。

北部慈福牌楼遗迹保存完好，南北长 3.3、东西宽 18.6 米，底部采用大小不均的石条砌筑。牌楼有 4 个夹杆石，平面均呈正方形，边长 0.98 米。中间两个夹杆石间距为 4.4 米，东、西两侧夹杆石与中间夹杆石间距均为 3.9 米。牌楼南侧有 4 个戗石，平面均呈正方形，边长 0.72 米。4 个戗石和 4 个夹杆石一一对应，间距为 3 米。

东部旃林牌楼遗址和西部梵天牌楼遗址均南北长 18.4、东西宽 3.3 米，二者间距为 67.6 米。牌楼上部均已被破坏，仅残留底部，采用大小不均的石条砌筑。两座牌楼各有 4 个夹杆石，平面均呈正方形，边长 0.98 米。中间两个夹杆石间距 4.55 米，南、北两侧夹杆石与中间夹杆石间距均为 3.8 米。旃林牌楼西侧有 4 个戗石，平面均呈正方形，边长 0.72 米。4 个戗石和 4 个夹杆石一一对应，间距为 3 米。梵天牌楼东侧原有的、和旃林牌楼相对称的 4 个戗石已被破坏。

须弥灵境建筑群遗址三层平台平面布方图

（二）二层平台

二层平台南北长 24.5、东西宽 70.4 米。经考古发掘的遗迹有宝华楼、法藏楼、散水和院落铺地砖。

根据前期调查研究，二层平台可能设有山门，故在该平台北侧中部布设了一个 10 米 ×8.7 米的探方和 3 条探沟。地层上部均为黄褐色垫土，厚 0.1~0.2 米；下面是三合土地面，采用江米汁和白灰土搅拌夯打而成，十分坚硬。未发现山门遗迹。

平台中间现存一条通往须弥灵境大殿的南北向甬路，东侧宝华楼和西侧法藏楼间有一条东西向甬路，与南北向甬路交叉。南北向甬路宽 1.3 米，采用大小不均的石条铺成。

宝华楼台明南北长 20.4、东西宽 10.5 米。面阔五间（18.8 米），进深一间（5.7 米）。现存 6 个柱顶石，平面均呈正方形，边长 0.85 米。另在建筑基址的四角各有一埋头石，平面均呈长方形，长 0.7、宽 0.65 米。建筑基址的四周采用大小不均的青石砌筑，青石下为三合土夯筑。建筑基址中部有三处踏跺，踏跺均为六步，每步长 3.2、宽 0.35、高 0.15 米。踏跺两边各有一条东西向垂带，均长 2.6、宽 0.65、厚 0.25 米。宝华楼与法藏楼间距为 51.8 米。

法藏楼，台明南北长 20.4、东西宽 10.5 米。面阔五间（18.8 米），进深一间（5.7 米）。现存 6 个柱顶石，平面均呈正方形，边长 0.85 米。另在建筑基址四角各有一埋头石，平面均呈长方形，长 0.7、宽 0.65 米。建筑基址的四周采用大小不均的青石砌筑，青石下为三合土夯筑。因破坏严重，未发现门的遗迹。在建筑基础的中部有三处踏跺，踏跺均为六步，每步长 3.2、宽 0.35、高 0.15 米。踏跺两边各有一条东西向垂带，均长 2.6、宽 0.65、厚 0.25 米。台阶东侧未发现散水和院铺地砖。

散水位于宝华楼建筑基址的西侧，南北残长 4.1、东西宽 0.7 米，外有 0.1 米宽的包边石，散水为一横二顺错缝铺设，砖长 0.42、宽 0.21、厚 0.1 米。

院落铺地砖位于散水的西侧，与散水相连，南北残长 4.5~6.2、东西残宽 2.2~3.2 米，为南北向平砖错缝平铺而成，砖长 0.42、宽 0.21、厚 0.1 米。

台阶位于二层平台的南侧中部，共三十步。每步台阶长 5.5、宽 0.31、高 0.15 米。台阶两边各有一条南北向垂带，均长 7、宽 0.65、厚 0.26 米。

法藏楼局部解剖沟

法藏楼基础

（三）三层平台

三层平台南北长 50、东西宽 70.3 米，发掘清理出须弥灵境大殿遗址。遗址平面呈长方形，南北长 33.9、东西宽 52.4 米，占地面积约 1776 平方米。北部设有三组台阶，南部设有月台。

须弥灵境大殿遗址发掘现场

1. 磉墩

须弥灵境大殿东西面阔九间（48 米），南北进深六间（29.8 米）。共清理出砖磉墩 54 个，由北向南分为 7 组。

第一组：清理出砖磉墩 10 个，平面均呈正方形，大小不等，边长 1.8~1.9 米。磉墩残破，磉墩之间以拦土墙连接，墙宽 1.5 米。拦土墙上部 0.1~0.2 米的部分已被破坏。东、西两端 4 个磉墩南侧有 1.2 米宽的拦土墙与第二组砖磉墩相连，发掘深度 0~1.2 米。

第二组：清理出砖磉墩 4 个，东、西两端各 2 个，平面均呈正方形，大小不等，边长 1.8~1.9 米。磉墩残破，东、西两端 2 个檐柱磉墩之间各自以拦土墙连接，北侧有拦土墙与第一组磉墩相连，南侧有拦土墙与第三组磉墩相连，墙宽 1.2~1.5 米。拦土墙上部 0.1~0.2 米的部分已被破坏。为增加室内空间，第二组中部少设 6 个金柱磉墩，为三合土地面。

须弥灵境大殿遗址第一组檐柱

第三组：清理出砖磉墩 10 个，平面均呈正方形，大小不等，边长 1.8~1.9 米。磉墩残破，中间 8 个檐柱磉墩之间均以拦土墙连接，东、西两端

须弥灵境大殿遗址砖磉墩及拦土墙

须弥灵境大殿遗址拦土墙

4个磉礅北侧有拦土墙与第二组砖磉礅相连，南侧有拦土墙与第四组砖磉礅相连，墙宽1.2~1.5米。拦土墙上部0.1~0.25米的部分已被破坏。

第四组：清理出砖磉礅6个，东、西两端各3个，平面均呈正方形，大小不等，边长1.8~1.9米。磉礅残破，磉礅北侧有拦土墙与第三组砖磉礅相连，南侧有拦土墙与第五组砖磉礅相连，墙宽1.2~1.5米。拦土墙上部0.05~0.2米的部分已被破坏。为增加室内空间，第四组中部少设4个金柱磉礅，为三合土地面。

第五组：清理出砖磉礅10个，平面均呈正方形，大小不等，边长1.8~2米。磉礅残破，中部8个金柱磉礅之间均以拦土墙连接，东、西两端6个磉礅北部有拦土墙与第四组砖磉礅相连，东、西两端4个磉礅南部有拦土墙与第六组砖磉礅相连，墙宽1.2~1.5米。拦土墙上部约0.2米的部分已被破坏。

须弥灵境大殿遗址南部砖磉礅

须弥灵境大殿遗址西南角基础遗迹

第六组：清理出砖磉礅4个，东、西两端各2个，平面均呈正方形，大小不等，边长1.8~1.9米。磉礅残破，磉礅北部有拦土墙与第五组砖磉礅相连，南部有拦土墙与第七组砖磉礅相连，墙宽1.2~1.5米。拦土墙上部0.1~0.2米的部分已被破坏。为增加室内空间，第六组中部少设6个金柱磉礅，为三合土地面。

须弥灵境大殿遗址台明

第七组：清理出砖磉礅10个，平面均呈正方形，大小不等，边长1.8~1.9米。磉礅残破，磉礅之间以拦土墙连接，墙宽1.5米。拦土墙上部约0.2米的部分已被破坏。

大殿的东西、南北向檐柱拦土墙均宽1.5米。南北檐柱砖磉礅与中部的金柱砖磉礅间距为9.6米，中部的金柱砖磉礅间距为10.4米。大殿外围的台明宽1.2米，底部距地表残深1.3米，用毛石和白灰夹沙砌筑。

为了解须弥灵境大殿遗址基础的构造，在T0905内对砖磉礅进行了向下解剖。根据发掘清理的①层下砖砌磉礅遗迹来看，其受破坏的程度深浅不等，磉礅东、西两侧为拦土墙，南、北两侧为三合土。

该砖磉礅平面略呈正方形，南北长1.8、东西宽1.9米，上部已破坏，底部距地表3.6米。砖磉礅内填土为黄褐色土，土质较松，内含有碎石块、青砖残块、白灰渣等杂物。砖磉礅底部为青砖砌筑，为二横一顺错缝，用白灰和沙平砌而成，砖长0.43、宽0.21、厚0.1米。另在砖磉礅底部东侧有一处凸出的三合土遗迹，南北长1.3、东西宽0.22、残高1.8米。从砖磉礅的四壁剖面上看，南、北壁均有22层夯土，为一次夯筑。继续向下解剖1米，下面是三合土，因底部有0.4米深的渗水，无法继续向下清理，底部距地面4.6米。

砖磉墩北壁夯层情况如下：

第①层厚 0.1 米、第②层厚 0.15 米、第③层厚 0.15 米，这 3 层是用江米汁和白灰土搅拌夯打而成，十分坚硬。

第④层厚 0.16 米、第⑤层厚 0.2 米，这两层是用白灰和土搅拌夯打而成，十分坚硬。

第⑥层厚 0.25 米、第⑦层厚 0.2 米，这两层是用素土夯打而成，十分坚硬。

第⑧层厚 0.2 米，是用白灰和土夯打而成，十分坚硬。

第⑨层厚 0.2 米，第⑩层厚 0.25 米，这两层是用素土夯打而成，十分坚硬。

第⑪层厚 0.15 米，是用白灰和土搅拌夯打而成，十分坚硬。

第⑫层厚 0.2 米、第⑬层厚 0.25 米，这两层是用素土夯打而成，十分坚硬。

第⑭层厚 0.25 米，是用白灰和土搅拌夯打而成，十分坚硬。

第⑮层厚 0.15 米、第⑯层厚 0.2 米、第⑰层厚 0.2 米、第⑱层厚 0.25 米、第⑲层厚 0.25 米、第⑳层厚 0.25 米、第㉑层厚 0.25 米、第㉒层厚 0.25 米，以上 8 层是用素土夯打而成，十分坚硬。

为进一步了解整个须弥灵境大殿遗址的地层构造，在 T0107 的西南部布设一条南北长 1、东西宽 2 米的解剖沟，编号为解剖沟 2。从地面向下解剖深度为 4.65 米，共 22 层夯土，再往下因渗水无法清理。

第①层厚 0.1 米、第②层厚 0.15 米、第③层厚 0.15 米，这 3 层均用江米汁和白灰土搅拌夯打而成，十分坚硬。

第④层厚 0.15 米，用白灰和黄褐色土搅拌夯打而成，质地较硬。

第⑤层厚 0.21 米，用黄褐色素土搅拌夯打而成，硬度一般。

第⑥层厚 0.23 米，用白灰和黄褐色土搅拌夯打而成，质地较硬。

第⑦层厚 0.21 米、第⑧层厚 0.23 米，这两层均用黄褐色素土掺杂少量砂石块夯打而成，硬度一般。

第⑨层厚 0.23 米，用白灰和黄褐色土搅拌夯打而成，质地较硬。

第⑩层厚 0.2 米、第⑪层厚 0.2 米、第⑫层厚 0.15 米、第⑬层厚 0.28 米、第⑭层厚 0.24 米，这 5 层均用黄褐色素土掺杂少量砂石块夯打而成，硬度一般。

第⑮层厚 0.17 米、第⑯层厚 0.24 米、第⑰层厚 0.27 米、第⑱层厚 0.21 米、第⑲层厚 0.27 米、第⑳层厚 0.23 米、第㉑层厚 0.25 米、第㉒层厚 0.25 米，这 8 层均用黄褐色素土夯打而成，硬度一般。

2. 分心石

北分心石上部已被破坏，仅残留底部三合土痕迹，南北长 2.6、东西宽 3 米，底部距地面深 0.25 米。底部的三合土是用江米汁和白灰搅拌夯打而成，十分坚硬。

南分心石：上部已被破坏，仅残留底部三合土痕迹，南北长 2.2、东西宽 2.7 米，底部距地面深 0.25 米。

须弥灵境大殿遗址 T0905 砖砌磉墩遗迹

须弥灵境大殿遗址南部分心石遗迹

底部的三合土是用江米汁和白灰搅拌夯打而成，十分坚硬。

3. 柱顶石、柱窝

柱顶石：共3个，位于大殿南分心石的北部。柱顶石①位于柱顶石②的西侧，平面呈正方形，边长0.8、厚0.4米；中心鼓镜呈圆形，直径0.5米；与柱顶石②间距为2米。柱顶石②位于柱顶石③的西北侧，平面呈长方形，南北长1.1、东西宽0.85、厚0.3米；与柱顶石③间距为2.2米。柱顶石③位于柱顶石②的东侧，平面呈正方形，边长0.75、厚0.4米。3个柱顶石的中心均有一个方孔，孔边长0.1、深0.26米。根据发掘情况，3个柱顶石为后期所设，用途不详。

柱窝：在须弥灵境大殿遗址范围内共清理出柱窝63个，形状为圆形或椭圆形，直径0.2~0.5、深0.2~0.8米。在月台的东北部一柱窝内有一根半朽的木杆，木杆直径0.2、深0.7米，用途不详。

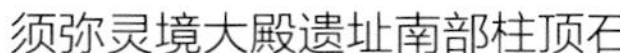

须弥灵境大殿遗址南部柱顶石

须弥灵境大殿遗址柱窝

4. 台阶

须弥灵境大殿北侧有三处台阶。

台阶①：位于大殿北侧中部，南北长3.4、东西宽7.2、残高0.4米。上部的踏跺被破坏，仅残留底部残砖基础。残存基础砖共4层，为一横一竖错缝，用白灰和沙砌筑而成，砖长0.43、宽0.21、厚0.1米。底部为三合土，用江米汁和白灰土搅拌夯打而成，十分坚硬。在台阶的西南角清理出一个燕窝，南北长0.15、东西宽0.4、深0.02米。

台阶②：位于台阶①东侧，两台阶间距为5.1米，台阶②南北长3.4、东西宽6.2、残高0.4米。上部的踏跺被破坏，仅残留底部残砖基础，基础中部被破坏。残存基础砖共4层，为一横一竖相互错缝，用白灰和沙砌筑而成，砖长0.43、宽0.21、厚0.1米。底部为三合土，用江米汁和白灰土搅拌夯打而成，十分坚硬。

须弥灵境大殿遗址台阶①燕窝

台阶③：位于台阶①西侧，两台阶间距为5.1米，台阶③南北长3.4、东西宽6.2、残高0.4米。上部的踏跺被破坏，仅残留底部残砖基础，基础中部被破坏。残存基础砖共4层，为一横一竖错缝，用白灰和沙砌筑而成，砖长 0.43、宽 0.21、厚 0.1 米。底部为三合土，用江米汁和白灰土搅拌夯打而成，十分坚硬。在台阶的东南角和西南角各清理出一个燕窝，南北长 0.15、东西宽 0.4、深 0.02 米。

5. 石条基础

基础的上部有两处未被破坏的石条。第一处位于台阶③的西南侧，由 3 块大小不等的石条组成，南北长 0.5、东西残宽 9.5、厚 0.2 米。第二处位于台阶①的西南侧，由 4 块大小不等的石条组成，南北长 0.5、东西残宽 6.5、厚 0.2 米。石条用铁扒锔连接，铁扒锔痕迹均长 0.3、宽 0.05、厚 0.01 米，底部距地面 1 米。在台阶①和台阶③对应石条上部各有两条南北向的垂带，均南北长 0.15、东西宽 0.4、深 0.02 米。

须弥灵境大殿遗址台阶③

须弥灵境大殿遗址石条基础

6. 陈设座

位于台阶的北部，共有 4 处，平面均呈圆形，直径 1.5、厚 0.1 米。由东至西，第一处与第二处、第三处与第四处间距均为 9.3 米，第二处与第三处间距为 10.8 米。

7. 月台

位于大殿南侧，南北长 4.9、东西宽 16.5 米。月台地面砖被破坏，仅残留底部三合土。三合土用江米汁和白灰土搅拌夯打而成，十分坚硬。月台东、西两侧各有一处石台阶。

东侧石台阶共七步，为东西走向。由上到下，第一步踏跺被破坏，仅残留底部残砖基础，长 1.9、宽 0.45 米，底部基础用大小不均的砖块平砌而成；第二、第三步踏跺均长 1.9、宽 0.4、高 0.16 米；第四步踏跺长 1.9、宽 0.38、高 0.16 米；第五步踏跺长 1.9、宽 0.35 米、高 0.16 米；第六步踏跺被破坏，仅残留底部残砖基础，长 1.9、宽 0.45 米，底部基础用大小不均的残砖块平砌而成；第七步踏跺长 1.9、宽 0.35、高 0.16 米。在整个台阶南、北两侧各有一条垂带。南侧垂带残长 2.05、宽 0.65、厚 0.35 米；北侧垂带被破坏，仅残留底部残砖基础，残长 2.1、宽 0.65 米。垂带基础采用大小不均的残砖相互错缝砌筑而成，较大的砖长 0.42、宽 0.21、厚 0.08 米，较小的砖长 0.37、宽 0.21、厚 0.08 米。另在北侧明显可以看出有一个燕窝，南北长 0.6、东西宽 0.4、深 0.03 米。

西侧石台阶呈东西走向，上部的踏跺全部被破坏，仅残留台阶底部燕窝石和土衬石。台阶南北长 3.3、东西通宽 2.4 米，台阶南、北部的土衬石均长 1.8、宽 0.5、厚 0.2 米。另在台阶的西部有一块南北向燕窝石。明显可以看出南部和北部各有一个燕窝，南部燕窝南北长 0.65、东西宽 0.45、深 0.05 米，北部燕窝南北长 0.55、东西宽 0.43、深 0.03 米。

8. 散水

在月台东侧台阶的南部和西侧台阶的北部各有一条东西向散水。

须弥灵境大殿遗址月台东侧台阶

须弥灵境大殿遗址月台西侧台阶

须弥灵境大殿遗址散水

东侧台阶南部散水，南北长 0.65、东西残宽 4.95、米。散水砖的铺法为二横一竖错缝平铺，砖长 0.42、宽 0.21、厚 0.08 米。

西侧台阶北部散水，南北长 0.65、东西残宽 2.6 米。散水砖的铺法为二横一竖错缝平铺，砖长 0.42、宽 0.21、厚 0.1 米。

9. 院落铺地砖

整个院落仅残留部分铺地砖，位于大殿遗址的东南部，呈东西走向，东西残长 11.7、南北宽 3.3 米。铺法为横砖错缝平铺，砖长 0.42、宽 0.21、厚 0.1 米。院落其余部分仅存三合土地面，三合土用江米汁和白灰土搅拌夯打而成，十分坚硬。

须弥灵境大殿遗址院落铺地砖

三、出土文物

须弥灵境建筑群遗址出土的文物种类和数量较多，包括琉璃构件、石构件、铜裙摆、铁钉、风铎、蝴蝶榫、瓷片等，共计 144 件。

须弥灵境建筑群遗址考古发掘出土文物登记表

登记号	物品名称	保存情况	数量（件）	出土地点	出土日期	备注
1	琉璃建筑构件	残	3	T0302	2010 年 8~12 月	琉璃建筑构件共计 119 件
2	琉璃建筑构件	残	2	T0402	2010 年 8~12 月	
3	琉璃建筑构件	残	5	T0404	2010 年 8~12 月	
4	琉璃建筑构件	残	2	T0408	2010 年 8~12 月	
5	琉璃建筑构件	残	4	T0502	2010 年 8~12 月	
6	琉璃建筑构件	残	1	T0505	2010 年 8~12 月	
7	琉璃建筑构件	残	2	T0506	2010 年 8~12 月	
8	琉璃建筑构件	残	3	T0602	2010 年 8~12 月	
9	琉璃建筑构件	残	1	T0609	2010 年 8~12 月	
10	琉璃建筑构件	残	3	T0702	2010 年 8~12 月	
11	琉璃建筑构件	残	2	T0703	2010 年 8~12 月	
12	琉璃建筑构件	残	1	T0705	2010 年 8~12 月	
13	琉璃建筑构件	残	1	T0706	2010 年 8~12 月	
14	琉璃建筑构件	残	3	T0707	2010 年 8~12 月	
15	琉璃建筑构件	残	4	T0708	2010 年 8~12 月	
16	琉璃建筑构件	残	2	T0709	2010 年 8~12 月	
17	琉璃建筑构件	残	4	T0802	2010 年 8~12 月	
18	琉璃建筑构件	残	3	T0803	2010 年 8~12 月	
19	琉璃建筑构件	残	20	T0805	2010 年 8~12 月	
20	琉璃建筑构件	残	4	T0806	2010 年 8~12 月	
21	琉璃建筑构件	残	6	T0808	2010 年 8~12 月	
22	琉璃建筑构件	残	4	T0903	2010 年 8~12 月	

续表

登记号	物品名称	保存情况	数量（件）	出土地点	出土日期	备注
23	琉璃建筑构件	残	1	T0905	2010 年 8~12 月	琉璃建筑构件共计 119 件
24	琉璃建筑构件	残	1	T0906	2010 年 8~12 月	
25	琉璃建筑构件	残	1	T0907	2010 年 8~12 月	
26	琉璃建筑构件	残	10	T1002	2010 年 8~12 月	
27	琉璃建筑构件	残	3	T1007	2010 年 8~12 月	
28	琉璃建筑构件	残	2	T1009	2010 年 8~12 月	
29	琉璃建筑构件	残	13	T1102	2010 年 8~12 月	
30	琉璃建筑构件	残	8	T1205	2010 年 8~12 月	
31	石构件	残	3	T0502	2010 年 8~12 月	石构件共计 11 件
32	石构件	残	1	T0602	2010 年 8~12 月	
33	石构件	残	1	T0609	2010 年 8~12 月	
34	石构件	残	1	T0702	2010 年 8~12 月	
35	石构件	残	1	T0805	2010 年 8~12 月	
36	石构件	残	1	T1006	2010 年 8~12 月	
37	石构件	残	1	T1101	2010 年 8~12 月	
38	石构件	残	1	T1105	2010 年 8~12 月	
39	石构件	残	1	采集	2010 年 8~12 月	
40	铜裙摆	残	1	T0802	2010 年 8~12 月	铜裙摆共计 1 件
41	铁钉	残	6	T1009	2010 年 8~12 月	铁钉共计 6 件
42	风铎	残	1	T1009	2010 年 8~12 月	风铎共计 1 件
43	蝴蝶榫	残	2	T1009	2010 年 8~12 月	蝴蝶榫共计 2 件
44	瓷片	残	1	T0705	2010 年 8~12 月	瓷片共计 4 件
45	瓷片	残	2	T0805	2010 年 8~12 月	
46	瓷片	残	1	T0806	2010 年 8~12 月	

通过对须弥灵境大殿遗址进行考古发掘，对清代典型的汉藏结合式建筑的形式、结构有了进一步了解，摸清了遗址的布局与结构。须弥灵境大殿遗址磉礅及其坑位明确，土衬石、陡板石、踏跺石、柱顶石等均有部分遗存，遗址格局完整清晰。大殿基础先砌砖磉礅，后砌拦土墙，再用三合土进行夯筑。发掘结果为后续的复原研究提供了重要的实物资料。考古工作结束后，为有效保护遗址，进行了回填，恢复到发掘之前的面貌。

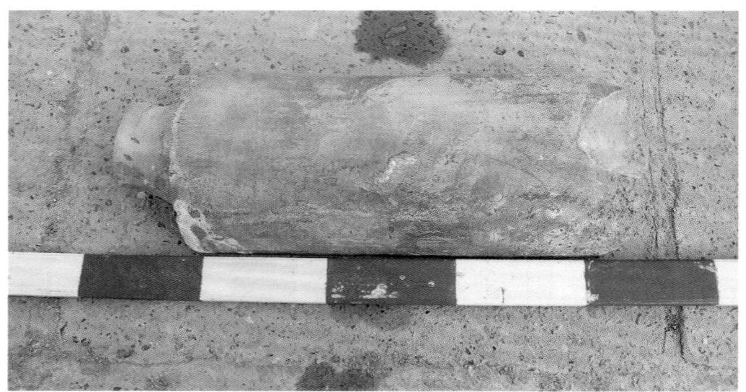

黄琉璃筒瓦

黄琉璃勾头

黄琉璃滴水

黄琉璃兽头

绿琉璃兽头

双色琉璃花脊

石须弥座

地漏石盖

抱鼓石

石柱础

第二节

须弥灵境大殿遗址施工记录

须弥灵境大殿是须弥灵境建筑群汉式建筑部分的核心，规模宏大。但据史料记载，光绪时期重修颐和园时，须弥灵境大殿未得到修复，后建筑残存构件被拆卸，遗址被掩埋。1980 年，颐和园将该区域改造为休闲广场，但由于缺少标识与介绍，使得游人对历史事实和原建筑群的整体面貌容易产生误读。通过考古调查，并查阅档案资料，本次工程坚持最小干预的原则，最大限度地恢复、保留遗址的历史信息，确保遗址的安全。本节主要叙述对须弥灵境大殿遗址上近现代增加设施的拆除过程，以及依照原规制恢复大殿建筑基础及台明部分的施工过程。

一、拆除清理

须弥灵境大殿遗址上的休闲广场修建于 1980 年，南北长 50、东西宽 70.3 米，总面积约 3500 平方米，地面以水泥方砖整体铺墁。广场中央的须弥灵境大殿建筑遗址上砌筑高 1.2 米的平台，平台四周砌筑台阶。

拆除须弥灵境大殿遗址上原有的水泥方砖

拆除中使用降尘设备

拆除水泥方砖后对土方进行苫盖

在本次大殿遗址保护施工前期，原有水泥方砖被全部拆除，为确保地下文物及建筑遗存构件的安全，拆除采用人工作业。拆除完毕后，用轻型机械运输设备将拆除物统一移至渣土堆放区域。拆除过程中有专人负责安全巡视，同时还配备相应的防扬尘设备和降尘设备，减少对周边环境和树木的污染。

水泥方砖全部拆除后，根据须弥灵境大殿遗址考古发掘报告及大殿基础平面图进行土方开挖，清理已被破坏的原有砖磉礅 54 个。磉礅平面均呈正方形，大小不等。外圈檐柱坑边长 1.8 米，内圈金柱坑边长 2.1 米。其中只有 2/F 轴磉礅未被破坏，其余均有不同程度损毁。磉礅基坑深 1~4 米，最深的达 4.5 米（4/E 轴）。

须弥灵境大殿遗址基础磉礅发掘情况表 单位：米

檐柱	长	宽	深	金柱	长	宽	深
1/G 轴	1.8	1.8	2.8	2/F 轴	2.1	2.1	0
2/G 轴	1.8	1.8	3	9/F 轴	2.1	2.1	2.67
3/G 轴	1.8	1.8	1.35	2/E 轴	2.1	2.1	2.9
4/G 轴	1.8	1.8	3	3/E 轴	2.1	2.1	3
5/G 轴	1.8	1.8	2.8	4/E 轴	2.1	2.1	4.5
6/G 轴	1.8	1.8	2.9	5/E 轴	2.1	2.1	3
7/G 轴	1.8	1.8	3	6/E 轴	2.1	2.1	2.45
8/G 轴	1.8	1.8	2.7	7/E 轴	2.1	2.1	2.45
9/G 轴	1.8	1.8	1.9	8/E 轴	2.1	2.1	3.4
10/G 轴	1.8	1.8	1.85	9/E 轴	2.1	2.1	3.3
1/F 轴	1.8	1.8	1.6	2/D 轴	2.1	2.1	2.26
1/E 轴	1.8	1.8	3.7	3/D 轴	2.1	2.1	2.4
1/D 轴	1.8	1.8	0.95	8/D 轴	2.1	2.1	3.25
1/C 轴	1.8	1.8	0.95	9/D 轴	2.1	2.1	3.4
1/B 轴	1.8	1.8	3.7	2/C 轴	2.1	2.1	2.9
10/F 轴	1.8	1.8	2.5	3/C 轴	2.1	2.1	2.7
10/E 轴	1.8	1.8	2.5	4/C 轴	2.1	2.1	2.5
10/D 轴	1.8	1.8	2	5/C 轴	2.1	2.1	2.7
10/C 轴	1.8	1.8	3.1	6/C 轴	2.1	2.1	3.9
10/B 轴	1.8	1.8	3.7	7/C 轴	2.1	2.1	1.75
1/A 轴	1.8	1.8	3.98	8/C 轴	2.1	2.1	2
2/A 轴	1.8	1.8	2.55	9/C 轴	2.1	2.1	3.8
3/A 轴	1.8	1.8	2.65	2/B 轴	2.1	2.1	2.4
4/A 轴	1.8	1.8	2.65	9/B 轴	2.1	2.1	3.4
5/A 轴	1.8	1.8	3.8				
6/A 轴	1.8	1.8	3.6				
7/A 轴	1.8	1.8	2.9				
8/A 轴	1.8	1.8	3.9				
9/A 轴	1.8	1.8	1.85				
10/A 轴	1.8	1.8	3				

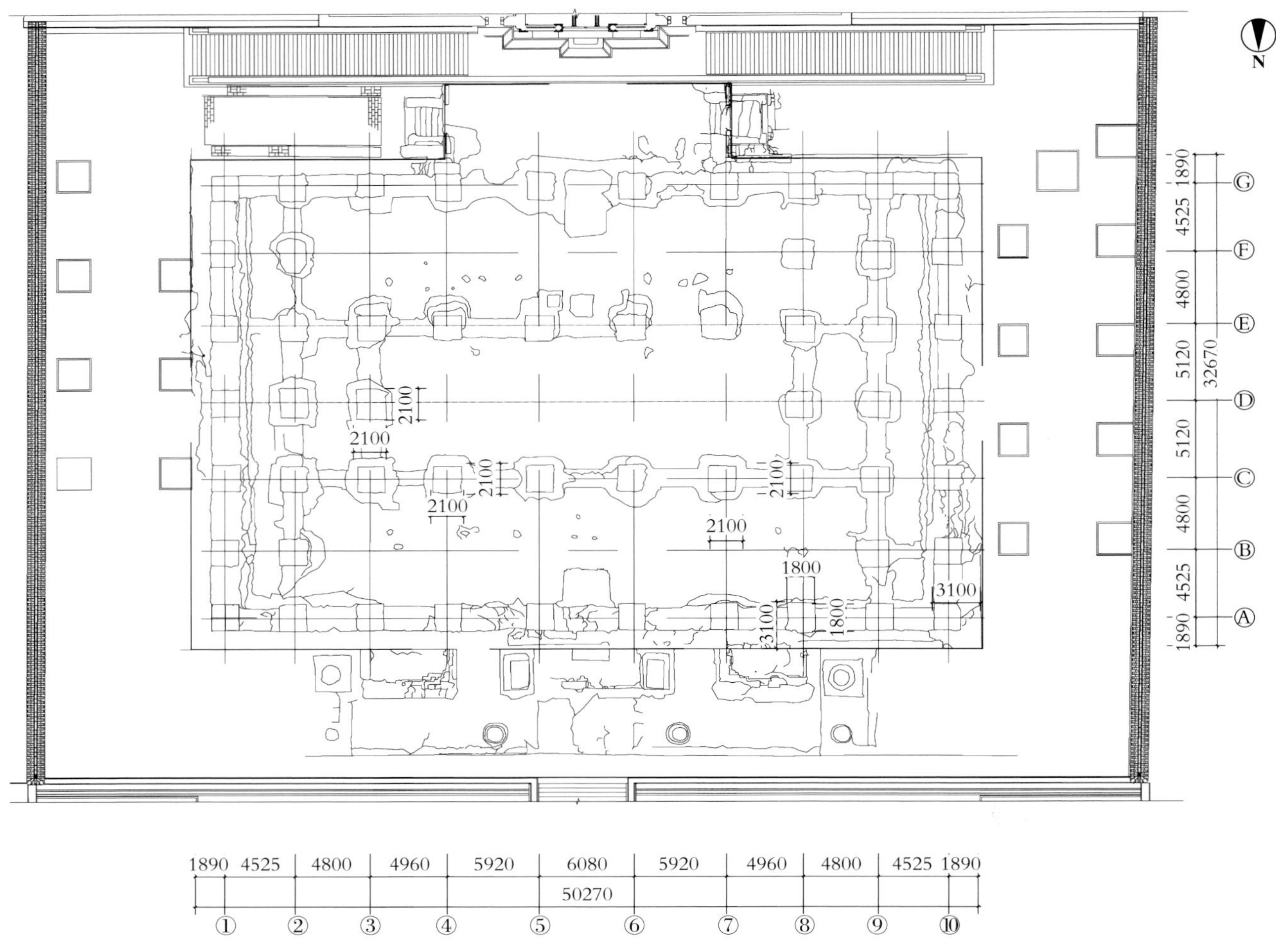

2010 年 11 月须弥灵境大殿遗址考古发掘平面图

根据遗址考古发掘报告放线确认磉墩位置

4/E 轴磉墩

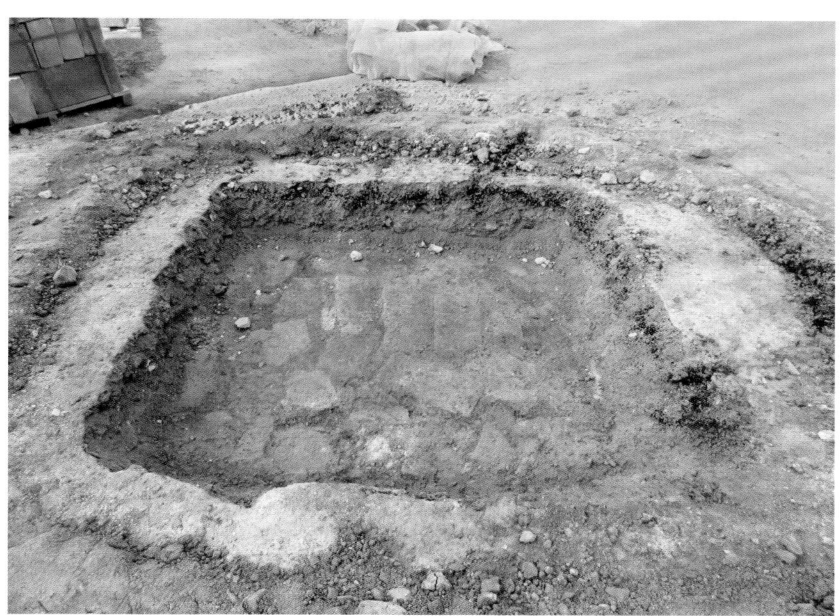
2/F 轴磉墩

清理基坑时检查槽边尺寸，确定槽宽标准，以此修整槽边，最后清理槽底土方，槽底修理铲平后进行质量检查验收。在施工过程中，使用水准仪和经纬仪不断对大殿建筑基础尺寸进行测量和复核，保证各部位标高和轴线尺寸准确。开挖的土方现场存留，过筛后用于回填。因施工时正值雨季，在对建筑基坑进行清理后立即采取防护措施，防止浸雨。

根据开挖清理原有基坑，发现磉墩坑内填土为黄褐色土，土质较松，内含有碎石块、青砖残块、白灰渣等杂物。砖磉墩的基底层为青砖所砌，砌法为二横一顺错缝。

开挖过程中现场技术人员随时观察周边结构的变化，发现问题及时采取措施。坡顶上面严禁大量堆载重物，避免产生安全隐患。

基坑防护保障措施

开挖清理原有基坑

参建单位查看基坑情况

二、建筑基础

（一）砖磉墩与拦土墙的砌筑

磉墩是柱础之下的承重构件，位于柱顶石之下，呈方形，边长略大于柱顶石。按照建筑结构和形制，

金柱下的叫“金磉礅”，檐柱下的则为“檐磉礅”。若 2 个或 4 个磉礅相距较近（如金柱和檐柱下的磉礅），通常将它们连成一体，称为“连二磉礅”或“连四磉礅”。连接磉礅之间的墙体叫作拦土墙。磉礅和拦土墙均为独立的砌体，且拦土墙砌筑需在码磉礅之后进行，两者之间以通缝衔接。

依据设计方案，本次将须弥灵境大殿的54个磉礅按照古建筑修缮的传统工艺和材料恢复为大城样糙砌，其中金磉礅 24 个、檐磉礅 30 个。磉礅砌筑工艺流程为：弹线、样活 → 拴线 → 砌砖 → 灌浆 → 勾缝 → 清扫墙面。

弹线、样活：砌筑前在基底用墨线弹出磉礅墙体轴线和边线，按照原有磉礅底层砖（大城样，砖长 0.46、宽 0.24、厚 0.12 米）组砌形式进行撂底试摆，且过程中每层砖需错位砌筑，不得出现通缝。

拴线：依据墙体边线，在所砌筑墙体两端各拴一道拽线，两拽线间拴一道卧线，拴好后进行复核。摆砌前用麻刀灰将基底不平处垫抹平整。

砌砖：灰砌做法，使用素白灰，满铺灰浆砌筑，灰缝尽可能薄，砌筑时注意灰浆务求饱满；磉礅砌筑高度严格按照标高复核，必要时采用垫瓦片或打薄砖等做法找齐，坚决不允许使用加大灰缝厚度的方法进行调整。

灌浆：灰砌法，在砌筑时灌浆加固，灌浆前需对灰缝进行检查，避免灌浆时发生遗漏，若有漏浆处立即续灰堵缝，根据设计要求采用白灰浆分层分次灌注，且先稀后稠；石灰采用生石块灰，不宜使用树石灰或袋装石灰粉，灌浆时采用白灰浆。

砌筑磉礅

磉礅灌浆

表面清扫

相邻砖砌磉礅之间由拦土墙连接，根据残存的拦土墙可见砌体宽度约 1.2~1.5 米。拦土墙为毛石砌筑，使用掺灰泥，拦土墙两端与砖磉礅接洽处做通缝。砌筑过程不同于砖砌法，毛石墙砌筑要点主要是搭、压、拉、槎、垫五个方面。即砌体里、外、上、下都能错缝搭接；砌好的石块要稳，承受得住上层的压力，上层的石块要摆稳，用自重来增加下层石块的稳定性；为了提高墙体的整体性和稳定性，砌筑时根据墙体规格在适当位置加砌一块拉结石，拉结石的长度应为墙厚的$\frac{2}{3}$，当墙厚小于 0.4 米时，可使用长度与墙厚相同的拉结石；每砌一层毛石，都要给上一层毛石留出槎口，使上、下层石料咬槎密实、稳固；最后由于毛石本身形状不规则，造成灰缝的厚薄不同，砂浆过厚，砌体易发生压缩变形，砂浆过薄或石块之间直接接触，容易应力集中，影响砌体的强度，因此灰缝过厚处要适当用石片被撒，石片要垫在里口，上下都要填掺灰泥。

砌筑拦土墙

（二）灰土回填

根据工程前期考古发掘成果，本次须弥灵境遗址清挖时，保留了广场西北侧保存较好的清漪园时期地面砖，大殿遗址南侧月台残留的陡板石、土衬石以及大殿遗址北侧台阶处残存的基础砖和垫层，以尽可能地保留文物建筑原有构件及信息。同时对发掘时发现的破损、风化较为严重或自身强度无法满足此次遗址保护施工使用需求的石质构件进行统一收存，以便后续以展陈的方式呈现给观众。

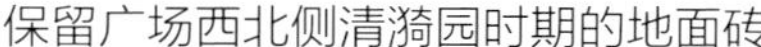

保留广场西北侧清漪园时期的地面砖

须弥灵境大殿遗址南侧月台残留的陡板石、土衬石

此外，在砖磉礅和毛石拦土墙砌筑完成后，对大殿基础进行灰土回填，回填土为原有土料（黄土）和白灰。

在施工前，按设计要求进行基底处理，同时隐蔽工程达到验收标准，做好控制地面、标高水平放线，根据须弥灵境大殿遗址发掘成果展现出的台基大小、磉坑和磉礅位置，残存的土衬石、陡板石尺寸及位置，以及广场地面清挖的灰土层遗存，来确定大殿台基总尺寸。由于须弥灵境大殿与整个建筑群北部的慈福牌楼和苏州街景区中部的三孔桥，以及须弥灵境建筑群南侧的四大部洲建筑群均在同一轴线上，故在复核和确认须弥灵境大殿遗址中线时可根据香岩宗印之阁和山门殿与底部的梯形台阶的中线位置，结合北侧三孔桥和慈福牌楼的中线进行放线测量，随后根据大殿磉礅的大小与柱顶石的尺寸最终确定各轴线开间尺寸、位置及柱顶石的标高等。

对须弥灵境大殿遗址中线进行测量复尺

柱顶石标高测量

轴线测量复尺

灰土回填施工程序为：拍底→灰土搅拌→虚填第一层灰土 30 厘米→夯实→取样→虚铺第二层灰土 30 厘米→夯实→取样→虚铺第三层灰土 30 厘米→夯实→取样，重复步骤至恢复原地面厚度。

回填前，将基槽内的杂物清理干净，除去表面松散、软弱的土层，并且确保无积水。回填的素土须过筛，土料使用孔径 16~20 毫米的筛子过筛，块灰使用孔径 6~10 毫米的筛子过筛。此次工程设计方案要求三七灰土的压实系数为 0.9~0.93。施工时控制土料的含水率，通常的检验方法为用手将灰土紧握成团，两指

轻捏即碎为宜。第一步拍底完成后方可虚铺第一层灰土，灰土应找平后方可进行夯实。灰土分层铺摊，使用蛙式打夯机作为夯具铺设时，每层的虚铺厚度为20~30厘米；使用其他人工夯具铺设时，每层的虚铺厚度为20~25厘米。各层虚铺厚度都要打平，并用尺和标准杆检查。每层夯实后及时取样试验，合格后方可进行下层填土。回填土每层至少夯打三遍，一夯压半夯，夯夯相连，行行相连，纵横交叉。夯实最后一遍前，以水平桩为准找平，并洒适量清水，1小时后方可夯实出亮。灰土垫层采用分段施工时，预先确定接槎留置，上、下两层灰土的接槎距离不小于50厘米，相邻地段的灰土垫层厚度不一致时，采用不同的厚度，并做成阶梯形。在灰土垫层最上层施工完成后，应拉线检查平整度。高出部分用铁锹铲平，低的部分补打灰土，最后进行隐蔽工程验收。需要注意的是灰土施工时应连续进行，尽快完成，防止雨雪流入施工面，致使基土遭到破坏。

三、台基与柱顶石的施工

灰土回填夯实完成后就可以进行台明部分石构件的置安了，须弥灵境大殿的台基形式为全部以石材砌筑的直方形普通台基，其陡板石、埋头石、阶条石均使用按照原有建筑遗存构件材质和设计规范要求选用的青白石。青白石具有汉白玉般细腻的质感，同时具备质地硬实、不易风化的特点，大多使用在宫殿建筑及做法讲究的大式建筑台基石活等处。此次工程所用的石料产自北京市房山区。

（一）土衬石的安装

台明之下，先用一层条石衬平，其上皮比地坪高出3.2~6.4厘米，称之为土衬石。土衬石的外檐比台基宽6.4厘米，叫作金边。砌筑台明是在打好灰土之后，其中最先安装的就是土衬石，土衬石是建筑台明与“埋身”的分界，即台基石活的首层。土衬石安装时首先将基础垫层清挖干净，对原有遗存的部分土衬石，根据其残损断裂的程度以及强度检测分析结果，满足使用需求的继续使用，其余部分按原形式进行添配。完成基底清理、抄平后，分别在建筑面阔和进深方向放线，将土衬石依次码放到位，构件底部以毛石做背撒，后做灌浆。在此次工程安装过程中，由于遗址发掘时建筑南侧月台与前檐均有部分土衬石残存，在对两处残存构件进行测量后，发现两处分别位于建筑南、北两侧的土衬石，其水平高度相差18厘米。考虑到其与广场整体排水走向有关，工程各参建单位及时进行现场测量与复核，调整原有土衬石的设计安装方案。土衬石安装过程中，在建筑进深方向，抄好三个过渡点位并在其间挂上线，让土衬石在安装过程中逐步自南向北进行高差过渡。

土衬石置安

须弥灵境大殿西侧土衬石安装完成

（二）陡板石与埋头石的安装

陡板石与埋头石均位于土衬石之上，是建筑台明石活的第二层，本次须弥灵境大殿遗址保护施工中，除建筑南侧月台处部分风化较严重但保存相对完整的陡板石构件继续使用外，其余构件均为新添配，添配石料规格参照原有构件和设计规范，厚度为 27 厘米。陡板石与垫底土衬石之间落槽连接，安装时将陡板石轻放于槽内，不得绊动土衬石，陡板石与拦土墙、磉礅之间的空隙，同样采用大城样砖用灰砌法施工，砌筑高度与陡板上坎齐平，谓之金刚墙。金刚墙的砌筑与陡板石安装同时进行，陡板石安装按墙面顶线顺直，将构件排列妥当，确定石块规格，再做接头打拼缝。打接好排缝后，即可稳装。稳装之前，要确认基础稳定无误。工程采用轻型机械与人工结合方式吊装陡板石，待稳到位时，石料下方垫方木，防止石料滑倒或受损。稳妥后，将陡板石与土衬石之间的间隙用锅铁背实。陡板石在建筑四个角合拢时放置埋头石，须弥灵境大殿埋头石为宽厚尺寸相等的如意埋头。陡板石与金刚墙背里之间灌白灰浆，分三次灌注，后两次均在前次灰浆凝固之后再进行，确保灌浆饱满、密实。

金刚墙砌筑

陡板石安装

陡板石安装过程测量放线

陡板石与土衬石之间用锅铁背实

须弥灵境大殿西侧陡板石安装

埋头石安装

（三）柱顶石的安装

须弥灵境大殿柱顶石的样式与该建筑群二层平台宝华楼、法藏楼现存的柱顶石样式一致，均带有“巴达马”（莲瓣）雕刻纹饰，但其规格相对较大，建筑四周檐柱柱顶尺寸为边长 1.27、厚 0.65 米。而金柱柱顶尺寸则达到边长 1.65、厚 0.8 米，单体重达 4.5 吨。本次大殿保护施工共涉及添配金柱柱顶石 24 个、檐柱柱顶石 30 个，均根据现场遗存的残缺柱顶石构件加工制作，确保石料加工后无缺棱掉角，表面洁净，无残留污物，表面“剔凿花活”纹饰清晰，比例得当。

柱顶石顶面称为“鼓镜顶”，鼓镜下的棱角面称为“柱顶盘”，在安装时鼓镜高于建筑室内地坪面，柱顶盘与室内地坪齐平。柱顶石的高低以台基的平水为准进行安装，因此柱顶盘上的棱就是平水的定标点。柱顶石的找中需在前期测量、复核的基础上，进行纵横拴线拉通，确认标点。当拴好十字线后，四角铺毛石垫底，安装柱顶石，依十字线校正柱顶石的水平方位，依水平垫高或降低柱顶石的标高。当柱顶石的方位和标高调整好后，在柱顶石底部用规格略小的毛石塞紧，并用白灰浆灌满基底。

对柱顶石选材、加工工艺、水准等进行确定

对最终进场石料进行复核

须弥灵境大殿遗址柱顶石安装

柱顶石底面用规格略小的毛石塞紧

底部灌浆前周围用砖砌池确保灌浆饱满

底部灌浆

灌浆完成

（四）阶条石的安装

阶条石与陡板石都是建筑台基部分的面层，又称阶沿石或压面石。根据其在建筑台帮不同的位置，叫法也略有不同。比如位于建筑明间正中部位的阶条石通常称为“坐中落心石”，而位于台帮转角部位时则称

前、后檐明间阶条石重达 7.3 吨

阶条石安装

阶条石与陡板石安装完成

阶条石底部同样用毛石垫底灌浆

为“好头石”。阶条石的加工需表面平整、规矩，看面斧剁纹理直顺且均匀一致。阶条石安装前需在埋头石、陡板石和背里金刚墙之间和顶部进行灌浆，随后同置安柱顶石一样，将安装部位用毛石垫底，采用机械将石料吊装到位，人工逐步找平。安装顺序为好头石→坐中落心石→两山条石，最后再顺序码放前、后檐阶条。须弥灵境大殿前、后檐的明间阶条石尺寸达到了长 6.12、宽 1.42、厚 0.3 米，重量更是达到了 7.3 吨，石料运输及安装过程极为不易。

（五）台阶部位的石材安装

须弥灵境大殿遗址北侧台阶仅存少量基础砖，垫层基本完好。保护修复方案为恢复建筑北侧垂带、踏跺、燕窝石、象眼石，添配南侧月台东、西两侧垂带 4 块、西侧象眼石 2 块及两侧踏跺。现存构件修补后归安原位使用。

须弥灵境大殿遗址台阶的砖砌基础

石构件安置前，先恢复台阶垫层的衬砖及台阶的砖砌基础。砌筑前将基础底面清扫干净，洒水湿润。砖料在使用前一天浇水湿润，以水浸入砖四边 1.5 厘米为佳，砖料含水率应为 10% ~15%。砌筑前首先进行排砖撂底，根据设计要求按满丁满条撂底。立卧缝控制在 1 厘米左右，灰浆饱满，并做砂浆试块，强度符合设计要求。

垂带踏跺的安装在砖砌基础和阶条石置安完成后进行，其顺序为：安装燕窝石、平头土衬石→安装象眼石→安装垂带→安装踏跺。

施工做法如下：

① 根据原有大殿北侧踏跺的遗留痕迹与重新测量的轴线进行复核，确定踏跺位置。

② 根据台基中线，定出台阶分位。

③ 根据踏跺的高度及层数，在台基上弹出每层的高度线。

④ 根据踏跺的“站脚”宽度，在地面上弹出每层台阶的墨线。

⑤ 根据分好的位置，在踏跺两旁立水平控制桩，将燕窝石的水平控制位置标注在水平控制桩上，并以此为标准拉一道平线。根据平线和地上弹出的墨线标出的位置稳垫燕窝石，按照土衬石和燕窝石的高度，稳垫平头土衬石。燕窝石和平头土衬石要与台基土衬石齐平，其本身的外露金边棱要平行于阶条石的边棱。

⑥ 在燕窝石、平头土衬石和台明之间用砖砌实，并灌足灰浆。

⑦ 在垂带象眼处安装象眼石，象眼石背后也要灌足灰浆，之后稳安垂带。

⑧ 安装踏跺。首先要放线，以门口中心线作为台阶放线的标准，上平按室内地坪，下平按室外地坪；在上下平之间的垂直高度上分出每层阶石的高度，先定出第一步阶石的标准位置，标立水平桩，找出根据石，稳好第一步，阶石底层可不打大底，四角垫平。经检查无误后，再于四角充垫四码山，但前后不能出现露头，空隙地方用砖头或石砟填塞，留出浆口。第一步稳好灌浆后再装第二步。第二步安装时稳抬稳放，不得振动之前装好的阶石，可垫软垫保护石构件的棱角；自第二阶以上，每阶须加大底，逐级做好接头，顶层要打好拼缝。之后进行灌浆，先用稀浆灌入，待空隙全部润湿后再用稠浆继续灌。此外，台阶与台帮安装时要预留泛水，泛水坡度不少于石料宽度的 1%。

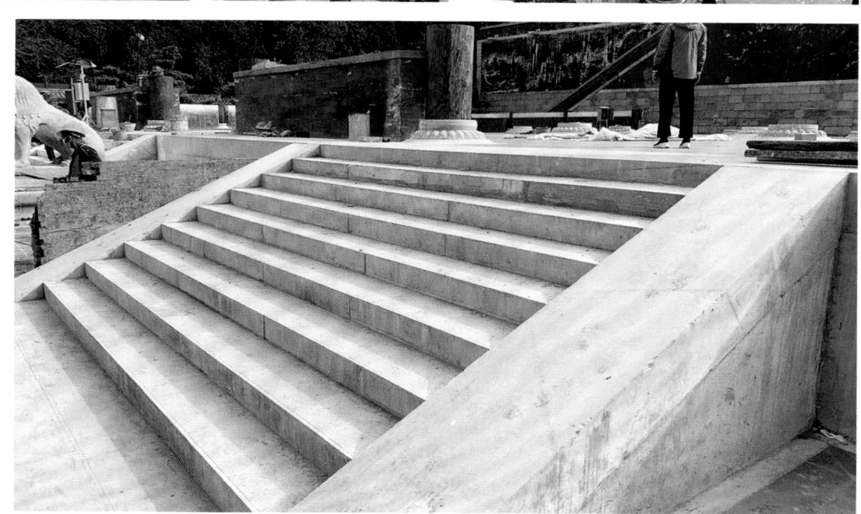

❶❷ 台阶石活安装
❸ 台阶石活安装完成

四、立檐柱与墙体砌筑

须弥灵境大殿遗址修复到台明，修复大城样干摆三顺一丁山墙、后檐墙、槛墙，砌筑高度为1.08米，槛墙上置木榻板，山墙及后檐墙上置腰线石，墙体转角处竖立角柱石。此外，除建筑明间后檐两根檐柱未添配外，其余共添配檐柱28根，柱高1.2、柱径0.6米。

（一）墙体砌筑施工做法

① 弹线、样活：先将基层（即大殿台明）清扫干净，然后用墨线弹出墙的厚度、长度、位置、形状等。根据原墙形式，按照砖缝的排列形式进行试摆样活。

② 拴线、衬脚：在两端角柱石附近拴两道拽线。拽线之间要拴两道横线，下面的拴卧线，上面的拴罩线。砌第一层砖之前要先检查基层是否凹凸不平，如有偏差，用麻刀灰衬脚。

③ 摆第一层砖、打占尺：在抹好衬脚的土衬石上进行摆砌，砖的后口要用石片背撒，背撒时应注意石片不要长出砖外，即不应有“露头撒”；砖的接缝即“顶头缝”处一定要背好，一定要有“别头撒”；不能用“落落撒”。

④ 背里：摆完外皮干摆，里皮要用糙砖和灰浆砌筑。背里应注意尽量与干摆砖的高度保持一致，如因砖的规格和砌筑方法不同而不能做到每一层都保持一致，也应在3~5层时与外皮砖找平一次；背里砖与干摆砖不宜紧挨，要留出适当的浆口，浆口的宽度应为1~2厘米。

⑤ 灌浆、抹线：灌浆用生石灰浆。分三次灌，第一次和第三次应较稀，第二次稍稠。灌浆之前可对墙面进行必要的打点，以防浆液外溢，弄脏墙面。第一次灌浆时一般只灌半口浆，即1/3；第三次在前两次灌浆的基础上弥补不足的地方。灌浆时应注意既不要有空虚之处，又不要过量，否则会把砖撑开。点完落窝后要用刮灰板将浮在砖上的灰浆刮去，然后用麻刀灰将灌过浆的地方抹住、锁口，这样可以防止上层灌浆往

下串而撑开墙面。

⑥ 刹趟：在第一层灌浆后，要用“磨头”将砖的上棱高出的部分磨去。刹趟是为了砌上一层砖时能严丝合缝，同时注意不要刹成局部低洼。

⑦ 逐层摆砌：以后每层除了不打占尺外，砌法都按上述要求做。此外，还应注意摆砌时应做到“上跟线、下跟棱”，即砖的上棱以卧线为准，下棱以低层砖的上棱为准；摆砌时，砍磨较好的棱应朝下；摆砖时如发现明显缺陷，应重新砍磨加工；露明部分的四个角若不在同一平面上，允许将一个角凸出墙外，但不得凹入墙内，否则将不易修理；干摆墙要“一层一灌，三层一锁，五层一墩”。

⑧ 打点修理：干摆砌完后要进行修理，其中包括墁干活、打点、墁水活和冲水。墁干活，用磨头将砖与砖接缝处高出的部分磨平；打点，用砖面灰（砖药）将砖的残缺部分和砖上的砂眼填平；墁水活，用磨头蘸水将打点过的地方和墁过干活的地方磨平，再蘸水把整个墙面揉磨一遍，使其色泽和质感一致；冲水，用清水和软毛刷将整个墙面清扫、冲洗干净，显出“真砖实缝”。冲水应安排在墙体全部完成后、拆脚手架之前进行，以免因施工弄脏墙面。

（二）砌筑墙体的质量要求

砖的品种、规格、质量及所用灰浆的品种、配比等必须符合设计要求；墙面无蜂窝麻面，墙面平整度误差不大于 2 毫米，整体颜色基本一致，干净美观。

须弥灵境大殿遗址大城样干摆三顺一丁山墙、后檐墙及槛墙修复与展示

五、地面铺装

（一）建筑室内地面

须弥灵境大殿遗址保护设计方案中，室内地面原为尺七方砖细墁。然而施工中考虑到此处地面虽属室内，但大殿并未按原形制恢复，仅将遗址进行保护展示，恢复建筑基础、台明以及部分墙体，上无遮挡，与室外或广场性质相同。为减小后期室内地面受冻胀等自然因素影响，经各方协商，将细墁地面的砖缝进行调整，不按细墁做法磨砖对缝，而是在砖与砖之间留出4毫米的伸缩缝，防止砖料受气温影响而崩坏。同时在地面中心起60毫米的拱（明间4块金柱顶也随地面起拱，其余柱顶石跟线），使得雨水可以顺利从四周墙体上预留的排水口排出。地面铺装前将旧垫层进行清理，重做灰土垫层，墁大城样衬砖，垫层及衬砖铺设工艺，自上至下为：50毫米素灰→大城样糙墁衬砖→50毫米素灰→150毫米厚三七灰土垫层（两步）→素土夯实，并添配恢复大殿明间前、后檐内侧分心石。

添配恢复须弥灵境大殿明间前、后檐内侧分心石

须弥灵境大殿室内地面衬砖铺墁

为避免冻胀导致的砖料挤压，须弥灵境大殿室内地面衬砖之上采用方砖铺墁

1. 墁地工艺流程

垫层处理→抄平、弹线→冲趟→样趟→揭趟、浇浆→上缝→铲齿缝→刹趟→打点→墁水活→钻生。

2. 墁地操作方法

首先进行垫层处理，挂通线检查已铺墁好的衬砖的平整度。之后抄平、弹线，即按设计标高抄平，室内地面在各面墙上弹出墨线。

须弥灵境大殿遗址室内地面完工效果

铺墁时，首先在室内在两端拴好拽线并各墁一趟砖，正中再冲趟一道。在两道拽线之间拴一道卧线，以卧线为准，铺掺灰泥墁砖。铺墁时要求掺灰泥的厚度不低于 40 毫米。样趟时确保砖与泥接触严实，砖缝均匀。墁砖前浇洒白灰浆，墁砖过程中叫平叫实，砖棱跟线。铺墁完成后及时打点地面，并沾水揉磨。地面完全干透后钻生、呛生。

（二）广场地面

须弥灵境大殿周边广场地面东北侧保留有清漪园时期残存的大城样糙墁地砖，用于展示。其余广场地面均添配大城样砖进行整体铺墁，并重做灰土垫层，铺墁大城样衬砖。广场地面砖由于新旧砖料的交接处存在高差，因此在实际施工中，新砖料根据原有地面砖厚度砍制。墁砖后仔细打磨，使其与原有地面砖保持顺平，过渡自然，保证了广场地面的完整性和视觉和谐，同时也可充分体现原有地砖的历史价值。广场地面砖铺墁时均向北侧排水暗沟处重找泛水。

须弥灵境大殿周边广场地面铺墁

须弥灵境大殿遗址保护展示工程施工中

须弥灵境大殿遗址保护展示工程竣工后

第七章

配楼修复、牌楼修缮及周边环境整治

第一节

宝华楼、法藏楼修缮与复原施工

宝华楼、法藏楼的修缮与复原充分利用原有台基基础，保留原有磉礅、拦土格局，严格按照施工图纸，依照台明、大木构架、屋面、墙体、油饰彩画的顺序，逐一完成。

在修缮、复原过程中，确立如下原则：一是充分分析遗址考古成果、现场遗存建筑构件特征、原有做法等，厘清可继续利用的部分，最大限度保留遗存构件原物、原状、原貌，避免对遗存造成二次伤害；二是在确保遗存构件使用安全的前提下，尽可能减小原有构件的更换率，除部分构件因残缺不全或损坏严重无法继续使用需按原样复制添配外，尽量原位利用原构件；三是施工采用传统做法，结合周边环境的实际情况，适当调整施工工序，从材料到工艺，最大限度复原宝华楼、法藏楼的外观和风貌。

一、遗址清理

首先拆除 1980 年分别在宝华楼、法藏楼台明遗址上加盖的单层五开间餐厅和卫生间。拆除前对可能为清乾隆至光绪时期的建筑遗存、建筑构件进行分辨、确认，避免盲目地全部拆除。通过查阅档案资料和现场的二次详勘，确认宝华楼、法藏楼的部分柱顶石被借用、改用，压于后建餐厅、卫生间山墙、檐墙下，且在距餐厅、卫生间后檐墙不足 40 厘米的位置，保留有宝华楼、法藏楼的后檐墙遗存。通过残存墙体上干摆、丝缝、糙砌三种不同的砌筑方式，分析其为后檐墙不同历史时期的修整痕迹。通过比对砌法及砖体保存状况，推测腰线石以下部分墙体和石构件为清乾隆至光绪时期遗存。

在保护现存建筑遗址结构、外观及遗存构件的原则下，对拆除完成的基址进行清理，对残存构件进行

宝华楼遗址上后盖的餐厅

法藏楼遗址上后盖的卫生间

统计、分析，发现宝华楼、法藏楼遗存主要包括后檐墙下碱、柱顶石、台明石、陡板石、垂带踏跺石、局部室内地面等。其中宝华楼磉墩及拦土未被破坏、外观完整；法藏楼磉墩基本完好，前檐磉墩为连二磉墩，未发现进深方向拦土，由于法藏楼基础上后期加盖的卫生间设置下水管道，造成基础部分垫层受损。

在遗址清理过程中，发现了不同时期的瓦件残片、陶制摆件等，其中在宝华楼基址清理中发现了一枚“嘉庆通宝”铜钱，同时还发现了未被记载的、使用功能未被证实的疑似烟道的痕迹。

经历不同时期整修的后檐墙遗存

残存柱顶石、后檐墙局部

后檐墙拆除

宝华楼基础内发现的陶烛台等遗物

“嘉庆通宝”铜钱

疑似烟道痕迹

二、尺寸复核

由于进行勘察设计时，后盖餐厅、卫生间尚未拆除，为了避免测绘误差影响，在宝华楼和法藏楼台基遗址清理完成后，首先对两座配楼的柱径、面阔、进深、上下出、山出等关键尺寸进行复核，进而系统核实大木构件尺寸、步架、举架以及其他相关数据，为施工工作的全面展开奠定了坚实的基础。

复核柱顶石尺寸

测量新发现的地面砖

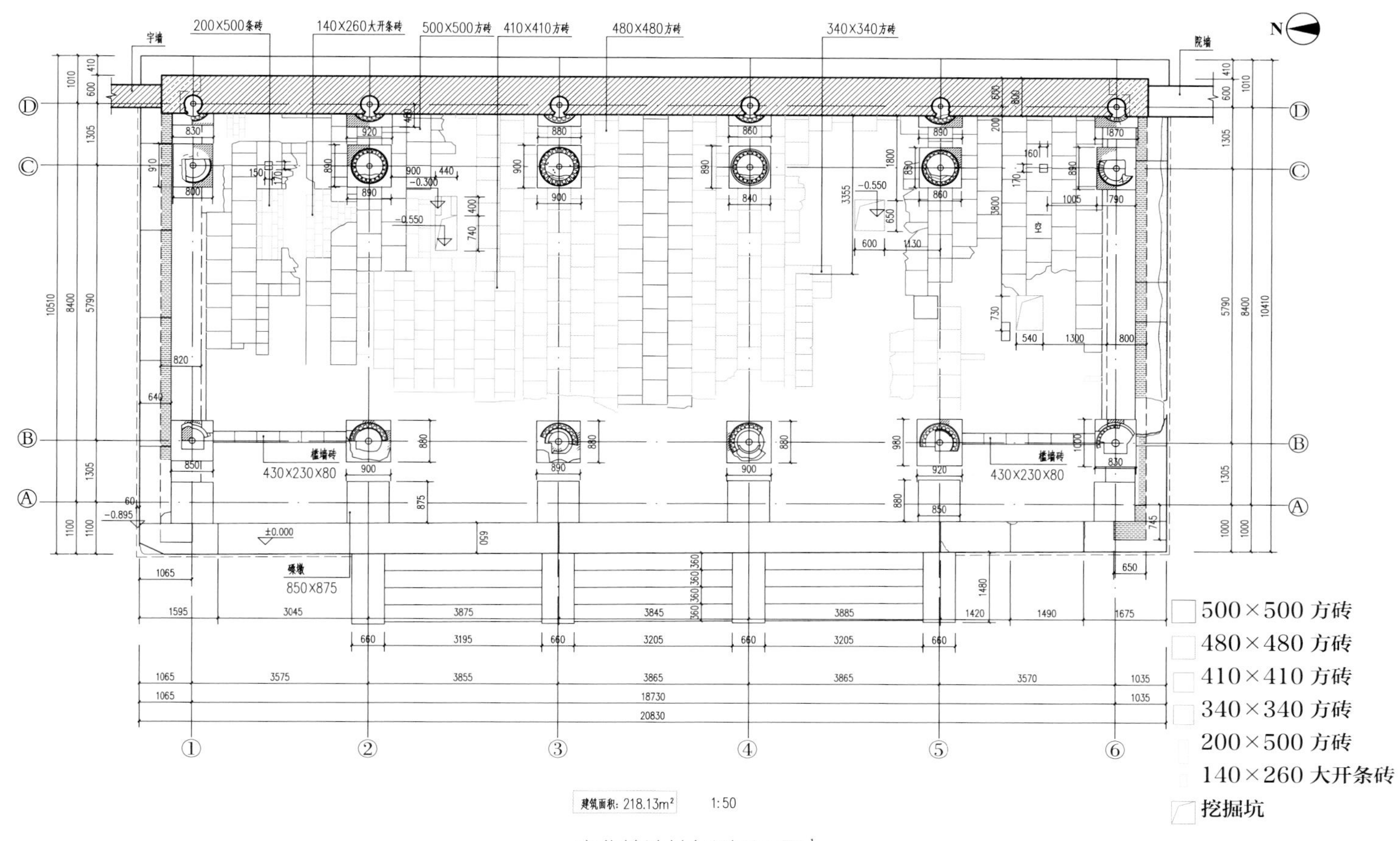

宝华楼遗址复测平面图[1]

三、保护性修缮与复原施工

（一）台基

鉴于宝华楼遗址基础保存完整，状况较好，按照设计要求，在基础上直接进行大木立架。由于法藏楼基础垫层局部被损坏，故对破坏部分以三七灰土分三次夯筑填平，夯实后平均厚度约 45 厘米。在满足荷载要求后，再进行大木立架。

对于台基上遗存的石构件，根据现状，在保护利用的基础上，采取有针对性的修缮措施。对于阶条石、陡板石、垂带、踏跺、如意石等石构件出现歪闪的情况，采取归安现存台明石、陡板石、垂带踏跺石、如意石等石活的方法；对于局部损坏仍能继续使用的石构件，采用同材质、同颜色的石材、石渣，通过黏结剂修补；对于残损严重、缺失的石构件，按原形制、原材料予以添配。

1 北京国文琰园林古建筑工程有限公司提供。

法藏楼灰土回填

夯实后的法藏楼基础

经统计，此次修缮过程中，宝华楼陡板石北山面更换 1 块，如意石添配 3 块，前檐檐柱的柱顶石及金柱柱顶石各添配 4 个，其余遗存柱顶石修补归安；法藏楼台明石北山面更换 1 块、前檐更换 3 块，陡板石北山面更换 1 块，前檐檐柱的柱顶石及金柱柱顶石各添配 5 个，其余遗存柱顶石修补归安。对于修补或添配的石构件，强调雕刻手法及工艺水平，尤其是柱顶石的雕刻，要求体现乾隆时期石质构件的纹饰特征。须弥灵境的柱顶石是典型的官式建筑柱顶石花饰做法，是目前在颐和园中发现的唯一一款外方内圆的覆莲纹柱顶石，与颐和园内多数无鼓钉、无花纹的柱顶石相比，纹饰要繁复得多，反映了乾隆时期石构件制作加工及纹饰雕刻的特点。施工中在满足承托柱上荷载的前提下，尽最大可能利用原有柱顶石，不能继续使用的柱顶石则收入库房留存，以便更好地保护这些珍贵的石质文物。

添配青白石阶条石

踏跺归安

修补柱顶石

添配柱顶石

另外，拆除施工时发现，法藏楼一层明间、次间均有槛垫石，经核实确定不是后建卫生间时添配的，而是法藏楼原物。因此按照法藏楼槛垫石青白石材质及形制添配了宝华楼明间、次间槛垫石。法藏楼槛垫石归安。

法藏楼槛垫石归安

添配宝华楼槛垫石

（二）大木构架、屋面木基层

按照传统做法恢复配楼二层楼前廊歇山形式大木构架。

在选材与加工方面，承重木构件采用东北落叶松，严格按照图纸的规格尺寸制作，达到平整顺直的要求。严控新制木构件含水率，在使用前必须满足设计图纸上含水率小于20%的要求。由于施工场地较为有限，且须达到环保要求，木构件均在河北省木材加工厂统一制作。为了确保大木构件的施工质量并全面记录构件加工过程，建设方、设计方、施工方、监理方尽最大可能共同参与木构件的选材及制作过程，使木构件在符合施工图纸和构件制作要求的同时，传承并突出颐和园传统木构件的细节特点。

在大木构架安装方面，由于二层楼式古建筑较为常见，结构上多采用檐柱和金柱通柱形式，立架过程已基本程序化。但是在宝华楼、法藏楼的大木立架过程中遇到了一定的困难。宝华楼、法藏楼的檐柱、金柱、承重梁等大型木构件长度近 8 米或超过 8 米，重量大，但现有场地狭小，无法使用起重机械，所有木构件的吊装全部使用人力和倒链。且因周边古树枝杈较大，部分进入大木立架区域，为避免古树受到施工影响，采用了不同于常规的大木立架顺序，即采取由北至南一缝一缝的安装方式，先把每缝进深方向的四根柱子和承重梁、穿插枋组装好，临时稳固好，之后再顺次安装面阔方向的间枋、额枋等。完成相应的大木构架安装后，及时使用直径为 10 厘米左右的杉木，钉成龙门戗、迎门戗，稳固大木构架，避免发生变形。

木基层望板采用宽 15~25、厚 2.5 厘米的红松木板，以柳叶斜缝形式铺钉，并进行防腐处理。

在大木构架及木基层安装完成后，为了避免裸蛛甲等害虫对木构件的啃食，邀请专业队伍根据木构件树种、材质等诸多因素，配置符合环保要求的、安全的专用害虫消杀液，对宝华楼、法藏楼的所有木构件（大木构件、木基层、斗拱、山花板、博缝板等）进行消杀，避免啃食木材的害虫二次滋生。

木材厂选材

斗拱制作

立大木

大木构架安装

大木构架打戗加固

大木构架安装完成后开始钉椽

钉椽完成

望板铺钉完成

（三）瓦瓦

按照传统做法，恢复泥背、青灰背、六样黄琉璃绿剪边琉璃瓦屋面。由于宝华楼、法藏楼的泥背苫抹完成时已进入 11 月，如果此时进行两层青灰背的苫抹，存在青灰背在达到干硬度要求前因入夜温度低于0℃而结冰的可能。为确保青灰背的质量，采取不进行青灰背苫抹而对已完成的泥背进行苫盖以保温过冬的做法。第二年开春，气温回暖，在确认泥背质量完好的情况下，先对泥背表层进行浮土清理和洒水润湿，以增加泥背、灰背层间的黏结力，再进行两层灰背的苫抹。

在灰背苫抹完成且晾至八成干时，在中腰节以上至脊部“打拐子”，以防止瓦面下滑。每个拐窝直径 6 厘米，由五个相距 40 厘米的拐窝呈梅花状组成一组。采取脊部“隔一一打”，中腰节“隔二一打”的方式均匀分布。

在屋面瓦瓦的施工过程中，重点关注了勾头滴水样瓦的确定和正脊脊件样数的调整这两个问题。

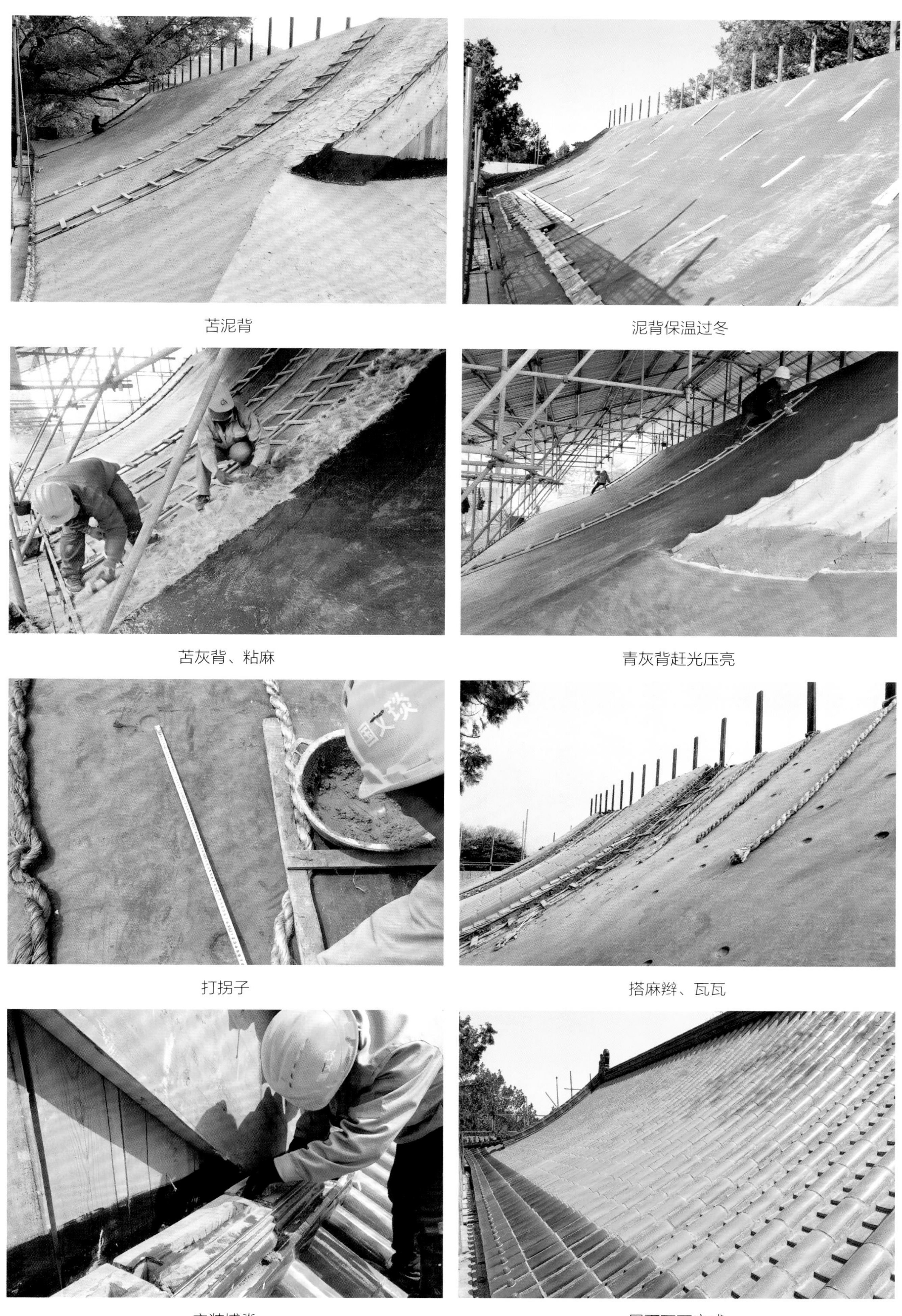

苫泥背　泥背保温过冬

苫灰背、粘麻　青灰背赶光压亮

打拐子　搭麻辫、瓦瓦

安装博脊　屋面瓦瓦完成

1. 勾头滴水样瓦的确定

（1）勾滴纹样的统计与选择

在宝华楼、法藏楼的考古发掘中，没有发现完整的勾头、滴水或可参考的瓦件残片，所以对于勾滴纹样的选择只能参考须弥灵境大殿遗址，旃林、梵天牌楼基础和现存东、西围墙上发现的勾头和滴水。须弥

灵境建筑群中发现的勾头共 20 种，其中须弥灵境大殿遗址中发现黄色龙纹勾头 2 种，梵天牌楼基础中发现黄色龙纹勾头 3 种，东、西围墙上发现龙纹勾头 11 种和花卉纹勾头 4 种。

须弥灵境大殿遗址发现的黄琉璃龙纹勾头一

须弥灵境大殿遗址发现的黄琉璃龙纹勾头二

梵天牌楼基础中发现的龙纹勾头

东、西围墙勾头除龙纹 11 种外，还有莲花纹、柿花纹、和平鸽纹、新式花卉纹各 1 种。这些琉璃勾头是东、西围墙在不同历史时期经历维修的佐证，并且勾头纹样各具特色，各有吉祥寓意。如柿花纹象征事事如意，“本固枝荣”莲花纹象征根基稳固、繁荣发展等，不仅反映了不同历史时期琉璃勾头的烧制工艺水平和特点，还反映了不同时期人们的精神追求和喜好。这些勾头纹样中，花卉纹和和平鸽纹数量很

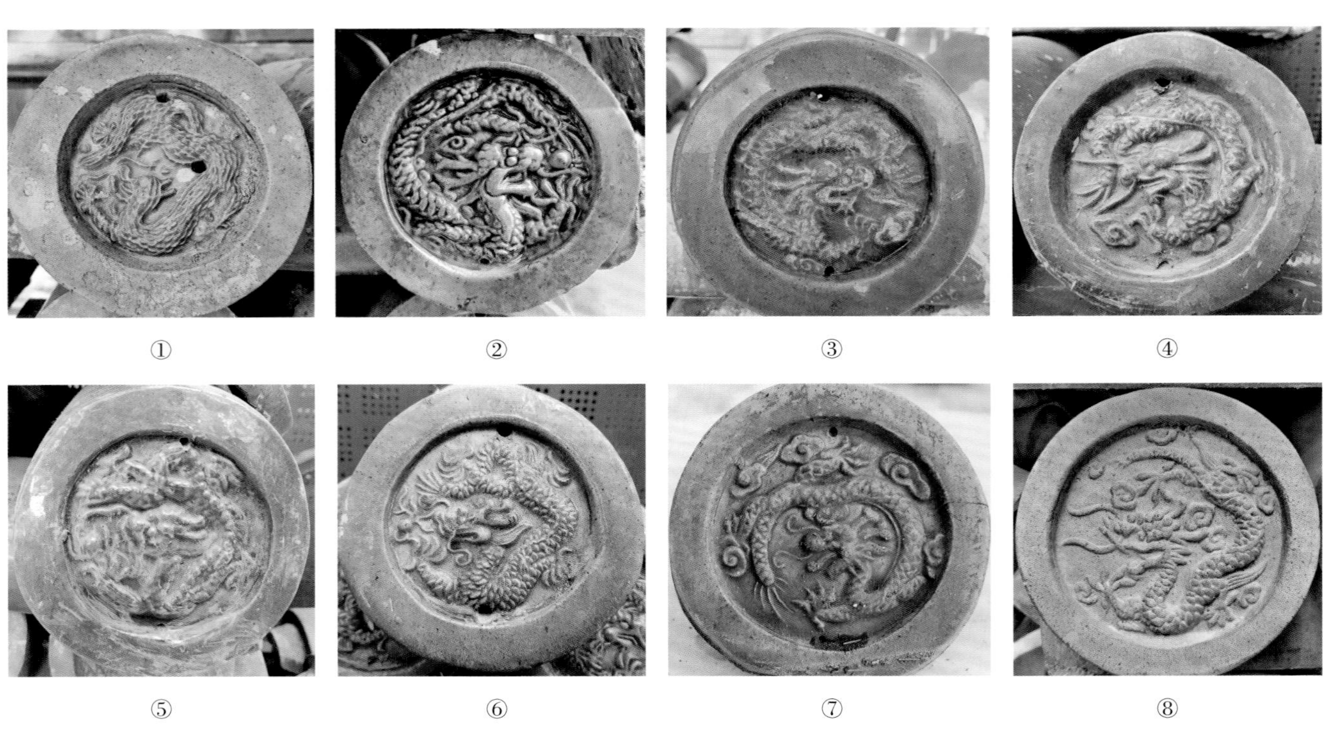

①　②　③　④

⑤　⑥　⑦　⑧

东、西围墙部分七样黄琉璃勾头上的龙纹

① 龙纹一　② 龙纹二　③ 龙纹三　④ 龙纹四　⑤ 龙纹五　⑥ 龙纹六　⑦ 龙纹七　⑧ 龙纹八

少，其中和平鸽纹为中华人民共和国成立后添配的瓦当纹样。而从使用琉璃瓦的其他主要景区，如排云殿—佛香阁景区、画中游建筑群等的勾头纹样来看，颐和园中重要建筑的勾头纹样均为龙纹，并且须弥灵境与排云殿—佛香阁景区共同构成万寿山的南北中轴线。因此须弥灵境建筑群的勾头纹样为龙纹是毋庸置疑的。

①

②

③

东、西围墙的部分勾头纹饰
① 柿花纹 ②“本固枝荣”莲花纹 ③ 和平鸽纹

确定勾头采用龙纹图案后，需要从各种龙纹勾头中选择一种作为烧制新瓦的样瓦。万寿山中轴线南段的排云殿—佛香阁景区和香岩宗印之阁、南瞻部洲为光绪年间重建，且建筑群历经多次修缮，琉璃瓦勾头种类较多、纹样不一，因此不能将两个景区的勾头纹样作为唯一的参考。几经商讨，最终选择乾隆时期或临近时期的龙纹勾头为样瓦，首选便是须弥灵境景区。这就涉及勾头断代的问题。

（2）勾头断代与纹样确定

由于在须弥灵境遗址中发现的勾头以及颐和园范围内与之纹样相同的勾头的琉璃瓦胎上，均没有皇帝年号或烧制时间的款识，无法判断哪款为乾隆时期烧制。因此综合采用三种方法推断勾头年代。

①

②

多宝琉璃塔勾头
① 纹样一 ② 纹样二

一是参考乾隆时期烧制的勾头纹样。颐和园多宝琉璃塔始建于乾隆十八年（1753年），屋面有黄、绿、深蓝、浅蓝、紫色五种琉璃勾头，但五种勾头上只有两种纹样。其中纹样一为乾隆十八年之前烧制[1]。

二是与始建时间相近的毗邻建筑的勾头进行对比。颐和园琉璃阁智慧海始建于乾隆二十九年（1764年），与须弥灵境大殿、宝华楼、法藏楼毗邻，其上、下层屋面以两种龙纹勾头为主，另有极少量的第三种龙纹勾头，为2005年修缮时添配。两种主要的龙纹勾头，从雕刻技法到龙纹样式均体现出鲜明的特色。同时根据颐和园琉璃瓦年代序列以及2005年智慧海修缮前的颐和园建筑科技档案记载，智慧海仅于光绪十四年（1888年）进行过屋面整修，并无更换琉璃勾头的记录，由此推测智慧海五样黄琉璃勾头一的烧制时间不晚于乾隆

1 陈曲:《西山文化带中琉璃塔保护性研究初探——以颐和园多宝琉璃塔构件保护性研究为例》。北京市颐和园管理处:《颐和园（2019年第15辑）》，文物出版社，2019年。

二十九年，且智慧海五样黄琉璃勾头一与须弥灵境大殿遗址中的黄琉璃龙纹勾头的龙纹式样基本相同。

三是四座始建于乾隆时期的建筑的勾头比较。颐和园内始建于乾隆时期且幸免于 1860 年英法联军大火的建筑除琉璃阁智慧海、多宝琉璃塔外，还有琉璃牌楼众香界、转轮藏建筑群建筑和云会寺建筑群建筑[1]。通过调查发现，在众香界、转轮藏建筑群、云会寺建筑群中均有较多与智慧海五样黄琉璃勾头一和须弥灵境大殿五样黄琉璃勾头纹样相似的勾头。

智慧海五样黄琉璃勾头纹饰一

智慧海五样黄琉璃勾头纹饰二

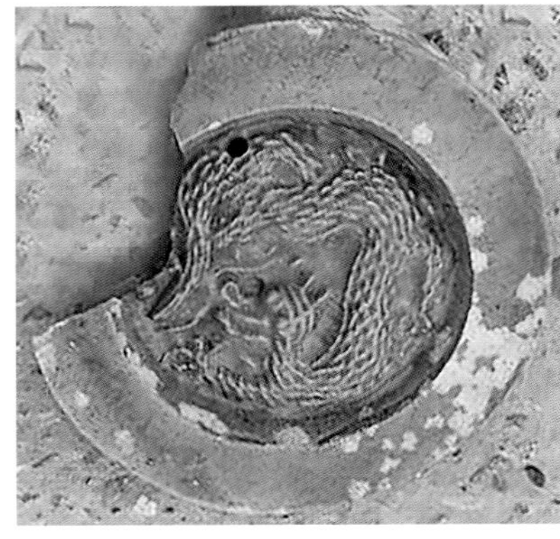

须弥灵境大殿五样黄琉璃龙纹勾头

云会寺六样琉璃勾头

众香界九样琉璃勾头

转轮藏六样琉璃勾头

综合上述分析，与须弥灵境大殿五样黄琉璃勾头纹样相同的勾头较广泛地存在于乾隆时期始建并保存至今的古建筑上，结合多宝琉璃塔上的乾隆时期的龙纹勾头、智慧海龙纹勾头一的纹饰特点，推断须弥灵境大殿五样黄琉璃勾头为乾隆年间烧制，且烧制时间不晚于乾隆二十三年（1758 年）。且通过对比发现，在东、西围墙墙帽上有较多与须弥灵境大殿五样黄琉璃勾头纹样基本相同的七样黄琉璃勾头（龙纹一），据此可以推断东、西围墙七样黄琉璃勾头（龙纹一）为乾隆年间烧制。综合同一建筑群始建时不同类别勾头纹样基本相同的情况，决定采取以东、西围墙七样黄琉璃勾头（龙纹一）为样瓦，以须弥灵境大殿五样黄琉璃勾头为参考，烧制东、西配楼及围墙所用六样、七样勾头的方案。最终在建设方、设计方、施工方、监理方四方的见证下，选取纹样正确、釉面保存较好、釉色协调的瓦件作为样瓦，进行烧制。对东、西围墙上原有的七样黄琉璃勾头（龙纹一）进行瓦样大小、釉面及瓦胎的检查，能够继续利用的尽量使用，并统一放置在东、西围墙朝向须弥灵境大殿的内侧，最大限度保留历史风貌，同时方便游客观看。更换下来的勾头等琉璃瓦件统一收入文物库房，以便后续研究及展示利用。新烧制的琉璃瓦于瓦胎背面添加“萧氏　公元二零二零年　振兴琉璃瓦厂造”的款识，以记录烧制年代，为下一次修缮提供可供参考的依据。

1　琉璃牌楼众香界始建于乾隆二十九年，转轮藏建筑群始建于乾隆十五年至乾隆二十九年，云会寺建筑群始建于乾隆二十四年。

东、西围墙琉璃瓦件数据统计表

位置	垄数	勾头（块）		筒瓦（块）		滴水（块）		板瓦（块）	
东侧围墙	193	原有 60	新添配 326	原有 192	新添配 194	原有 6	新添配 382	原有 756	新添配 398
西侧围墙	193	原有 6	新添配 380	原有 102	新添配 284	原有 9	新添配 379	原有 743	新添配 411

2020 年新烧制的琉璃瓦件
1 勾头
2 滴水
3 款识

2. 正脊脊件样数的调整

屋面施工中涉及的第二个问题是正脊脊件样数的调整。由于宝华楼、法藏楼为二层楼式建筑，从室外地坪至正脊顶部高近 15 米，考虑到近大远小的透视原理以及人们的视觉习惯，为避免正脊及两端正吻显得矮小，在与设计单位沟通后，将正脊脊件由六样统一调整为五样。

完成勾头、滴水等瓦件和各类脊件的安装后，屋面瓦瓦的最后一步为“合龙”。古建筑屋顶正脊中央，即正脊与建筑物中轴线相交的位置，俗称“龙口”。按照传统做法，在宝华楼、法藏楼屋面施工即将完成时，在龙口内放入木制宝匣。宝匣内的“镇物”按照在颐和园排云殿龙口中发现的组合方式，包括五帝钱一套、五色宝石（翡翠、碧玺、南红、蜜蜡、绿松石）一套、金如意两枚、金元宝与银元宝各一枚、五彩线一份，

龙口中的宝匣

宝匣内的“镇物”

放置于宝匣内。最后按照中国传统“合龙”方式，完成屋面施工。

（四）墙体

墙体修缮包括拆除宝华楼和法藏楼后檐墙后期改建部分，在满足承重荷载的前提下，最大限度地保留始建于乾隆时期的檐墙遗存；归安原有角柱石、腰线石，对缺少的角柱石、腰线石按原材质、原形制在原位添配。檐墙、山墙下碱做法按照后檐墙残存墙体砌筑形式，采用二城样砖、三顺一丁干摆砌筑，墙体上

保留部分始建于乾隆时期的后檐墙

添配角柱石

后檐墙砌筑

腰线石拆安归位

钉麻揪

抹白灰

后檐墙室外抹红灰

完成后的室内墙体

身糙砌，钉麻揪、抹靠骨灰，室外刷红浆，室内刷包金土墙，砂绿大边、拉红白子母线。

古建筑墙体内镶嵌透风砖，是一项有利于通风防腐的重要措施。在透风砖纹样的选择上，确立了以乾隆至光绪时期古建筑上的透风砖为优选样板的原则。通过比选，最终选定光绪时期复建的香岩宗印之阁的透风砖作为样板，制作添配的透风砖。纹样主要为花卉，包括桃花、兰花、梅花、牡丹、万寿菊等。

①

②

③

添配的花卉纹透风砖
① 桃花纹 ② 兰花纹 ③ 万寿菊纹

（五）地面

在对宝华楼和法藏楼进行遗址清理的过程中发现了部分原有尺七方砖地面，主要分布在两楼室内靠近后檐的位置。宝华楼室内留存地面砖数量相对较多，保存状况相对较好；而法藏楼留存地面砖数量少且砖体多数碎裂、酥碱严重，难以继续保护利用。因此，对于宝华楼原有的尺七地面砖，无碎裂、失稳、空鼓

拆除法藏楼碎裂严重地面砖

保护利用宝华楼老砖地面，局部补墁新砖

双层木楼板安装

廊步铺设锡背

二层廊步砖地面

二层木地板保护

等问题的原地保护，已不能继续使用的视情况清理至垫层，重新恢复尺七方砖细墁地面；法藏楼室内地面则全部重新铺墁。两楼室内二层地面全部为木楼板，分两层采用企口缝铺墁，每层厚50毫米。考虑到廊步易受风雨影响、木地板易糟朽等因素，在廊步木地板上增加铺设锡背，锡背上再细墁尺七方砖。锡背防水是中国古建筑传统的防水做法，耐久性好于灰背，且锡背质地软、有韧性，易于弯曲，能够很好地贴合木楼板表面，防水效果极佳，常用在重要建筑或建筑易发生渗漏现象的部位。宝华楼、法藏楼使用的锡背宽1000、厚3毫米。为达到平整的铺设效果，在铺设前将木地板表面清理干净，避免杂物损伤锡背或造成锡背表面凹凸不平。同时在沿面阔方向铺设时，按照廊步泛水将锡背铺平的同时，在进深方向靠近下槛及槛墙的位置将锡背上卷10厘米左右，在靠近挂檐板一侧将锡背卷过间枋。同时为保证锡背的严密性，加强对每两块锡背接缝处焊接密实度的检查，避免渗漏现象发生。之后，再在锡背上按传统做法细墁尺七方砖，这样既保证了方砖地面的平整度、整体性和美观性，也对廊步木地板起到了良好的防雨、防腐的保护作用。

（六）装修

按照设计图纸要求，采用含水率小于12%的一级红松制作三交六碗隔扇门和隔扇窗、帘架、槛框、横披、雀替、寻杖栏杆、天花支条等，并以香岩宗印之阁装修配件为参考，配齐铜制小五金，包括面页、钮头、护口、寿山福海等。

安装槛框

制作隔扇门

安装帘架

雀替制作

雀替安装

寻杖栏杆安装

楼梯制作

楼梯初装完毕

天花支条安装

天花支条安装完毕

（七）油饰

考虑到宝华楼、法藏楼所有木构件均为新制，为尽量减少木构件变形造成地仗层开裂等问题，按照木构件位置的不同，制定了不同的地仗做法。连檐、瓦口、椽头采用四道灰地仗，椽子、望板采用三道灰地

仗，下架大木及上架大木、垫拱板采用一麻一布六灰地仗，山花博缝采用一麻一布六灰地仗，斗子匾正、背面均为一麻五灰地仗，装修边抹一麻五灰地仗，门窗大边岔角、心板、绦环板使用一麻一布六灰地仗，椽条心屉做三道灰地仗。

施工过程中，严格每道工序的管理。尤其是对于新木件，增加挠水锈工序，并加强各道工序间的衔接，

挠水锈

砍斧迹、下竹钉、楦缝

捉缝灰

通灰

使麻

磨麻

压麻灰

大木构件使布

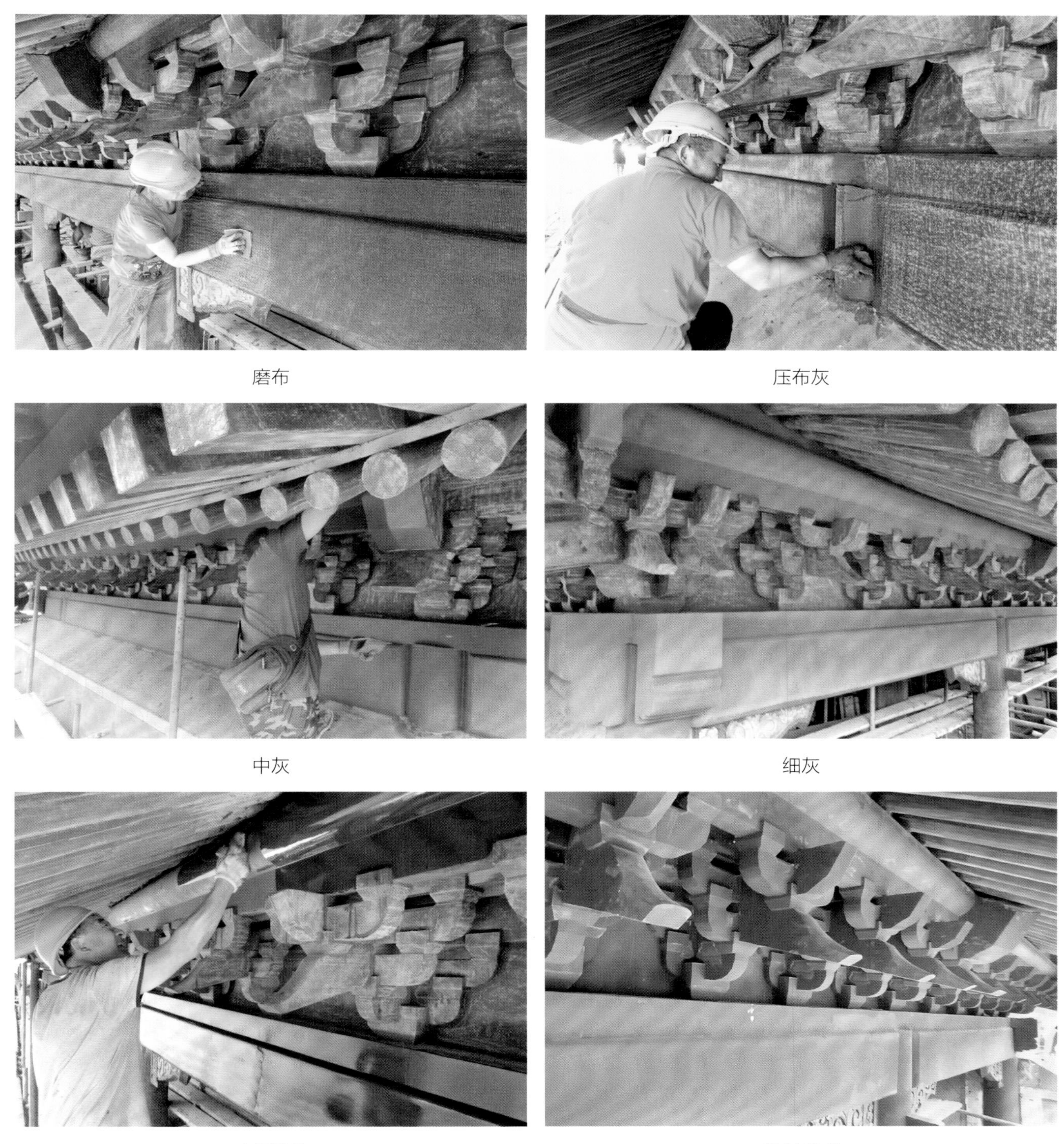

磨布　压布灰

中灰　细灰

磨细钻生　地仗完成

做好进度管理，保证作为油饰彩画基础的地仗在质量上不出现瑕疵。

对于下架油饰二朱红颜色的确定，以颐和园古建筑下架二朱红颜色为基础，全面考虑全园下架颜色的整体协调性，制作多个样板，最终确定一个并封存，为后期修缮工程中古建筑下架油饰二朱红颜色的选择建立样板依据。

（八）彩画

彩画不仅能装饰建筑、彰显建筑等级，同时也对木构件的防腐防蛀起到重要作用，是木构件的精美外衣。须弥灵境建筑群为藏传佛教建筑，为了最大限度地复原其彩画风貌，更准确地传达历史信息，在设计和绘制该建筑群彩画前，对园内现存佛教建筑的彩画进行了详细调研。调研区域主要包括四大部洲景区、转轮藏景区、五方阁景区以及云会寺、善现寺、妙觉寺等院落。在调研基础上，针对性地开展了天花支条彩画形式、技法等方面的分析研究。

颐和园现存佛教建筑群彩画统计表

建筑	彩画形式	天花支条
四大部洲景区（香岩宗印之阁）	金线大点金旋子彩画	六字真言天花，支条轱辘钱燕尾
转轮藏景区（正殿）	金龙和玺彩画	六字真言天花，支条无彩画
五方阁景区	金线大点金旋子彩画	无
云会寺（香海真源）	金线大点金旋子彩画	六字真言天花，支条轱辘钱燕尾
善现寺	金线大点金旋子彩画	无
妙觉寺	金线大点金旋子彩画	无
智慧海	琉璃旋子彩画	六字真言天花，支条轱辘钱燕尾
众香界	琉璃旋子彩画	无

香岩宗印之阁、转轮藏正殿、云会寺与智慧海这四座佛教建筑有四种不同的六字真言天花彩画表现形式，既统一又各具特色，为宝华楼和法藏楼六字真言天花彩画的构图、画法研究提供了可参考的依据，也

香岩宗印之阁天花彩画

转轮藏正殿天花彩画

云会寺天花彩画

智慧海天花彩画

提出了更高的要求。经与设计单位、专家沟通，最终确定按照承德普宁寺的彩画形式绘制须弥灵境建筑彩画，即龙锦方心金线大点金旋子彩画，天花采用六字真言图案，天花支条为燕尾轱辘钱形式。

为保证旋子彩画的绘制质量，在以普宁寺旋子彩画为蓝本的同时，加强旋子彩画各部位谱子的绘制工作。尤其加强对龙纹绘制过程的细节管理，通过对龙头、龙身、龙爪等进行多次比对、修改，完成枋心龙纹谱子绘制，达到绘制小样图的预期效果。

枋心龙身纹样比对

枋心龙头纹样调整

沥粉

刷色

拘黑、拉大晕

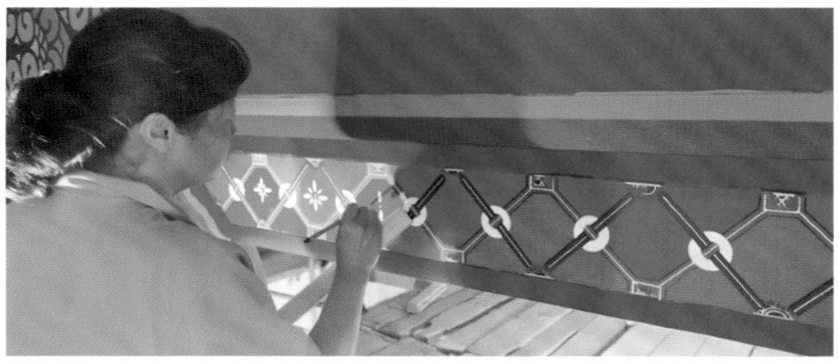

做锦

切活

画异兽

包黄胶

贴金

压黑老

油饰彩画完成

（九）软硬博缝的制作与安装

由于古建筑门窗的结构特点，隔扇门、隔扇窗与槛框间的缝隙相对较大，为了解决室内密封不严的问题，施工前，通过查阅历史档案并与设计单位反复沟通，在多次听取专家意见的基础上，制定了详细、科学的传统软硬博缝的制作、安装方案。

软硬博缝的制作材料采用桑皮纸和红色棉布。黏合剂根据需要选取纯度较高的优质小麦粉，加适量温清水浸泡、搅拌均匀，制成小粉；再以煮沸的花椒水冲入小粉中，待体积膨胀、液面发亮并呈暗色的糊状时停止注水；之后按同一方向搅动至上劲起膜；最后存于容器中，以凉水封存待用。

博缝和纸

红色棉布黏合

软硬博缝安装

宝华楼修缮复原后[1]

宝华楼明间修缮复原后

1 北京国文琰园林古建筑工程有限公司提供。

制作博缝时，软博缝用四层桑皮纸、硬博缝用十六层桑皮纸，均以每两层为一个基本单元，多个单元叠加黏合制作。制作完成的软硬博缝宽度主要有 15 厘米、35 厘米两种规格，长度则在隔扇门、隔扇窗高度的基础上适当加长。

安装博缝时，软博缝主要安装在隔扇门、窗轴的位置，硬博缝主要安装在门窗开启扇与槛框交接的位置，二者均用铜制小泡钉钉牢固。

软硬博缝安装后，对两楼起到了较好的密封、保温、防尘作用。

宝华楼二层室内修缮复原后[1]

宝华楼、法藏楼经过传统技艺的修缮、复原施工，雕梁画栋、如翚斯飞，在阳光的照耀下熠熠生辉，展现了古建筑独特的艺术魅力。

1 北京国文琰园林古建筑工程有限公司提供。

旃林、梵天、慈福牌楼修缮施工

一、旃林、梵天牌楼遗址发掘

牌楼基础发掘至牌楼柱子套顶石部位

本次须弥灵境建筑群遗址保护修复工程中，按施工计划，于2020年11月22日至12月2日，分别在旃林牌楼、梵天牌楼遗址南侧两根夹杆石处进行前期遗址发掘。发掘过程中使用起重设备分别将两座牌楼的夹杆石、厢杆石、噙口石及部分阶条石起出后进行编号，单独存放。并对牌楼基础发掘至牌楼柱子套顶石部位。

通过发掘清理，发现两座牌楼的基础均为糙砖垒砌，清理时发现石材部位出现部分碎木屑。西侧梵天牌楼发掘出部分残碎黄琉璃瓦件及海兽兽头1个、抱箍1个，同时南二柱（从南至北第二根柱子）基础处埋有消防管道一根。东侧旃林牌楼发掘过程中，南二柱套顶石部位出现积水现象，经分析判断，可能为雨水从地表缝隙渗透或从敞开的柱口处流入，加之套顶石深埋地下，不具备蒸发条件，故而形成积水；南一柱发掘过程中发现20世纪80年代的玻璃饮料瓶及未腐烂的食物包装袋等填埋物。通过此次遗址发掘证明，在1985年复建慈福牌楼时，曾经打开过旃林、梵天两座牌楼的夹杆石，并对其基础进行过发掘及糙砖垒砌回填，但未对柱口缺失处做相应保护处理。

梵天牌楼遗址出土部分残碎黄琉璃瓦件

梵天牌楼遗址出土海兽兽头

梵天牌楼遗址出土抱箍

梵天牌楼遗址南二柱处出土的消防管道

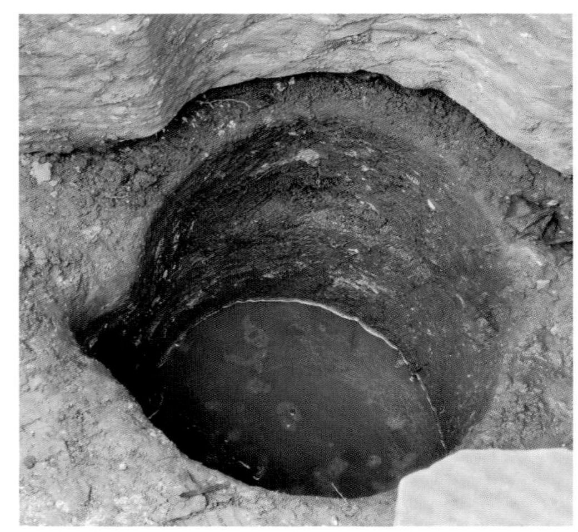

旃林牌楼南二柱套顶石部位积水

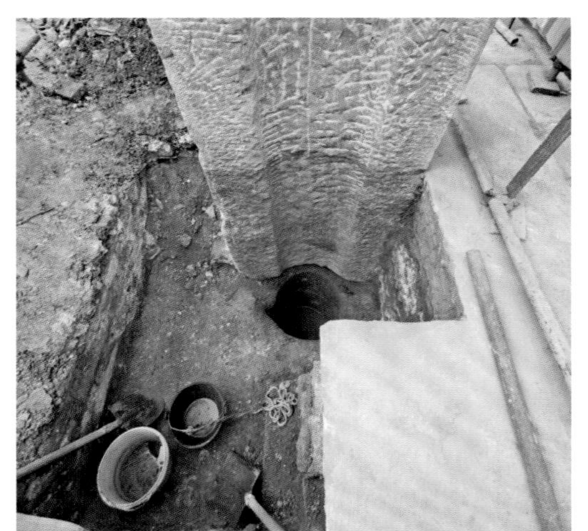

旃林牌楼南二柱套顶石部位积水清掏

二、三座牌楼结构形态考证及复原对比

在 19 世纪 60 年代约翰·德贞拍摄的清漪园万寿山后山买卖街照片中，慈福牌楼仍旧矗立在须弥灵境建筑群一层广场北侧且保存基本完好。通过照片可以看出，当时慈福牌楼为四柱三间七楼柱不出头牌楼，整体为飘逸轻巧的木构加戗杆结构。而在 1912 年阿尔伯特·卡恩拍摄的须弥灵境照片中，慈福牌楼已在原址上消失，仅存部分夹杆石[1]。

1985 年复建慈福牌楼时，尚未发现上述旧照，因此复建的慈福牌楼的整体结构与旧照中有所出入。在本次修缮时，因其本体结构未有较大破损，故不做拆除落架重建，仅进行保护性修缮。旃林、梵天两座牌楼则根据慈福牌楼旧照，并对其形态进行研究对比，最终确定按传统工艺材料，参考慈福牌楼旧照恢复其结构形制（包含戗杆）。

19 世纪 60 年代约翰·德贞拍摄的慈福牌楼旧照

1912 年阿尔伯特·卡恩拍摄的自北宫门望三孔石桥及慈福牌楼

1 北京市颐和园管理处:《名园旧影——颐和园老照片集萃》，文物出版社，2019 年，第 119 页。

慈福牌楼旧照，旃林、梵天牌楼复原方案及慈福牌楼现状对比表

部位		慈福牌楼旧照	旃林、梵天牌楼复原方案	慈福牌楼现状
屋顶形式	明楼、次楼	庑殿顶	庑殿顶	庑殿顶
	夹楼	夹楼垂脊在屋面两端	夹楼垂脊在屋面两端	夹楼垂脊在屋面两端
	仙人走兽数量	不可视	仙人 1 个、走兽 2 个	仙人 1 个、走兽 3 个
斗拱攒数	明楼	6 攒	6 攒	6 攒
	次楼	5 攒	5 攒	5 攒
	夹楼	4 攒（中间 3 攒、左右各半攒）	4 攒（中间 3 攒、左右各半攒）	3 攒
	边楼	2.5 攒	2.5 攒	2 攒
花板数量		7 个	7 个	5 个
雀替样式		不可视	较纤细	肥厚
戗杆有无		有	有	无

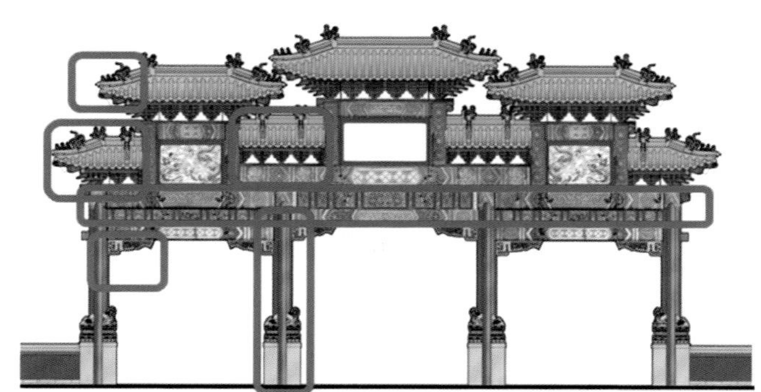
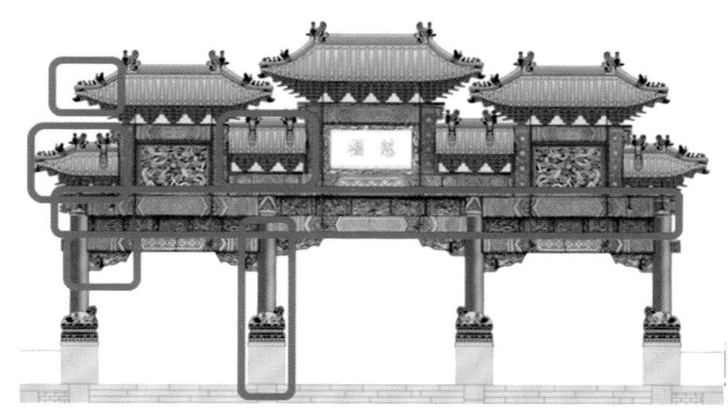

旃林、梵天牌楼复原方案（左）与慈福牌楼现状（右）整体对比图

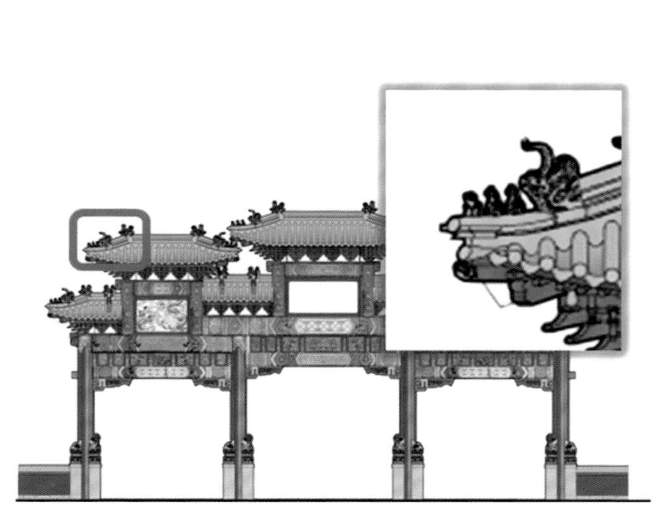
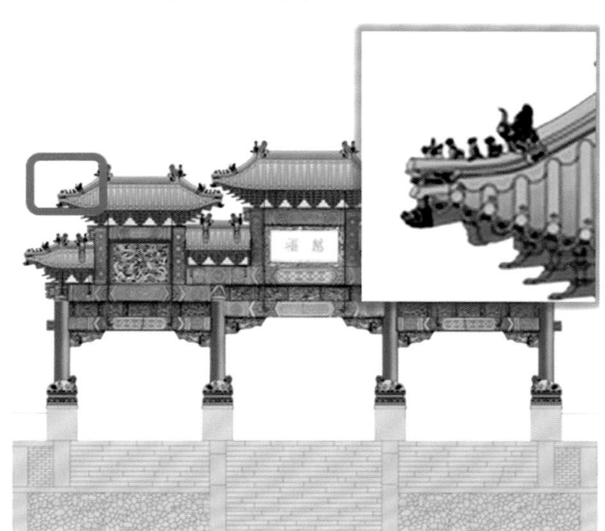

旃林、梵天牌楼复原方案（左）与慈福牌楼现状（右）屋顶仙人走兽数量对比图

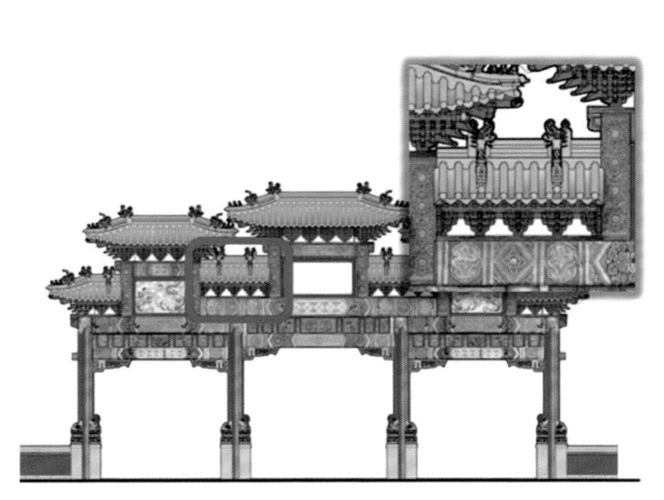
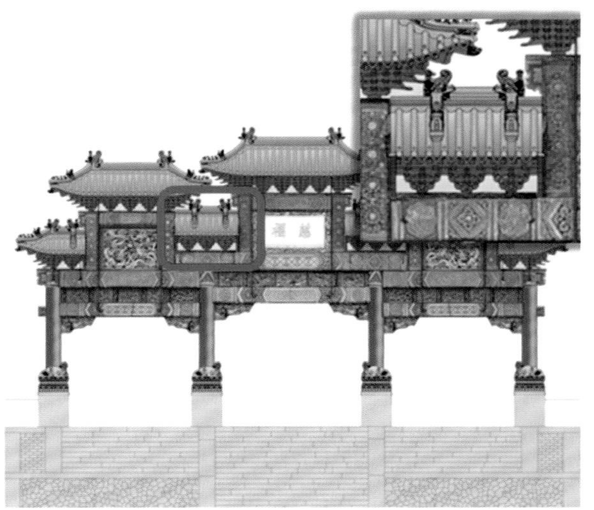

旃林、梵天牌楼复原方案（左）与慈福牌楼现状（右）屋顶夹楼斗拱数量对比图

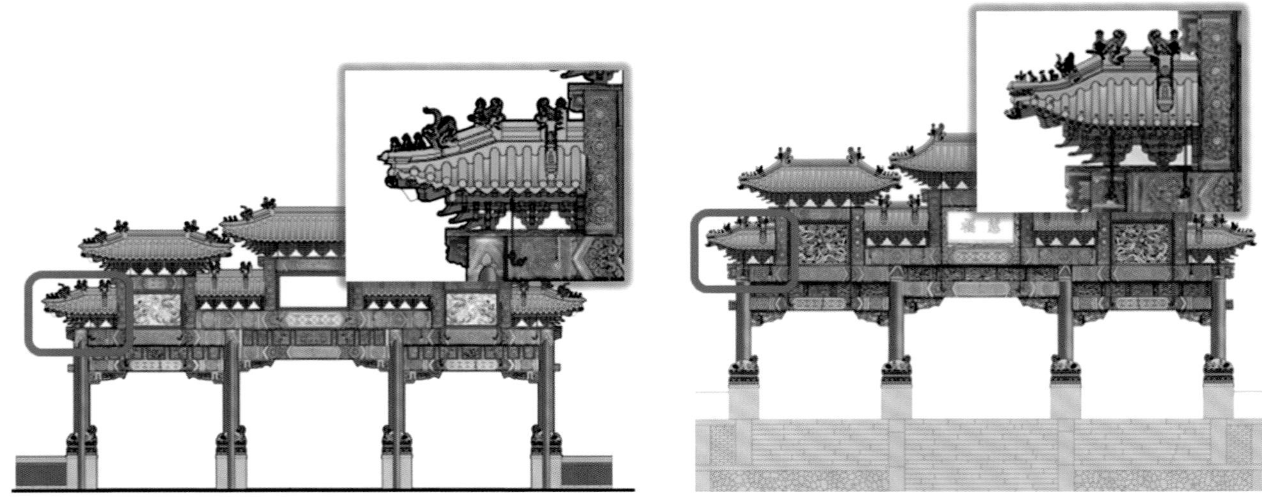

旃林、梵天牌楼复原方案（左）与慈福牌楼现状（右）屋顶边楼斗拱数量对比图

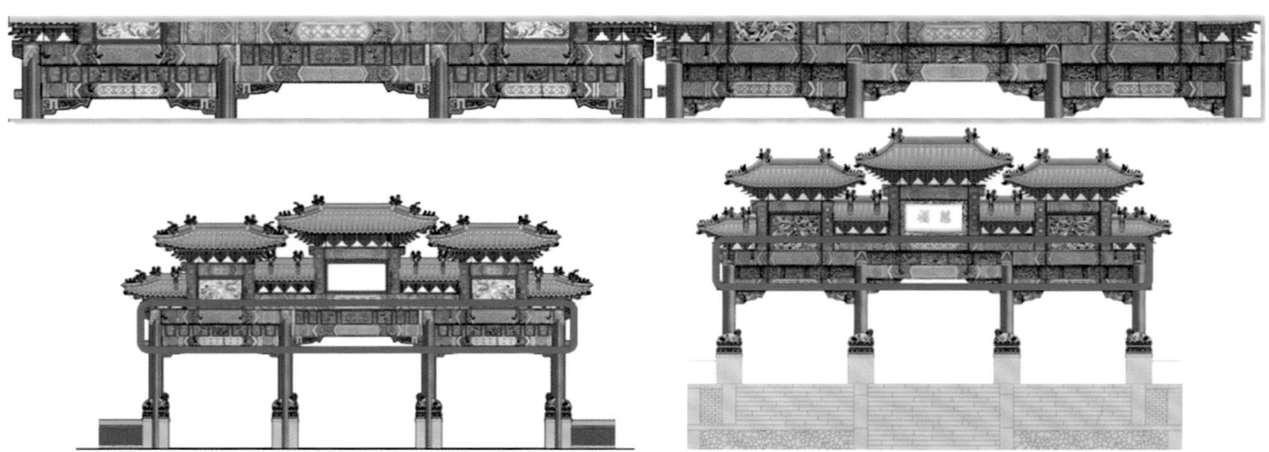

旃林、梵天牌楼复原方案（左）与慈福牌楼现状（右）花板数量对比图

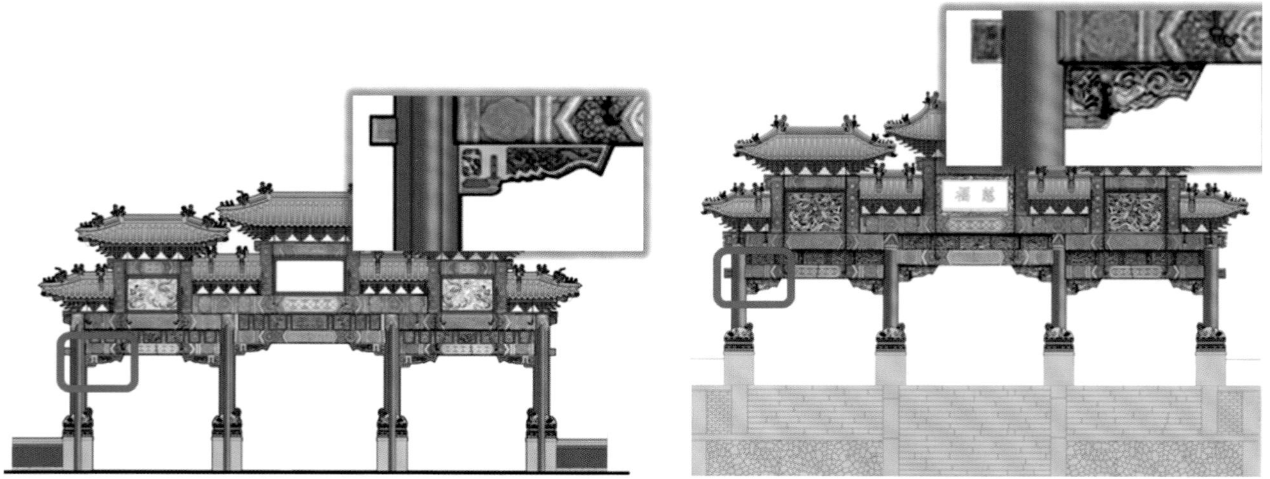

旃林、梵天牌楼复原方案（左）与慈福牌楼现状（右）雀替形制对比图

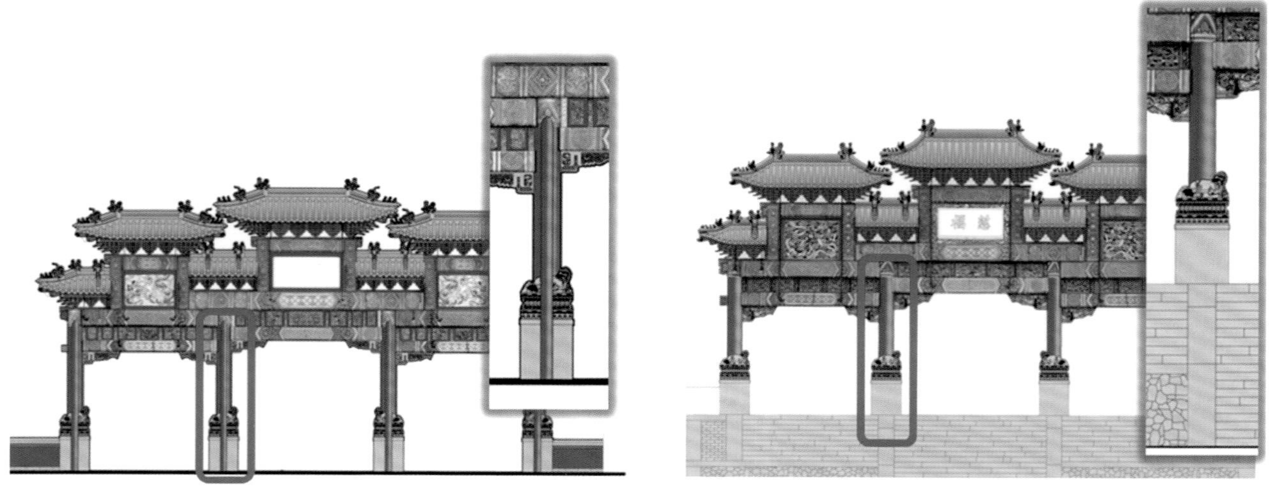

旃林、梵天牌楼复原方案（左）与慈福牌楼现状（右）戗杆形制对比图

三、慈福牌楼修缮

北京市园林局和北京市颐和园管理处于 1985 年 7 月至 1986 年 4 月利用原有夹杆石，并结合当时北京市牌楼普遍采用的修缮方法，对慈福牌楼进行复建。牌楼柱体、梁、枋等结构使用钢筋混凝土浇筑，斗拱以下采用混凝土结构，斗拱、椽、望等为木结构，并取消原有戗杆。此次复建恢复的牌楼形象与后来发现的历史照片略有偏差。2019 年 10 月至 2021 年 10 月，慈福牌楼被纳入须弥灵境建筑群遗址保护与修复工程。经过评估，牌楼主体结构稳定，台基保存基本完好，局部垂带踏跺走闪；黄琉璃瓦面瓦件脱节，夹腮灰松动脱落导致瓦面渗雨，木基层局部糟朽；油饰彩画起拱、褪色、斑驳严重；夹杆石局部污渍，铁兜绊锈蚀，无严重危险病害。牌楼本体基础结构保存较完整，无须进行全部落架拆除重建，因此在本次修缮中不做整体落架复原，仅在现状基础上进行保护性修缮。慈福牌楼修缮工作于 2021 年 4 月 7 日开工，同年 11 月 22 日完工。

（一）脚手架搭设，周围树木环境保护

慈福牌楼修缮脚手架整体南北长 5.2、东西宽 20、高 9 米，从高至低设置两层操作平台。一层齐檐搭设，为瓦工修缮牌楼瓦面时使用；二层在额枋处搭设，为后期修缮彩画及油饰地仗时使用。慈福牌楼位于万寿山后山主要游览路线上，牌楼下为游客从北宫门进入颐和园主景区游览的必经通道，为了保护游客的人身安全，在修缮过程中，脚手架架设护头棚以及塑料布、竹胶板等承载物，封阻全部有可能散落物体的缝隙，

在古树周边安装木围栏

搭设木栈道

东侧古树树体保护

围挡搭设完成

尽量不影响游客的游览体验。

为保护周围的古树，与绿化主管部门多次商讨并实地查看，反复调整脚手架搭设方案，最终确定搭设时避开周围古树的树根范围，在牌楼东侧草坪上搭设木栈道用于施工运料和工人攀爬，同时封闭东次间通道；西侧局部搭设木地台，安装木围栏保护树干，并便于游人通行。这些措施保证了施工区域绿化景观的完整、游览路线的畅通以及工程的顺利进行。

（二）屋面施工保护修缮

1. 瓦面拆除、旧瓦件编号并统一陈列

牌楼瓦面共分为七部分，分别为一座明楼、两座次楼、两座夹楼和两座边楼。均为黄琉璃瓦构造，垂脊上布有黄琉璃脊兽，分别为仙人、龙、凤、狮子及垂兽。修缮前期，对牌楼瓦面的重要琉璃构件开展标号工作，瓦件在拆除过程中按照“位置—方位”的形式逐一编号和存放，保证原件原用。例如“东夹楼—东北”代表此琉璃构件位于东夹楼东北侧的垂脊上。这样编号便于后期将其归到原位，更好地遵循古建筑修缮的原状修复和最小干预等原则。

在瓦面拆除过程中发现，由于在 1985 年至今的三十余年中经历多次零星修缮，一部分瓦件的尺寸规格未完全按照最初复建时的尺寸进行更换、添配，导致本次统计时出现瓦件大小不一，无法匹配的情况。另一方面由于外部环境影响和自身老化等因素，部分瓦件出现不同程度的开裂、破损、釉面脱落等问题，其中有些瓦件在拆除过程中碎裂或局部损坏，已不能再次利用。因此，在本次修缮时，参照大部分原有瓦件的尺寸、釉面颜色和光泽度等，定制了新的瓦件用以替换。本次修缮设计图纸原定牌楼瓦面琉璃瓦为七样，

瓦件开裂

釉面脱落

拆除瓦件统一编号

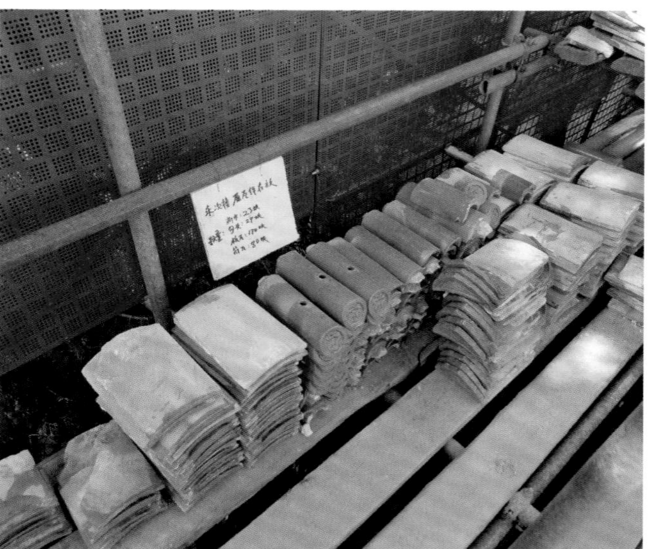

拆除瓦件集中摆放

经现场实际测量统计，以九样瓦件数量居多，故最终确定统一改为九样黄琉璃瓦件。

经统计，慈福牌楼最终确定需要更换的瓦件数量为：滴水46块，勾头18块，板瓦340块，筒瓦20块，正当沟24对，斜当沟30对，压当条187块，七样扣脊筒瓦73块，垂脊托泥当沟2块，垂脊三连砖4块，戗脊三连砖4块，钉帽70个，吻下当沟8块，东次楼正脊筒5个，西次楼正脊筒5个，龙、凤、狮子、仙人1套，背兽角8对，垂兽角6对，淌头1个，窜头1个，琉璃直檐砖6块，琉璃混砖2块，琉璃炉口4个，琉璃枭砖2块，正吻4个。其余部分全部沿用旧瓦，最大限度地保存慈福牌楼原有的建筑风貌。

2. 修补木构件、木基层

瓦面全部拆除完毕后，露出下面的灰背。经测量，灰背厚约1厘米，灰背下是一层厚约4厘米的泥背。由于木基层无护板灰，青灰背厚度也不符合古建修缮标准，历经三十余年的雨水冲刷和渗透后，牌楼木基层出现了不同程度的糟朽损坏，飞椽和仔角梁也有不同程度的糟朽及下垂。

明楼西南角仔角梁修缮前

明楼西南角仔角梁修缮后

明楼西北角仔角梁修缮前

明楼西北角仔角梁修缮后

明楼东南角仔角梁修缮前

明楼东南角仔角梁修缮后

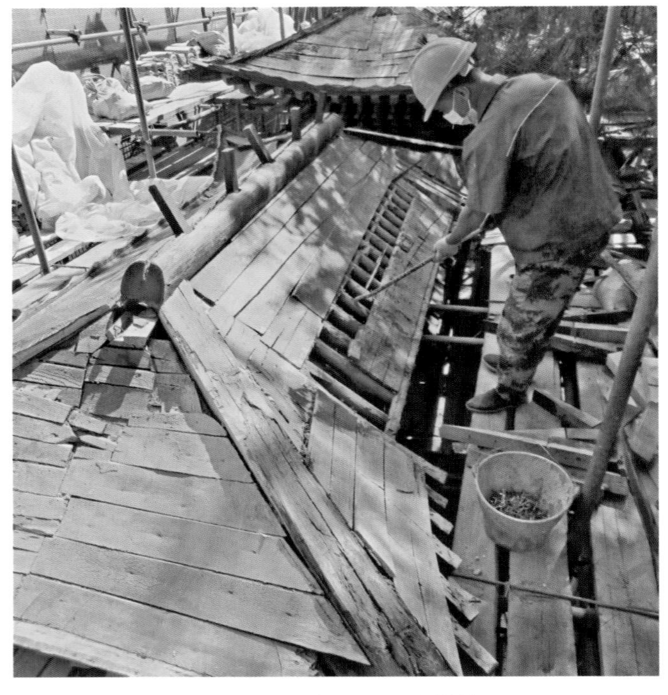

西次楼西南角仔角梁修缮前

西次楼西南角仔角梁修缮后

东、西次楼包钉 60 厘米长扁铁固定支撑

更换椽、望

本次修缮中对木基层糟朽严重的望板进行更换，采用柔韧性相对较高的红松，新换望板厚度约 1.5 厘米，更换总面积约 20 平方米。剔补、更换仔角梁 4 根、飞椽 8 根，新换仔角梁的木材采用落叶松。其中明楼西南角更换仔角梁 1 根，东南角剔补糟朽仔角梁高约 6 厘米、西南角剔补仔角梁高约 5 厘米；西次楼西南角剔补糟朽仔角梁约高 5 厘米。东、西次楼其余角梁因损坏程度较轻，本次修缮中未进行剔补、更换，仅用 60 厘米长扁铁做包钉处理，以固定支撑。

3. 新做护板灰、泥灰背，旧瓦归安、缺失补配

屋面木基层修补完毕后，对望板做防腐处理，待防腐油干后做护板灰、泥背、灰背。本次修缮新做护板灰（青麻刀灰）厚约 1 厘米，泥背厚约 4 厘米，青灰背厚约 3 厘米。瓦瓦驼背灰为青灰，捉节夹垄灰为红灰。

新做护板灰、泥背

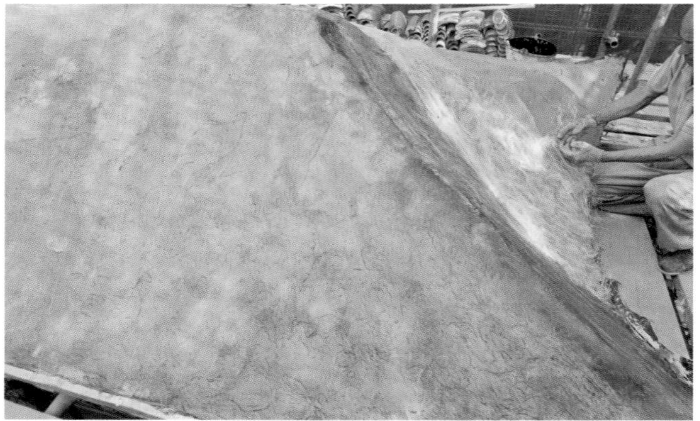

苫轧青灰背

本次修缮中拆除的可再次利用的旧瓦全部按编号位置归安，同时粘接修复部分可继续使用的破损构件。如西边楼粘接正脊筒子 1 块、明楼粘接正脊筒子 1 块、西边楼粘接东侧吻兽及东南戗脊等。

另有部分构件的更换不是因为损坏，而是因为制式、规格不符。如更换明楼托泥当沟的原因是该处应为吻下当沟，旧的托泥当沟不符合制式；更换东侧边楼构件的原因是该处以前有过零星修缮，瓦件规格明显小于其他部位，所以在本次修缮中更换新制瓦件，使其大小规格达到统一。

开裂瓦加粘接归安

明楼托泥当沟更换为吻下当沟

（三）油饰彩画修缮

1. 地仗油饰部分

慈福牌楼为木质结构及混凝土结构混合建筑物，其中花板、飞椽、檐椽、挑檐桁、正心桁、扶脊木、老角梁、仔角梁及坠山花博缝板为木结构，柱、高拱柱、小额枋、大额枋、龙门枋、单额枋、折柱及雀替为混凝土结构。原有木结构地仗为一麻五灰，混凝土结构地仗为单皮灰。

在 1985 年的修缮记录中，北京颐和园管理处基建工程现场管理人员曾对不符合古建修缮传统做法的混凝土结构油饰施工材料、工艺提出异议报告。本次修缮决定恢复古建地仗油饰传统工艺做法，椽、望做三道灰地仗，红邦绿底，颜料光油三道，罩光油一道；连檐、瓦口、椽头做四道灰地仗，连檐、瓦口搓朱红颜料光油三道，头道章丹垫底，罩光油一道；博缝做一麻一布六灰地仗，接缝处加糊布一道，二朱色颜料

光油三道，罩光油一道；上架大木构件做一麻一布六灰地仗；斗拱三道灰地仗；下架柱子一麻一布六灰地仗，搓二朱颜料光油三道，罩光油一道。

此次地仗油饰施工时间为2021年8月16日至9月30日，期间在进行上架捉缝灰、通灰，椽、望磨细钻生，椽、望的攒腻子、磨腻子、压布灰，椽、望刷头道油，花板攒腻子，花板包黄胶，椽、望刷二道油以及刷章丹等施工步骤时遭遇连续阴雨天气，工程管理方要求施工方严格按照古建地仗油饰施工技术规范要求，做好各步骤的晾干工序，符合施工标准并经三方核检后方可进行下一步施工，以确保每道工序

砍净挠白

通灰

使麻

压麻灰

糊布

压布灰

中灰

细灰

磨细钻生

的施工质量。同时要求油饰施工避开中午太阳直射时段，在 9:00~10:30 以及 15:00~16:30 的最佳操作时段完成。

2. 彩画部分

牌楼修缮新做彩画与原有彩画基本一致，为龙锦方心金线大点金旋子彩画，飞头绘片金万字，椽头绘龙眼宝珠。本次修缮仅将盒子处原有的坐龙西番莲彩画改为异兽西番莲彩画。本次牌楼彩画修缮具体施工步骤为：丈量配纸→起谱子→扎谱子→磨生合操→拍谱子→沥粉→刷色→拘黑→吃小晕→拉大晕→包黄胶→做锦→画异兽→切活→打金胶→贴金→拉大粉→压黑老→打点活。

慈福牌楼彩画施工前

慈福牌楼彩画施工后

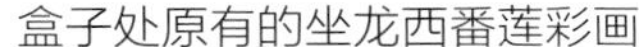

盒子处原有的坐龙西番莲彩画

盒子处改绘的异兽西番莲彩画

四、旃林、梵天牌楼遗址保护修缮

（一）遗址自然环境考察论证

旃林牌楼和梵天牌楼自1754年始建至今已有260余年，经实地勘察，旃林、梵天牌楼遗址周边树木已形成古树群落，个别树体植株生长在遗址台基上，且树冠覆盖了遗址上部空间。

北京市颐和园管理处对旃林、梵天两座牌楼的修复高度重视，从2019年11月起，园工程建设部门一直通过召开专家论证会和向市、区两级绿化行政管理部门正式报审的方式争取解决遗址周边树木与牌楼遗址复建相互影响的问题。近两年来，就树木移植、修剪事项先后组织市、区两级园林绿化局及专家对树木情况进行3次现场调研，召开4次树木移植专家论证会商议解决方案，向北京市文物局报批1次，向北京市园林绿化局提交树木移植申请和方案报批3次，向海淀区园林绿化局办公窗口报批5次，现场及电话咨询10次，召开协调调度会1次。专家认为，对东侧旃林牌楼遗址柏树进行移植，会对其植株存活造成不良影响，如必须进行移植，需做好完整的移植及保护、养护方案，经审批通过后才可实施。

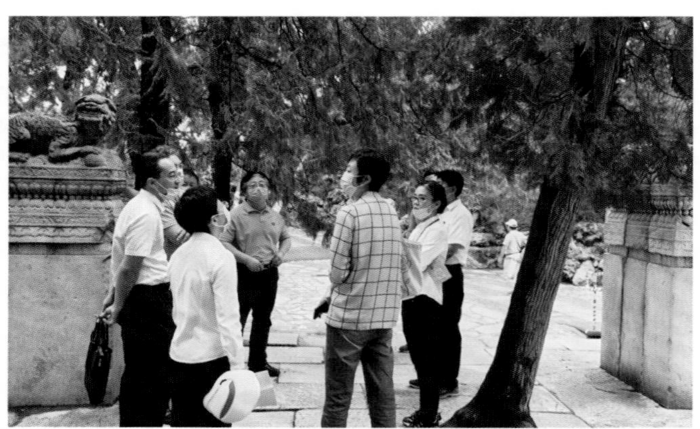

多方专家现场调研协商树木移植事项

（二）遗址未复建原因

2021年8月，古树爱好者和保护者针对此次牌楼复建工程向市级领导部门递交“请求救助颐和园古树”群众来信。2021年8月30日，市领导就此信件作出批示，要求绿化部门对牌楼遗址周边影响牌楼修复的树木进行测量和鉴定。经鉴定，东侧旃林牌楼遗址台基上现生长有3株近百年的侧柏，树径已达35厘米；西

旃林牌楼遗址 3 株柏树总体生长分布情况

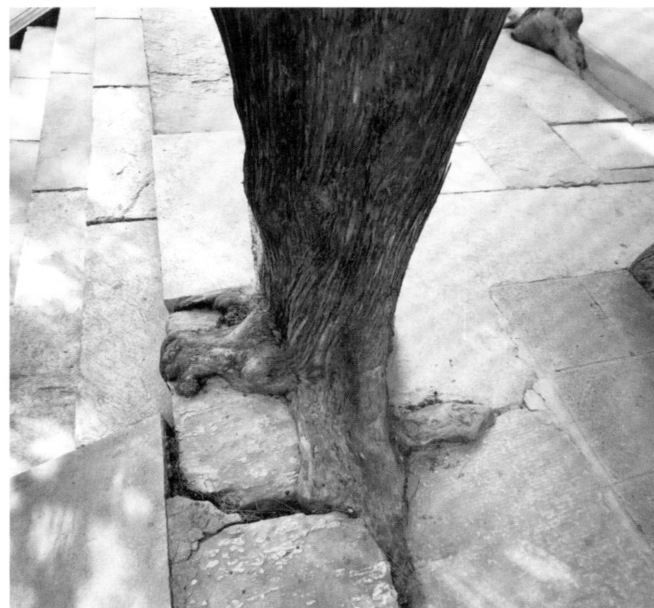

生长在旃林牌楼遗址阶条石石缝中的两株柏树

侧梵天牌楼遗址台基东北侧现生长有二级古油松 1 株，树体向西南方向倾斜，树冠南侧一枝长约 8、直径约 0.18 米的枝干恰好延伸至牌楼北侧夹杆石正上方。

此后直至 2021 年须弥灵境建筑群遗址保护与修复工程竣工前，绿化部门未对两座牌楼附近树木的移植、修剪问题予以施工批复。旃林牌楼、梵天牌楼复建项目由于绿化古树保护问题未得到有效批复，不具备古建遗址复建施工条件，北京市颐和园管理处工程建设部门于 2021 年 10 月 29 日结合整体工程即将竣工等情况，经多方商定后，向北京市文物局提交《颐和园关于须弥灵境建筑群遗址保护与修复工程设计变更的请示》。同年 11 月 10 日，北京市文物局予以减项批复。最终取消在本次遗址保护修缮工程中对旃林牌楼、梵天牌楼的复建施工。但在历时一年多的申报、论证、

梵天牌楼遗址东北侧二级古油松枝条对遗址空间的覆盖

批复过程中，颐和园工程建设部门为确保整体工程进度，参照牌楼的历史结构形态和遗址发掘资料，已完成两座牌楼木构件及琉璃瓦件的前期加工制作。此批构件现暂存于颐和园北如意门料场，待时机成熟，颐和园工程建设部门依然建议对旃林、梵天两座牌楼进行复建。

（三）遗址回填

2021年10月下旬，对两座牌楼进行遗址回填。先使用起重设备将夹杆石支顶立稳，重新砌筑糙砖基础，基础砌筑至噙口石下口，之后将噙口石归安。为了防止再次出现套顶石积水现象，并解决古建遗址基础附近渗水、沉降、下陷等病害，本次牌楼遗址保护修缮对夹杆石、厢杆石、噙口石及其周边地面石材归安后进行修补、抹灰、勾缝处理。因遗址已无柱子遗存，对裸露的柱口采取抹灰封堵处理，防止雨水再次从柱口流入，有效保护遗址构筑物本体及其周边环境。

石材抹灰勾缝

柱口抹灰封堵

周边石材地面修补、勾缝

五、植物与古建筑关系探讨

在本次牌楼复建修缮工作过程中，面临的最大问题就是植物与古建筑遗址景观恢复相互制约、相互影响。很多历史名园随着时间的推移，最初建园时的园林结构（建筑与植物）已发生较大改变。一些建筑物焚毁或坍塌后，其周边树木植株的生长对后期建筑物景观的恢复造成了一定的阻碍。

但保护古树和保护古建筑同等重要。因此，在本次修缮中，经过多次实地考察和专家论证，对于树龄较大且生长在遗址台基石缝中的树木，在确保其周边生长环境不发生巨大改变，做好移植前期准备、移植过程保护及后期养护工作的基础上，可以实施移植，改善其生长环境。这既是对较大树龄树木的保护，也是对古建筑遗址的保护。

当今社会对古树及古建筑保护的关注度越来越高，相关部门应多方探讨，共同制定合理有效的法律法规条款，并普及古树和古建筑保护知识。做到既能保护古树，又能对古建筑遗址景观合理修复起到支持促进作用，同时也让更多民众加入文物科普、保护、监督、管理的队伍，不盲目、片面发声，使历史名园能够恢复原有的风貌。

第三节

须弥灵境景区周边环境整治施工记录

须弥灵境景区分为三层平台，周边环境整治坚持最小干预原则，通过技术手段和管理措施，修缮因自然和人为造成的损伤，最大限度地保留历史信息，并防止新的破坏，使景区得到更加有效、系统的保护，同时满足开放、展示的需求。

须弥灵境景区周边环境整治主要是对景区内院落地面、排水、院落墙体等的现状整修，修复其改变原有做法的部位，恢复原貌。

一、院落地面修缮

（一）平台地面

修缮前一层平台地面铺装形式包括原有条石御路、水泥九格方砖、架空木地板；二层平台地面除原有条石御路外，局部有城砖海墁，但城砖碎裂严重；三层平台地面为水泥砖。根据勘察情况，确定以下修缮方案：

一层平台保留、整修现有御路石、牙子，并在施工中做好保护工作；拆除现有水泥砖地面，重做垫层，御路散水为花岗岩散水，院落地面为花岗岩海墁地面，御路两侧 0.5% 找坡；树木周围做架空防腐木地板，做法为先清除地表垫土层，露出原土，再回填松针腐殖土与原土混合，在距土层 4~6 厘米处铺设防腐木铺装，为古树创造良好的生长环境。

二层平台保留、整修现有御路石、牙子，并在施工中做好保护工作；拆除御路两侧石子路和城砖地面，重做垫层，御路散水为大城样斜墁散水，院落地面为大城样海墁地面，御路两侧 0.5% 找坡；恢复石排水沟及吐水口；树木周围大城样立砖砌筑树池。

三层平台拆除现有水泥砖地面，须弥灵境遗址部分按遗址保护设计实施，其余地面重做垫层；遗址北侧做青白石御路、牙子，御路散水铺墁大城样斜墁散水，其余地面铺墁大城样海墁地面，御路两侧 0.5% 找坡；恢复石排水沟及吐水口；树木周围大城样立砖砌筑树池。

院落地面修缮做法为城砖糙墁，用三七掺灰泥铺装，三七灰土垫层 300 毫米厚（两步），素土夯实。由于须弥灵境建筑群地面铺墁面积大，在施工中地面标高控制需尽可能准确，做好标高控制点设置工作，并且多次复核，保证院内地面不出现积水现象，地面泛水和坡度能够达到设计要求。

一层平台地面修缮中

一层平台地面修缮后

二层平台地面修缮中

二层平台地面修缮后

三层平台地面修缮中

三层平台地面修缮后

庭院土景修缮后

树池修缮后

（二）院落地面排水

修缮前院落地面无排水沟，均为无组织排水，且由于多年未修缮，地面出现坑洼不平、地面砖起翘等现象，下雨时排水不畅，易出现积水。在设计方案编制阶段，通过现场踏勘、查阅历史档案资料并研究原有排水系统方式及走向，最终确定整个院落的总体排水方向为由南向北、由高到低。

在院落地面铺墁时，找出现有排水管道并进行疏通；院落地面向排水沟处找泛水；地面与木地板结合处做好明排系统，并与现有管线连接；按现有石材材质添配排水沟眼石。

新添配排水沟构件

二、院落墙体修缮

（一）扶手墙

须弥灵境建筑群内的扶手墙有两种形式。第一种位于一层平台院落的东、西、北三面，为黄琉璃墙帽，墙面抹红灰。此种扶手墙墙面在之前的修缮中多处改抹沙子灰，外刷红浆，且红浆脱落极为严重。第二种位于二、三层平台院落北面，为清水花砖扶手墙。此种扶手墙为后砌，改变了原有做法，多处采用机砖，墙心花饰为混凝土预制件，墙帽抹沙子灰，墙体局部开裂。根据勘察情况，确定以下修缮方案。

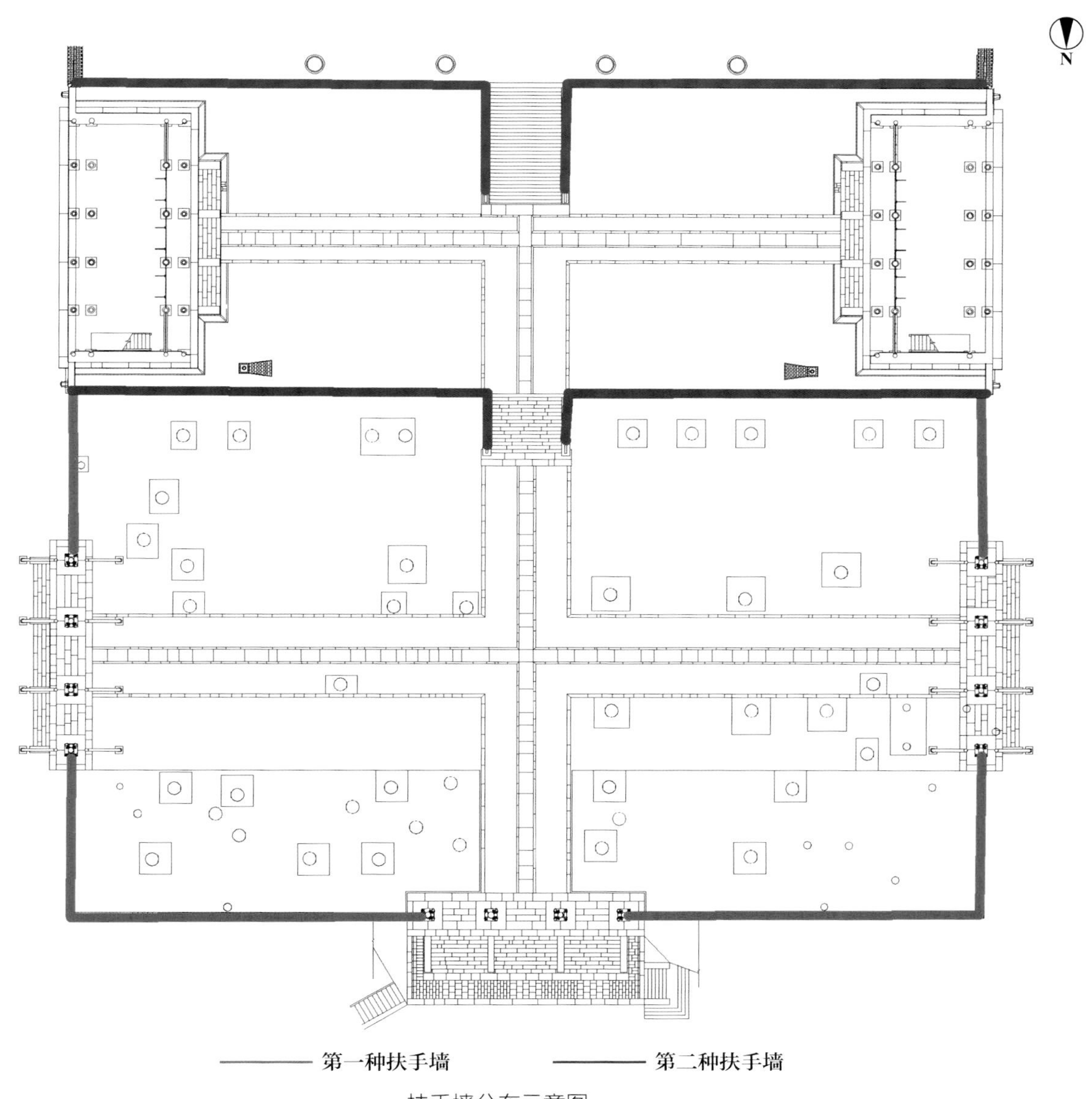

扶手墙分布示意图

一层平台扶手墙整修全部墙帽，添配琉璃构件约 20%，重新勾缝；铲除墙面后抹沙子灰，恢复红麻刀灰墙面，外刷红浆；剔补二城样干摆下碱约 30%，长 110 米。

二、三层平台拆除现有清水花砖扶手墙，按旧照形式恢复原有黄绿琉璃十字花砖扶手墙，长 165 米。

一层平台扶手墙修缮中

一层平台扶手墙修缮后

二层平台扶手墙修缮中

二层平台扶手墙修缮后

（二）卡子墙

卡子墙位于二层平台上配楼后檐墙与三层拦土墙之间，墙体原黄琉璃瓦瓦面于 20 世纪 80 年代改为布瓦，冰盘檐开裂松动，博缝头碎裂，墙体下碱及上身墙面现均改为沙子灰面层。根据勘察情况，确定修缮

二层平台卡子墙修缮中

二层平台卡子墙修缮后

方案为：瓦面挑顶，恢复黄琉璃瓦瓦面，添配脊件、吻兽、小跑；整修归安全部绿琉璃冰盘檐；重新铲抹红麻刀灰上身墙体，外刷红浆；剔补大城样干摆下碱。

（三）围墙

围墙位于三层平台东、西两侧，现黄琉璃瓦面起拱变形严重，夹腮灰松动脱落，瓦件松动、断裂、缺损严重，局部绿琉璃冰盘檐松动、断裂、脱落；上身抹红灰，抹灰空鼓、粉化严重，大面积开裂、脱落；大城样干摆下碱，局部酥碱严重，外抹青灰。根据勘察情况，确定修缮方案为：瓦面挑顶，拆安脊件、吻兽、小跑，添配黄琉璃瓦件约 30%，添配脊件、吻兽、小跑约 20%；整修归安全部绿琉璃冰盘檐；重新铲抹红麻刀灰上身墙体，外刷红浆；剔补大城样干摆下碱约 30%。

修缮过程中，贯彻尽最大可能保留原有历史信息的原则，不仅尽可能保留利用残存东、西墙体和残缺的原有石柱础，对部分外观较完整、不会引起建筑渗水等病害的原滴水勾头等琉璃瓦件也能用尽用，并且高度重视对围墙上现有琉璃瓦件的统计工作，对所有拆卸下的瓦件进行清点和登记造册，妥善保存。经统计，东围墙共有 193 垄，其中勾头 386 块、筒瓦 386 块、滴子 388 块、板瓦 1154 块；西围墙共有 193 垄，其中勾头 193 块、筒瓦 386 块、滴子 194 块、板瓦 1154 块。拆下的琉璃瓦件共计 4241 块，所有瓦件在修缮过程中全部妥善保管。

颐和园是典型的清代皇家园林，经过专家及颐和园相关部门的研究，本着尽量恢复其历史风貌的原则，本次修缮中的瓦件纹样最终采用清代刺龙图案。因瓦面为捉节形式，为了确保施工质量，剔除了直径 115

围墙琉璃瓦件统计表（一）

单位：毫米

序号	滴水长度（左/中/右）	滴水前沿宽	滴水后沿宽	滴水厚度	盖边缘宽（上/下）	盖厚（转折处/尖）	总盖高	钉扣距前沿	钉口形状	钉口宽	备注
西 -1	345/352/350	240	220	20	25/20	20/15	140	138	方	25	
西 -2	325/330/320	235	222	17	18/18	18/18	130	130	方	18	
西 -3	315/322/315	217	215	20	18/18	18/18	113	125	方	18	
西 -4	330/350/345	260	250	20	22/20	22/20	135	140	三角形	直角边长 25	
西 -5	345/360/350	245	245	靠近盖处 17/ 远端 20	17/17	17/17	110	145	圆	直径 25	
东 -1	285/300/290	217	195	15	17/17 不均	16/12	95	128	圆	直径 15	
东 -2	310/322/315	230	215	18（边楞抹角）	15/15	15/15	92	130	圆	直径 13（左侧有右侧无）	
东 -3					18/18	15/15	102				残损
东 -4	265/280/270	208	185	靠近盖处 15/ 远端 12	15/15	15/15	100	130	圆	直径 10	
东 -5	315/325/312	223	203	边楞抹角	15/15	15/13	120	145	圆	直径 10	
东 -6	315/325/315	250	242	17	17/15 不均	20/16	118	150	圆	直径 15	
东 -7	250/265/245	184	172	14	14/14	14/14	78	123	圆	直径 6（右侧钉口不明显）	
东 -8	308/320/308	220	212	15	20/20	15/13	110	135	圆	直径 10	
东 -9	290/310/290	233	215	15	10 17/10 15	13/13	140		无钉口		
东 -10	280/295/280	235	227	18	18/18	18/18	127	140	圆	直径 10	

▼ 围墙琉璃瓦件统计表（二）

单位：毫米

序号	瓦当直径	瓦当边缘	熊背长	熊背宽	熊背边缘是否倾斜	熊背厚	钉孔距	钉孔直径	方孔 长×款	熊头款式		熊头距熊背	熊头尖高	备注
										宽	窄			
西－1	123	15	275	124	内斜	18	123	18		67	48	23	缺损	
西－2	117	15	257	128	平	10	122	15×16		100	37	32	10	
西－3	115	15	263	128	平	15	120	20		100	50	45	17	圆边
西－4	125	24	270	130	平	19	132	18×19		90	52	32	17	
西－5	130	18	270	靠近瓦当 134/远离瓦当 125	平	18	132	18		90	50	32	18	“公园二〇一一年”款
西－6	125	19	275	131	平	11	112	16		105	45	32	15	
西－7	132	20	288	两侧 135/ 中间 127	内斜	瓦当反面左侧 21/瓦当反面左侧 17	无钉孔			90	55	40	20	
西－8	140	15	292	两侧 145/ 中间 140	内斜	18	137	18×20		93	55	37	12	
东－1	142	15	277	150/146	内斜	20	127	20		100	50	40	13	
东－2	135	15	285	140	内斜	20	65	22		95				
东－3	145	20	295	155	平	12	135	15		112	95	37	10	
东－4	132	15	285	140	平	10	130	20		100	100	35	10	
东－5	135	17	280	145/140	平	10	127	18		108	108	40	10	
东－6	130	15	293	143 140/137	平	15	135	18		90	55	45	18	
东－7	135	20	282	135/130			95		93×17	90	45	40	13	
东－8	125	17	280	120	内斜	15	130	16		75	45	20	13	
东－9	130	20	290	130	内斜	22	125	23		80	65	35	15	
东	125	15	275	120	内斜	17/14	115	18		90	缺损			

安装吻兽

围墙瓦面修缮后

毫米和140毫米左右的瓦件，将筒瓦直径统一为130毫米左右。沿用原有瓦件的具体标准是，只要瓦件胎体无损，瓦件大小、厚度、囊度和花饰图案一致，无论釉面是否保存完好，都继续使用。依据这一标准，共使用旧瓦勾头66块、筒瓦294块、滴子12块、板瓦1499块，共计1871块。使用范围集中在靠近游览路线的围墙内侧，便于游客观赏。而中华人民共和国成立后陆续增添的白鸽、向日葵等纹样瓦件则不再使用，拆下后由北京市颐和园管理处妥善保管。此外，在之前的多次零修中，须弥灵境围墙上放置的吻兽被望兽替代，此次修缮纠正了错误做法，用新的、符合规制的吻兽替换。

墙面抹灰做法为红麻刀灰或月白灰，即白灰：红土：麻刀=100：5：3打底；打麻揪间距500毫米，麻长250~300毫米，麻与麻之间要搭接，麻揪呈梅花状，揪子眼必须平整；布麻要均匀，抹灰压麻，分三层赶轧坚实；刷防水腻子两道，外墙外刷红色防水环保涂料三道。

三层平台围墙修缮中

三层平台围墙修缮后

（四）拦土墙

一、二层平台拦土墙为虎皮石砌筑，墙体保存较好，水泥勾缝，勾缝灰松动脱落。修缮方案为保存虎皮石墙体现状，剔除水泥勾缝，按传统做法用大麻刀灰喂缝，勾泥鳅缝。

拦土墙修缮中　　拦土墙修缮后

三、垂带踏跺、阶条石、山石修缮

须弥灵境建筑群的垂带踏跺、阶条石和山石总体保存较好，局部歪闪、松动。本次修缮中归安所有垂带踏跺和阶条石，归安、加固局部松动的山石，重新勾缝，并在施工中做好保护。

垂带踏跺修缮后

第八章

施工组织与管理及古树保护

第一节
施工组织工作

一、施工进场前期准备工作

在满足项目实施的必要条件，且得到中央财政资金支持后，须弥灵境建筑群遗址保护修复工程于2019年正式启动实施。由于工程建设规模和投资金额大，综合考虑项目建设内容、建设地点及周边环境的封闭管控及建设过程中各工序的施工周期等因素，为确保工程的合理实施，北京市颐和园管理处将该工程定为2019年启动、2021年内完成的跨年度重点工程。其中2019年内完成工程预算评审、招投标及开工许可办理等前期工作，并在完成设计交底后，组织中标的施工和监理单位进场进行封闭区域围挡的搭建和对施工现场原有水泥方砖地面及两处拟复建配楼遗址处临建房屋的拆除。

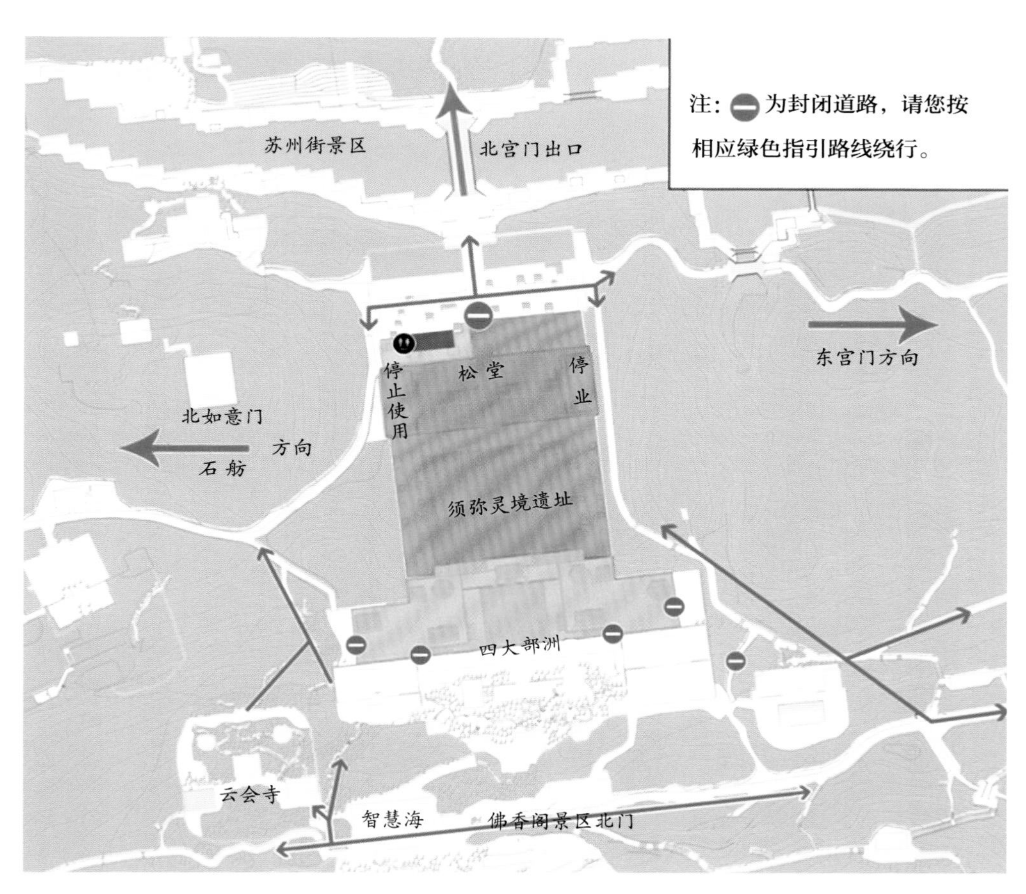

围挡封闭方案

2019年上半年，北京市颐和园管理处完成项目预算评审等前期准备工作，严格把控项目资金成本关。招投标工作按照《北京市公园管理中心工程管理办法》相关条例执行，工程招标代理机构在公证机构的见证下进行抽签确认，并由最终确认的代理机构负责对工程设计、施工和监理单位依法、依规进行公开招投标。招投标流程遵照公开、公正、公平的原则组织实施，且招投标过程和后续签署的相关文件、合同等均按北京市颐和园管理处内控管理机制，经园法务部门及第三方全过程审计机构双重审核把关。2019年9月19日，北京市颐和园管理处到北京市文物局办理工程开工申报手续，完成文物保护工程质量监督注册登记。

2019年9月24日，各参建方进行详细的设计交底沟通后，工程施工单位正式进驻现场，开展施工封闭围挡搭设。围挡搭设和封闭范围经园方多次实地调研，确保不影响旅游旺季游客正常安全通行，且满足施

围挡外的通告和标志牌

围挡内的消防器材

对围挡内的树木进行保护

对围挡内的文物进行保护

工作业环境，并于围挡外侧加设通告和游览方向指引牌。此外，还对施工范围内的树木及可移动文物采取必要保护措施。待一切准备工作完备后，须弥灵境建筑群遗址保护修复工程正式启动实施。

二、科学制定修缮方案，细节把控过程管理

须弥灵境建筑群具有重要的历史研究价值和文物价值。本次对遗址进行保护和修复是为了真实、全面地保存并延续须弥灵境建筑群及周边环境的历史信息和文化价值；通过技术手段和措施修复因自然力和人为因素造成的损伤；同时通过对须弥灵境大殿遗址的保护、两处配楼建筑的修复以及周边环境的整治，满足向广大游客开放、展示的需求。

工程实施过程严格按照《中华人民共和国文物保护法》和《文物保护工程管理办法》的相关指导思想和原则，根据文物主管部门批复方案意见组织实施。工程注重保护文物建筑的历史性、真实性，遵循按原形制、原结构、原材料和原工艺修缮的宗旨进行施工。

由于工程规模大，同时涵盖了古建筑保护修缮领域少有的复建工程，施工过程涉及瓦作、木作、土作、石作、油作、画作等多工种之间的交叉作业，北京市颐和园管理处工程项目管理部结合工程实际情况，加强日常巡查、过程协调和现场管理。为了确保施工现场安全生产，保障工期和质量，把控资金成本，提高工作效率，北京市颐和园管理处要求各参建单位认真贯彻国家有关法律法规和政策的执行，严格遵照园方各项规章管理制度，并按承包合同履行各项条款和义务；明确人员分工，施工人员做好各分步、分项工程，以及各工种、工序之间的立体交叉作业和流水施工作业；监理人员严格审批项目施工组织设计、施工技术方案、施工进度计划以及安全技术和文明施工等相关措施文件，同时协助建设单位做好工程建设过程中对

施工选材、工艺流程、施工质量、隐蔽工程等方面的监管，坚持例会制度，每周组织各参建单位召开监理例会，以促进各个工种之间的紧密配合，确保工程高质量如期完成。

三、各级领导高度重视，同时注重人才培养

工程的顺利完成离不开严格、周密的组织实施，更得益于北京市颐和园管理处各级领导对工程的高度重视。管理处各级领导注重强化文物建筑修缮过程中的科学管理，选择素质高、责任心强的工程管理人员对颐和园不同时期建筑特有的工艺、做法进行全面收集、整理；结合工程实例，通过现场教学、线下授课等多元化的方式开展古建筑“八大作”传统技艺传承讲座；对木作、瓦作、石作、土作、油漆作、彩画作等，从选料、用料、技艺流程等方面进行深入研究，梳理、记录传统技艺，在更好地传承和发展古建筑保护理念的同时，促进颐和园青年古建筑保护人才的培养。

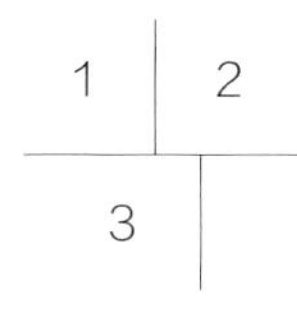

① 北京市公园管理中心领导现场调研指导工作
② 北京市文物局领导现场调研指导工作
③ 人才培养

四、严格落实新冠疫情防控要求、科学防疫

工程实施过程中，北京市颐和园管理处及相关建设管理部门及时制定相关防控预案，加强人员固化管理，并多次对施工现场的疫情防控工作进行检查和调研。针对北京市疫情发展形势和政府部门防控策略，部署防疫要求，切实做到“各方有责、各方尽责”。同时安排施工单位所有人员每周进行统一核酸检测，且严格督促、落实人员疫苗接种情况，做到“应接尽接”，确保施工过程中人员的健康和安全。

日常防疫监督检查

施工组织管理机构

一、主要施工组织管理机构

（一）上级主管部门

国家文物局、北京市文物局作为行政主管部门，负责工程立项和设计施工等方案的审核、审批等工作；北京市公园管理中心作为上级主管部门，负责工程项目程序管理及资金使用等方面的整体管控。

（二）质量监督部门

北京市文物工程质量监督站负责工程的质量监督管理，督促建设单位及时办理监督注册手续，对工程建设项目的合法性和工程各参建主体的质量行为进行监督，对工程实体质量进行监督抽查，对工程所使用的建筑材料、构配件、设备等质量进行监督抽查，对工程的地基基础、主体结构的安全及装饰、装修等使用功能等方面进行监督抽查和测试，对建设单位组织的竣工验收实施监督，办理竣工验收备案。

（三）建设单位组织架构

北京市颐和园管理处成立项目领导组和项目工程管理部，由主管园领导统一部署，由园古建工程科、文物保护科、计划财务科、管理科、安全应急科、行政办公室、纪检审计办公室、工程队各部门组成，确保对工程管理过程中涉及的技艺流程、工程质量、实施进度、安全保卫、资金使用、协调管理、廉政风险防控等实施全面、严格、规范、高效的管控。

二、具体工作职责

（一）工程建设组

工程建设组的工作职责是依据工程内容及现场实施条件安排施工进度计划，严格按照文物主管部门批复的施工方案组织实施；负责工程开工质量监督注册办理，负责工程监理单位的管理、监督工作；负责施工单位、设计单位、监理单位的现场协调、监督、管理等工作；负责工程质量管理和安全生产工作；负责园内各单位之间和施工运输物料等协调工作，负责组织工程各分部及竣工验收；对工程全过程的各项资料进行整理、归档。

组长：秦雷

副组长：荣华、张京、陈曲

成员：张斌、朱颐、王娟、常耘硕、杨东升

（二）工程招投标组

工程招投标组的工作职责是确定和组织招投标代理机构；负责联合招标代理机构共同编制、审核招标文件，招标公告的发布及开评标现场的监督工作；负责工程设计、施工、监理招投标项目的组织、协调工作；负责组织与中标单位签署工程合同，督察合同的履约情况；负责招投标档案的存档。

组长：秦雷

副组长：荣华

成员：张斌

（三）财务管理组

财务管理组的工作职责是负责工程项目资金计划的编制、资金申请和落实、工程资金支付管理、资金使用绩效评估等工作，并按照颐和园资金管理办法加强对专项资金的管理。

组长：荣华、姬慧

成员：安静

（四）资料档案组

资料档案组的工作职责是收集、整理修缮工程中的各类资料，包括档案、文档、影像、照片等；按照文物工程质量监督相关规定收集须弥灵境建筑群遗址保护与修复工程的招投标文件、合同、专家意见、会议纪要，以及施工全过程的技术、财务等档案资料，立卷归档；负责档案资料研究与大修实录编辑出版等工作。

组长：荣华

成员：朱颐、张斌

（五）监督督察组

监督督察组的工作职责是监督项目工程管理部工作人员的党风廉政建设，进行岗位风险点防控与防范措施的监督管理；开展各项规章制度和廉洁自律教育工作的贯彻落实；对项目招投标、合同履行情况、绩效目标完成进度以及工程资金使用等重点环节实施监督检查，确保专款专用；全程监管工程项目实施中的违法违纪问题。

组长：王馨

副组长：李伟红

成员：惠杰、张萌萌

（六）设计单位

设计单位的工作职责如下：

第一，根据建设单位对工程的设计要求，开展详细的建筑现状勘察，了解建筑病害等级和分布情况，收集并整理建筑历史沿革等资料，编制初步勘察设计方案。

第二，组织开展方案专家论证会，根据专家论证意见对设计方案进行完善，并在项目审批过程中，根据文物主管部门的批复意见和相关专家意见进一步修改细化设计方案，直到方案通过审批。

第三，施工正式进场实施前向施工方、监理方进行设计交底和图纸会审，回答疑问，解决各方提出的问题；施工过程中对现场发生的问题及时派遣专业技术人员到场，迅速有效地解决问题；对施工图纸中不详细或与实际不符的内容及时调整，出具工程洽商文件等，确保工程不会因设计方案或施工过程中遇到的问题延误工期。

第四，参加工程各分部、分项验收和工程竣工验收，并完成相关资料的整备归档。

须弥灵境建筑群遗址保护与修复工程的勘察设计工作由北京兴中兴建筑设计有限公司与天津大学建筑设计研究院联合完成。其中，北京兴中兴建筑设计有限公司主要负责现场勘察测绘、修缮方案设计、制图等工作；天津大学建筑设计研究院主要负责须弥灵境建筑群的历史沿革梳理、遗址三维扫描、须弥灵境大殿遗址保护研究，以及旃林牌楼、梵天牌楼和宝华楼、法藏楼的修复研究工作。

须弥灵境建筑群遗址保护与修复工程设计单位负责项目与参与人员情况表

单位	负责项目	参与人员
北京兴中兴建筑设计有限公司	现场勘察测绘、修缮方案设计、制图等	项目负责人：张玉 建筑负责人：博俊杰 设计负责人：王木子 结构负责人：王洲祥
天津大学建筑设计研究院	须弥灵境建筑群测绘	指导教师：王其亨、丁垚 参与人员：何蓓洁、刘瑜、陈燕丽、李哲、王晋、吕双、赵卫松、郝鑫、周钱彬、徐龙龙、罗希、董镇彦、姜银辉、李鼎一、詹远、赵轶恬、王方捷、黄雨尘、郭聪、贾文夫、厉娜、任晓菲、庹川、朱剡、崔思达
	测绘图纸后期修改整理	张龙、张凤梧、闫金强、李丽娟、王方捷
	四大部洲建筑群修缮设计	王其亨、王蔚、吴葱、朱阳、曹鹏、张龙、张凤梧、李星魁、裴忠庆、张传禄
	须弥灵境遗址点云扫描机现状勘察测绘	张龙、张凤梧、刘瑜、朱磊、吴晗冰、张猛、陈谋黱、杨馥源、张永杰、李丽娟、袁鹏洲、吴昊、张坤禹
	须弥灵境建筑群遗址保护与修复工程方案设计	项目主持人：王其亨、张龙 主要参与人员：蔡节、张凤梧、徐龙龙、翟建宇、钱辰元、刘婧、黄墨、袁媛
	须弥灵境建筑群三维激光扫描与建筑信息模型	鲍国庆、刘亚群
	须弥灵境建筑群施工全过程跟踪记录	刘亚群、王博、左胜达、管雪、赵晓彤、高雨寒、孙雅正
	古建筑传统技艺“八大作”研究与传承及须弥灵境大殿复原研究	张龙、刘亚群

（七）监理单位

监理单位的工作职责如下：

第一，参加设计交底和图纸会审，审查施工方编制的施工组织设计、施工技术方案和施工进度计划，提出具体意见并督促其实施，定期组织召开监理例会。

第二，对工程所用传统材料、构配件进行进场检验，并见证取样试验等，确认材料符合设计要求的标准方可使用；检查工程质量，对分部、分项和隐蔽工程组织阶段性验收。

第三，督促施工方严格按照工程设计文件、相关技术标准和技艺流程施工，对质量合格的工程进行计量，认定完成的工程数量，签署工程量确认单。

第四，检查现场的安全防护措施，对不符合行业标准的现象和安全隐患及时提出整改要求，必要时可责令停工整改。

第五，阶段性检查工程进度、督促工程进度计划的实施。

第六，组织各参建方进行工程竣工初步验收，根据初验所发现的问题督促施工方进行整改，最终使工程达到质量合格标准。

第七，收集、整理监理大纲、规划及例会纪要、监理月报及监理总结等技术档案资料，并移交建设方归档。

须弥灵境建筑群遗址保护与修复工程监理单位为北京方亭工程监理有限公司，主要参与人员包括：总监理工程师王春彦，总监理工程师代表孙希和，专业监理工程师孙希和、郭志国、杨文新、王琳。

（八）施工单位

施工单位的主要工作职责如下：

第一，熟悉施工图及现场环境，提出方案中未明确或与实际施工操作不符的问题，在设计交底和图纸会审过程中与设计方进行沟通解决，根据工程情况及时编制施工组织设计方案、施工进度计划、材料用量计划、机械设备使用计划、人员组织保证计划等。

第二，建立项目管理机构，明确工程的项目经理、技术负责人和各工种施工管理负责人、安全负责人等；对工人进行现场安全教育和施工质量技术交底，根据实际情况调配施工人员和材料，积极与相关单位协调沟通，做到质量、进度符合要求，安全生产无事故。

第三，严格按照施工图纸和技术标准施工，对建筑材料及建筑构配件进行严格把控和检验，填写材料及构配件进场记录。

第四，进行隐蔽工程质量检查并配合相关方进行分部、分项工程验收。

第五，按时参加每周的监理例会，汇报工程进展情况，协商工程中出现的问题。

第六，工程完工后提交竣工验收申请，通过建设单位和设计和施工、监理各方共同初验后，向北京市文物工程质量监督站申请进行竣工验收。

第七，工程竣工验收合格后，绘制竣工图，收集、整合施工全过程技术档案资料并移交建设单位归档。

须弥灵境建筑群遗址保护与修复工程的施工单位为北京国文琰园林古建筑工程有限公司，主要参与人员包括：项目经理陈磊，技术负责人薛玉宝，各专业负责人李金汉、闫福荣、褚玉军、赵文良、刘洪伟，质检员张燕，造价员何鑫，材料员张亚辉、樊亚琛，资料员李威加，安全员栗堃。

（九）工程全过程审计单位

工程全过程审计单位的工作职责是通过对工程建设项目全过程进行跟踪审计，对工程建设项目各环节的真实性、合法性、合规性、完整性及效益性进行审核及审计监督，并提出相应的审计服务咨询意见和建议；核实工程各阶段性支出工程量及实际造价，达到控制建设成本、规范程序、提高基本建设资金使用效益、合理节约投入资金的目的。

须弥灵境建筑群遗址保护与修复工程全过程审计单位为北京兴中海建工程造价咨询有限公司，主要参与人员包括：项目负责人刘萍，主要参与人员高银虎、贾月月、郑沈兵。

第三节 施工现场管理

一、文明施工管理

须弥灵境建筑群遗址保护与修复工程自 2019 年实施起，即创建年度重点任务项目廉政风险防控管理机制，明确工程施工过程中的潜在风险点及相关防控措施。同时规划项目实施进度安排，记录日常自检及阶段性检查信息，以便更好地督促建设单位进行施工过程管理。

（一）门间管理

因受新冠疫情影响，根据各级主管单位相关疫情防控工作指示，工程自 2020 年 1 月 1 日起停工，2020 年 4 月 24 日正式复工，比预计复工时间滞后近 60 天，造成工程进展延误。

2020 年 6 月，北京市颐和园管理处副园长秦雷、吕高强、王馨带领党委办公室、工程科、基建队相关

北京市颐和园管理处领导带队进行防疫检查

北京市公园管理中心领导进行防疫综合检查

人员对施工现场防疫和安全工作进行了综合大检查。2020 年 7 月，北京市公园管理中心赖何慧、高飞，在北京市颐和园管理处园长杨华、副园长秦雷及相关人员的陪同下，对施工现场的防疫工作及施工安全、质量、进度等方面进行了视察。

1. 日常防疫工作管理

施工期间，北京市颐和园管理处园长杨华带领检查组对施工现场的进展情况及疫情防控工作进行检查调研。检查组针对北京市疫情的发展形势和政府部门防控策略，要求参与工程建设的各方人员严格执行现阶段各项疫情防控措施，进一步明确主体责任，加强对疫情防控工作的组织实施，抓实、抓细各项常态化工作，切实做到“各方有责、各方尽责”；继续保持原有的人员日常体温监测、环境消毒及来访人员明细登记制度，并每日更新场地内人员健康宝检测记录，若有出现发热、干咳、乏力、腹泻等异常情况的人员及时进行隔离并报告有关部门；项目部配备充足的防疫物资，按时向工人发放并做好记录，时刻监督提醒作业人员佩戴防护用品；每日对施工人员驻地环境进行消毒、通风处理，工人用餐严格执行食品采购、储存、加工等卫生标准，并做好餐具的日常消毒以及餐余垃圾的处理。

（1）人员管理

严格落实施工人员实名制，建立施工单位施工人员花名册，花名册中包含所有与项目相关的人员；所有入场施工人员必须持由北京市颐和园管理处保卫科审核通过的施工证件才能入园施工；要求施工单位对施工人员进行封闭式管理，即施工现场、施工驻地两点固定，严格管控人员流动，减少感染风险，避免疫情输入性传播；所有项目相关人员无特殊情况不离京，若确需离京，返京后需按规定自行居家，居家结束后持有效核酸检测证明向园方提出申请，审核通过后方可入园施工。

（2）台账管理

严格施工单位施工人员健康台账管理，内容包括施工人员每日体温监测表，施工人员健康宝正常截图、有效核酸证明截图、有效疫苗接种证明截图、大数据行程码截图，并由建设单位施工现场负责人对以上相关数据进行核对、收集和整理存档。

（3）措施管理

严格施工单位施工区域门卫管理工作，配备酒精和消毒水等防疫物资和设备，对重点部位和人员密集区域进行消毒和及时通风，设立“今日已消毒”标牌，做好每日消毒记录和每日防疫物资的发放工作；所有人员需佩戴有效证件入场，若遇特殊情况，施工单位要第一时间与建设单位相关领导核实确认来访人员身份及缘由；所有入场人员需佩戴口罩，做好体温监测。

2. 安全文明施工管理

规范化管理，设立封闭式料场，材料码放整齐，运输无遗撒；悬挂宣传标语，鼓舞施工队伍士气，宣传施工单位企业文化；脚手架要求使用硬质围挡，弃用密目网，确保施工安全；施工围挡外张贴“五版一图”，统一规范模式；严格落实施工现场内的古树保护、文物保护和地面保护工作；现场消防设施设备配备齐全。

制度化管理，施工现场严格落实门卫值守制度、来访人员登记制度、施工现场消防安全日常巡查制度、施工现场上下班拉闸断电制度、施工现场机械设备日常维修检查和养护制度以及施工现场消防安全培训演练制度。

（二）夜间材料运输管理

1. 施工材料运输难点

据《颐和园志》[1]记载，清漪园时期的排云殿—佛香阁建筑群于乾隆二十五年（1760年）建成，咸丰十年（1860年）被英法联军焚毁，修复工程于光绪十二年（1886年）开始秘密施工，光绪十四年（1888年）工程公开，光绪二十一年（1895年）停工，共用时9年。当时所用木材从各地深山老林里采伐，之后水运至通州，再从通州行走60里运至工地；各种规格的沉浆砖由山东临清的工匠烧造；形状不一的琉璃瓦件出自门头沟的琉璃窑；汉白玉和青白石从房山的大石窝开采。仅佛香阁使用的各式琉璃瓦件就达184172件。寿膳房一处使用的木料达44355立方尺，共重1330650斤。当时木料用大车运输，每车装1500斤，寿膳房木料共装了887车，而寿膳房只是一处有8个院落的厨房，由此可见当时颐和园的木材运输是多么庞大的一项工程。

而须弥灵境建筑群由慈福、梵天、旃林三座牌楼，宝华楼、法藏楼两座配楼以及须弥灵境大殿6座建筑组成，占地面积9410平方米，建筑面积2816平方米。此次保护修缮工程中使用的木材总量约为616立方米、石材约380立方米、砖材147685块、琉璃瓦件65764件。木材加工厂至颐和园施工现场约130千米，用运载量为35吨的货车运输，木材运输量约10车，石材运输量约30车。并且复建二层楼所用木料和修复三层遗址基础所用石材的体量十分巨大，给材料的二次运输造成了很大困难。

▼ **宝华楼、法藏楼石材及大木尺寸一览表** **单位：毫米**

名称	长	宽/径	高/厚
踏跺石	3286	350	162
垂带石	1932	650	240
埋头石	690	570	530
阶条石		550	280
陡板石		210	530
土衬石		400	260
檐部柱顶石	850	850	
金部柱顶石	850	850	
檐柱	7165	352	
金柱	8365	420	
三架梁		290	395

1 颐和园管理处：《颐和园志》，中国林业出版社，2006年。

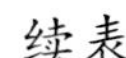

续表

名称	长	宽/径	高/厚
五架梁		400	450
五架梁随梁		205	235
桃尖梁		384	432
桃尖随梁		384	530
脊檩		264	
上金檩		264	
下金檩		264	
正心桁		264	
挑檐桁		172	
扶脊木		264	
脊（金）枋		176	211
平板枋		255	120
大额枋		317	387
穿插枋		255	272
脊（金）垫板		60	235
楞木		145	190
博缝板		512	77
山花板			64
草架柱		115	147
穿		115	147
踩步金		384	500
踏脚木		230	288
交金瓜柱		260	260
老角梁		192	288
仔角梁		192	288
角背	1456	88	563
檐椽		95	95
飞椽		95	95

梵天、旃林、慈福牌楼大木尺寸一览表 单位：毫米

名称	长	宽	高	厚	径
柱			5440		500
高拱柱		390	1790	390	
小额枋			明间 460、次间 410	明间 380、次间 330	
大额枋			560	480	
龙门枋			610	530	
单额枋			明间 440、次间 440	明间 370、次间 370	
折柱		115	高随各额枋	170	
花板			高随各额枋	130	

续表

名称	长	宽	高	厚	径
雀替	明间 1185、次间 235		明间 430、次间 430	明间 140、次间 140	
飞椽			60	60	
檐椽					60
挑檐桁					145
正心桁					210
扶脊木					210
老角梁			225	150	
仔角梁			225	150	
坠山花板				75	

须弥灵境遗址石材尺寸一览表 **单位：毫米**

名称	长	宽	高 / 厚
土衬石		520	300
陡板石		270	910~1095
埋头石	1150	1150	950
柱顶石	檐部 1270、金部 1650	檐部 1270、金部 1650	檐部 650、金部 800
角柱石	前檐 950、后檐 900	前檐 950、后檐 900	前檐 1080、后檐 1080
腰线石		1235	300
阶条石	6120	1420	300
	6010	1420	300
	5270	1420	300
	5050	1420	300
	4570	1420	300
	2055	1420	300
如意石		400	220
燕窝石		400	220
踏跺石		359	154

2. 施工运输的实施措施和难点解决方案

（1）料场的选择

鉴于施工现场位于颐和园内万寿山后山中麓，修缮所需的石材和木材等材料无法直接运输至现场，施工材料到达颐和园后需要停放在临时料场。经过建设单位与园内各相关部门多方协调，选择了面积大、运输距离短的眺远门料场和北如意门料场作为此次工程施工用料的第一存放地。

（2）运输路线与时间的确定

从两个料场到施工现场还有将近 2 千米的运输距离，由于此次工程中要复建两座配楼并修复三层遗址基础，所用的木材和石材体量巨大，建设单位与施工单位经过现场实地勘察，反复推敲运输方式，最终确定两条陆地运输线路：线路一为眺远门—寅辉城关—须弥灵境，运输小石材和大木构件；线路二为北如意门—丁香路—须弥灵境，运输大型石材。

由于运输路线处于游客游览线路上，无法在白天运输。经过建设单位的多方协调，最终确定了夜间运

输的方案，运输时间为晚八时至次日凌晨五时。

（3）运输途中的文物与古树保护

运输路线中包含一座城关、三座桥梁和古树若干。

北京市颐和园管理处保卫科对运输线路内的文物保护工作严格要求，重点强调对三座桥梁的保护，并在夜间施工审批单中重点批示。为此，在运输须弥灵境建筑群三层平台大型石构件[1]时专门搭设了运输用桥。运输石材的桥梁在设计时拟采用脚手架搭设的方式。桥梁跨度 1.5、宽 3、高 1 米，桥面铺设钢板及脚手板。脚手架立杆采用双立杆形式，间距 0.75、步距 0.5 米。但因河道底部不平整，实际施工时依照图纸在底部设置混凝土垫层找平。为方便搭设，需从桥体的位置移走 5 块原有石体。

新建运输用桥

对桥体周边的古树和文物进行保护

北京市颐和园管理处园林科要求对古树进行保护，利用硬质围挡维护，用木条缠绕围裹树身，对树枝进行支护，并派专人对古树进行巡视检查。

（4）运输途中道路台阶及城关的保护

施工材料和设备需要由工人使用燃油三轮车（长 3.9、宽 1.3 米）进行运送，旃林牌楼东侧至寅辉城关西侧木桥为运输必经路线。但该路段有 6 处台阶（自西向东依次为 1~6 号台阶），燃油三轮车无法顺利通过。为防止台阶在运输中被破坏，同时提高运输效率，避免影响游客游览，特定制 6 个坡道，确保解决运输问题。

6 个坡道从旃林牌楼起由西向东分别编为 1~6 号。其中，旃林牌楼东侧的 1 号台阶由于阶数较多，坡道尺寸过大，不宜经常拆卸，同时此处道路较为宽阔，对游人通行影响较小，因此决定对 1 号坡道进行固定，暂定在施工期间无特殊情况不进行拆卸。1 号坡道安装在旃林牌楼明间台阶中部，两侧均有 0.9 米高的扶手。而 2~6 号台阶处道路相对较窄，易影响游客通行，且台阶阶数

1 号坡道模拟安装后正视图

1 号坡道模拟安装后侧视图

由上至下依次为 5 号、6 号台阶

1　明间阶条石长 6120、宽 1420、高 300 毫米，柱顶石长 1650、宽 1650、高 800 毫米。

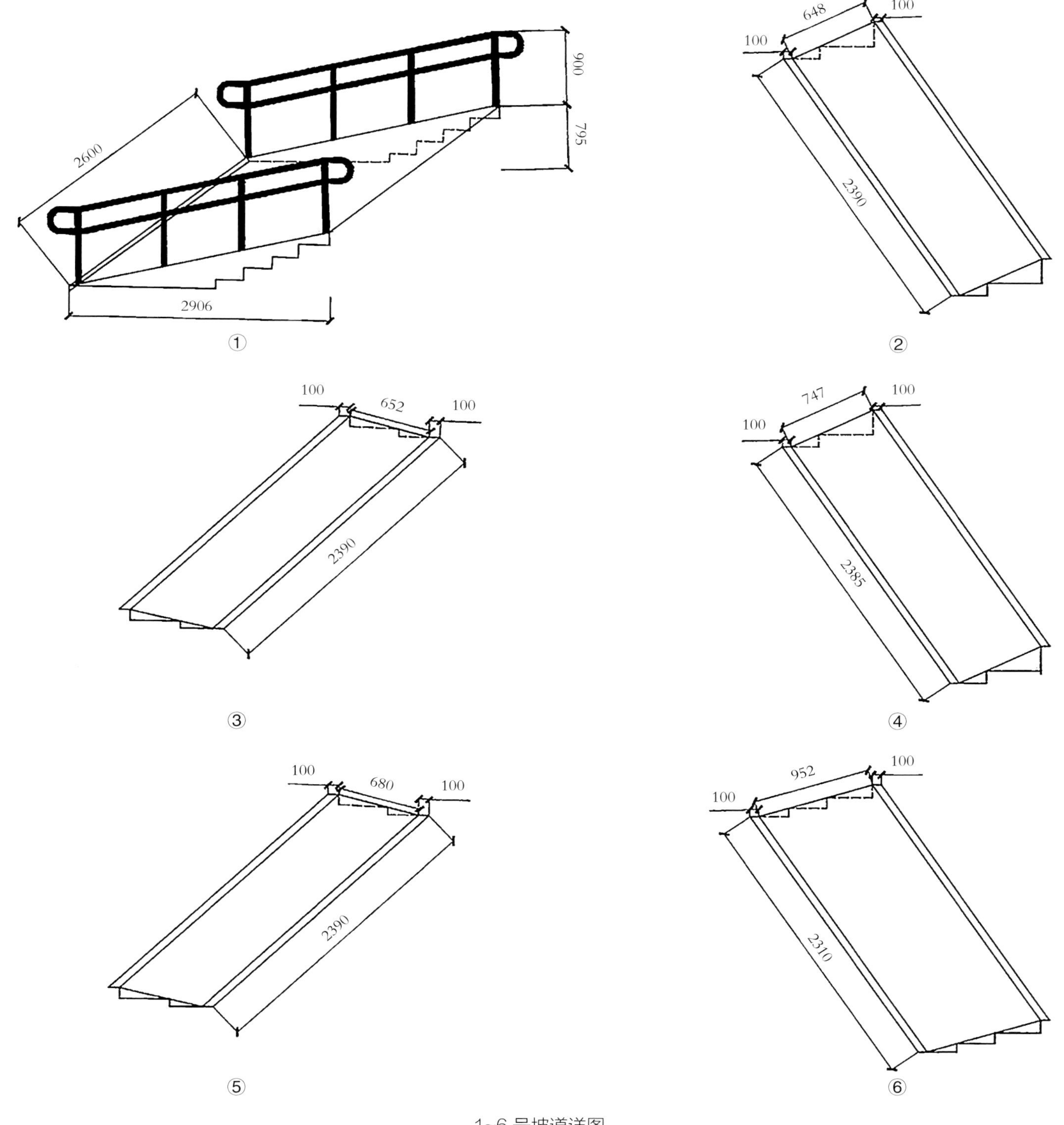

1~6 号坡道详图
① 1 号坡道 ② 2 号坡道 ③ 3 号坡道 ④ 4 号坡道 ⑤ 5 号坡道 ⑥ 6 号坡道

较少，坡道尺寸较小，因此仅在运输时铺设坡道，在完成运输后立即收回，避免影响游客通行。

坡道安装固定后，立即在坡道表面安装防滑条，以确保车辆在坡道上正常行驶、不打滑，并指定专人定期进行安全检查，确认坡道各部位无松动，定期检测防滑条是否脱落、是否需要更换，排查各项安全隐患，确保运输、通行安全。2~6 号坡道必须保证铺设规矩，无悬搭、虚设等不安全状况，运输完成后及时收回坡道；坡道在不使用时，必须放置在合理的预设放置区域，不得影响园内道路通行。

运输过程中，必须有安全员到场巡视，确保工人、游客的安全。车辆行驶过程中，驾驶人员必须小心谨慎，匀速、低速行驶，留出与游客、行人的安全距离，不与游客抢行，防止挤压、刮碰游客；不得剐蹭地面、护栏、各类植物等园内设施及文物；园内不得鸣笛。

燃油三轮车不得装载过重、过高，在运输途中尽量避免掉落物品，以免对沿途道路卫生造成破坏。如有少量渣土、废料从车中滚落，必须派人进行清扫，以保证园内环境卫生。

然而，在运输过程中，因为运输车荷载较大，坡道无法承受多次碾压，且坡道修缮时间无法保证。最

终施工现场管理人员和施工单位、监理单位认真讨论后，决定换成用砖沙将台阶保护好后在外层铺设地毯的方式，由施工单位根据地毯和基础的破损情况，对坡道进行及时维修，保证了园内运输的顺利进行。

3. 大木和石材的园内转运

由于园内无法进入大型的起重、起吊设备（大型吊车、重型叉车），且运输线路上石桥的承重能力以及路面的可行驶空间和驾控空间都受到限制，经过施工单位的多次尝试，最终选择杭州柴油平衡重式叉车、柴油三轮车和施工单位自行焊制的四轮钢架车，分别作为园内石材和大木的运输车辆。

在木材运输过程中，施工人员对木材按尺寸进行分类，尺寸最大的承重梁采取多人推拉四轮钢架车的形式运输，金柱、檐柱和檩三件（檩、垫板、枋）基本都用柴油三轮车拉运。

在石材运输过程中，施工人员利用了平衡重式叉车的特点，采取两端悬挑固定，匀速牵拉的运输形式。运输途中由专业的叉车司机指挥，大大减少了对沿途路面、山石、古树的损坏。

4. 材料进场后的二次转运

（1）一至三层平台转运坡道搭设方案

由于须弥灵境是由三层平台组成的叠落式建筑群，如何将运至现场的材料一次转运到位成为施工单位面临的难题。施工单位与建设单位经过多次开会研究，决定采取搭设满堂红脚手架坡道的方案来解决木材、石材进场后的二次转运问题，使材料能够顺利、精准地到达指定地点。

满堂红脚手架坡道由施工单位的专业结构工程师和专业架子工技师，通过对架子管及脚手板进行受力分析，最终确定架子管横杆与竖杆的间距，架子工搭设完成后由监理单位、建设单位和施工单位一起对脚手架及坡道进行安全验收。并且在使用过中，建设单位严格要求监理单位对二次转运过程要做到旁站安全监督。

夜间运输石材、木材

（2）二次转运设备及各种转运车辆的牵引保护方案

为了二次转运中各种材料运输的精准到位，施工单位采用了小型铲车、平衡重式叉车、柴油电三轮车、小型挖掘机、人力双轮车、电动卷扬机等各类机械设备作为运输工具。建设单位对于现场的机械设备使用和定期检修提出了明确要求，必须在确保施工人员人身安全的前提下进行施工，并且保证不出现任何由于人员操作失误导致的安全事故。

施工现场的二次转运坡道

微型铲车

微型叉车

微型钩机

三轮摩托

双轮手推车

（三）施工过程质量监督与技术指导

1. 复产复工管理

2020 年 1 月 1 日，由于新冠疫情，须弥灵境建筑群遗址保护与修复工程施工现场停工。2020 年 4 月 24 日上午，北京市颐和园管理处副园长秦雷携工程科、工程队相关人员一同参加复工现场会议，会上对施工单位提出要防疫施工两手抓，对于疫情导致的工期滞后，施工单位要合理调整安排，确保工程保质保量竣工。

2. 设计变更洽商

原有方案中东配楼的腰线石标高为 1.2 米，经建设单位与施工、监理两方勘察后发现，原有的后檐墙腰线石实际标高为 1.4 米；原有方案中东配楼翼角起翘为 17 翘，经过建设单位和施工单位根据实际基础尺寸推算，最终起翘数只能达到 13 翘；设计方、建设单位、施工方、监理方共同确认二层柱套顶石直落在木地板上以及琉璃盖板砖下挂檐加木撑框的方案。2020 年 5 月 14 日，设计人员张玉现场解决设计方案中的问题。

3. 古树相关问题处理

2020 年 6 月 15 日，北京市颐和园管理处园长杨华，副园长秦雷、吕高强以及园林科和工程科相关人员

颐和园领导陪同上级领导进行现场勘察

相关人员赴木材加工场实地考察

木材加工场进行构件加工制作

现场处理建筑与古树之间关系的相关事宜。7 月 2 日，北京市园林绿化局及北京市公园管理中心综合处相关领导，北京市颐和园管理处副园长秦雷、吕高强及工程科荣华等人现场勘察建筑附近古树的情况。

4. 大木质量管理

2020 年 8 月 21 日，建设单位陪同北京市文物工程质量监督站（以下简称“文物局八分站”）相关人员，到位于河北廊坊的木材加工厂，对正在加工的木构件进行尺寸核验和含水率检测。

5. 临时避雷设备管理

2020 年 9 月 16 日，在建设单位、监理单位和施工单位三方见证下，对施工现场的临时避雷设施进行了阻值遥感测试，结果为 2.4Ω，符合规范标准。

施工现场避雷遥感测试

墙体质量监督

望板质量监督

遗址勘察

油饰质量监督

6. 文物局八分站现场监督管理

文物局八分站监督员刘秉涛、申迪、王凯自本工程正式开工后，除例行定期检查外，在整个工程的隐蔽、分项、分部工程节点均对工程的质量、安全进行监督检查。

7. 舆情管理

在施工过程中，要求施工单位对施工人员严格管理，禁止对游客谈论与修缮相关的内容，保证施工的正常进行。同时对一些古建爱好者在微博发表的与修缮相关的内容，北京市颐和园管理处都进行了较好的答复和处理。

二、安全生产管理

施工安全重于泰山，必须在确保安全的情况下组织施工。在整个施工过程中，必须始终坚持“安全第一，预防为主，综合治理”的方针，把安全措施落到实处。

为了保证须弥灵境工程的安全开展，在建设单位和监理单位的监督指导和要求下，施工单位还编制了《消防应急预案》《防汛应急预案》《安全应急预案》《机械设备管理方案》《卷扬机使用方案》等，以便对工程进行安全生产管理。

消防安全管理：工程施工对象为大木结构的建筑，防火工作非常重要，必须在消防安全工作受控的情况下组织施工，不得盲目施工，不得对消防安全问题存在侥幸心理。除了日常的消防器材外，还在施工现场配备了一个微型消防站。消防站成员由施工单位从施工人员中选出，并接受专业的消防技能培训，为施工现场的消防安全提供了更好的保障。此次工程施工期间，建设单位组织了现场专项消防培训 24 次、日常消防安全检查若干次、微型消防队技能培训 12 次、施工消防演习 4 次。

微型消防站

日常消防检查

施工现场消防演练

防尘降尘管理：针对工程三层遗址平台大量的土方工程，施工单位准备了防尘网，还配备了降尘喷雾工具。

临水临电管理：针对施工现场的临电，要求施工单位建立每日拉闸断电负责制，责任到人，保证施工现场的用电安全。

脚手架管理：2020 年 5 月 12 日，建设单位组织监理单位、施工单位三方进行脚手架验收。后续施工中曾多次拆改脚手架，都是经由三方验收合格后才进行正常施工。

机械油料管理：因施工过程中需使用机械设备运输部分体量及重量较大的建筑材料，为保障施工现场安全，确保易燃物及可燃物不在园区内滞留，施工过程中严格控制设备燃料的用量及进出园区的手续、路线，并安排专人监管。

施工现场脚手架验收

施工现场油料进场监管

第四节
古树保护

古树是绿色文物，蕴含着丰富的历史与文化内涵，具有重要的人文与科学价值，对研究本地区的历史文化、环境变迁和植物分布等有重要作用，是独特而不可替代的自然和文化资源。为深入贯彻习近平生态文明思想，落实党的十九届四中全会和中央及北京市领导关于加强古树保护的系列指示批示精神，依据北京市文物局转发的首都绿化委员会《进一步加强首都古树名木保护管理的意见》（首绿办字［2019］15 号）要求，古建修缮工程要进一步提高对古树保护重要性的认识，加强古树保护管理。

《北京市古树名木保护管理条例》第十五条规定："建设项目涉及古树名木的，在规划、设计和施工、安装中，应当采取避让保护措施。避让保护措施由建设单位报园林绿化部门批准，未经批准，不得施工。"《北京市古树名木保护管理条例实施办法》第六条规定："古树名木应以树冠垂直投影之外三米为界划定保护范围。由于历史原因造成保护范围和空间不足的，应在城市建设和改造中予以调整完善。"《北京市古树名木保护管理条例实施办法》第十一条规定："古树名木保护范围内禁止挖坑取土，动用明火，排放烟气、废气，倾倒污水、污物，堆放物料，修建建筑物或者构筑物等危害树木生长的行为。空调室外机排风口应避开古树名木。对影响古树名木生长的各类生产、生活设施，由区、县古树名木主管部门责令有关单位或者个人限期采取措施，消除影响和危害。"

北京市颐和园管理处在须弥灵境建筑群遗址保护与修复工程实施过程中，积极树立古树保护意识，做好古树保护及监督古树保护的工作，营造古树保护的良好氛围。施工区域内距离遗址较近的二级古树有 3 棵，分别为柏树 2 棵、油松 1 棵。北京市颐和园管理处按照《北京市古树名木保护管理条例》要求，遵循古树和文物建筑相生相伴、最小干预以及保护古树健康生长的原则对古树避让保护，最大限度满足古树正常生长需要；针对古树的具体生长环境和生长状况，科学制定有效的避让保护措施，确保工程实施过程中对古树树冠、树干、根系以及树冠下方的土壤进行全方位保护，使工程建设对古树的影响降到最低。

一、古树现状

（一）树木数量、种类与分布情况

通过实地勘察，工程建设项目内共有 112 棵树木，其中一级古树 2 棵、二级古树 40 棵、未挂牌树木 70 棵，包括柏树 48 棵、油松 33 棵、白皮松 22 棵、华山松 5 棵、国槐 2 棵、栾树 1 棵、山桃 1 棵。树木沿纵深方向分布于万寿山山坡自北向南逐层叠起的三层台地上。

须弥灵境建筑群树木勘察记录表

编号	树种	规格			类别
		胸/地径（厘米）	高度（米）	树冠直径（米）	
A1	柏树	36	10	8	未挂牌古树
A2	柏树	36	12	6	未挂牌古树
A3	柏树	22	11	5	未挂牌古树
A4	油松	64	15.8	11.4	二级古树（110131B00166）
A5	柏树	30	10	4	未挂牌古树
A6	柏树	26	11	4	未挂牌古树
A7	白皮松	79	10	5	未挂牌古树
A8	白皮松	60	11	5	未挂牌古树
A9	白皮松	66	10	5	未挂牌古树
A10	白皮松	63	9.5	5	未挂牌古树
A11	白皮松	63	9.5	5	未挂牌古树
A12	白皮松	71	14.8	14.6	二级古树（110131B00305）
A13	白皮松	67	16.2	11.9	二级古树（110131B00304）
A14	白皮松	82	16.3	12.2	一级古树（110131A00065）
A15	柏树	37	11.8	5.6	二级古树（110131B00725）
A16	柏树	39	12	4.9	二级古树（110131B00384）
A17	柏树	44	12.7	5	二级古树（110131B00387）
A18	柏树	42	13.2	4.7	二级古树（110131B00386）
A19	柏树	40	10.6	4.1	二级古树（110131B00383）
A20	柏树	44	14	5.9	二级古树（110131B00382）
A21	柏树	46	15	7.85	二级古树（110131B00719）
A22	柏树	37	9.3	6.05	二级古树（110131B00724）
A23	柏树	50	9.3	7.45	二级古树（110131B00388）
A24	柏树	40	13.2	6	二级古树（110131B00723）
A25	柏树	47	12.8	6.5	二级古树（110131B00389）
A26	柏树	42	13.4	6.8	二级古树（110131B00722）
A27	柏树	33	12.7	5.1	二级古树（110131B00390）
A28	柏树	39	7.3	4.5	二级古树（110131B00391）
A29	柏树	50	12.8	7.9	二级古树（110131B00721）
A30	柏树	57	13.1	7.4	二级古树（110131B00392）
A31	柏树	49	11.6	5.6	二级古树（110131B00393）
A32	柏树	57	16.1	7.25	二级古树（110131B00394）
A33	柏树	40	8.1	7.2	二级古树（110131B00720）
A34	柏树	52	11.5	7.65	二级古树（110131B00716）
A35	柏树	50	12	7.2	二级古树（110131B00715）
A36	白皮松	57	10	5	未挂牌古树
A37	柏树	52	12.5	7.4	二级古树（110131B00714）

续表

编号	树种	规格			类别
		胸/地径（厘米）	高度（米）	树冠直径（米）	
A38	柏树	50	13.5	6.85	二级古树（110131B00377）
A39	柏树	50	12.8	5.35	二级古树（110131B00378）
A40	柏树	50	12	8.55	二级古树（110131B00718）
A41	柏树	64	11.2	7.4	二级古树（110131B00379）
A42	柏树	59	11.5	9.5	二级古树（110131B00380）
A43	柏树	38	9	4	二级古树（110131B00381）
A44	柏树	59	13.5	11.2	二级古树（110131B00717）
A45	油松	59	16.8	10.9	二级古树（110131B00167）
A46	油松	13	4	2	未挂牌古树
A47	油松	60	15.9	9.5	二级古树（110131B00172）
A48	油松	51	18	6.75	二级古树（110131B00170）
A49	油松	60	16.5	12	二级古树（110131B00171）
A50	油松	54	17.3	5.95	二级古树（110131B00169）
A51	油松	73	18.5	9.9	一级古树（110131A00019）
A52	油松	50	15.8	6.5	二级古树（110131B00168）
A53	油松	34	11	5	未挂牌古树
A54	油松	33	11	5	未挂牌古树
A55	油松	32.5	10	5	未挂牌古树
A56	油松	15	6	3	未挂牌古树
A57	油松	25	10	4	未挂牌古树
A58	柏树	20	10	3	未挂牌古树
A59	柏树	25	11	3	未挂牌古树
A60	柏树	24	12	3	未挂牌古树
A61	柏树	24	13	4	未挂牌古树
A62	柏树	32	13	4	未挂牌古树
B1	国槐	19	7	4	未挂牌古树
B2	山桃	600	2	1.5	未挂牌古树
B3	柏树	38	11	8	未挂牌古树
B4	白皮松	32	7	5	未挂牌古树
B5	白皮松	35	7	8	未挂牌古树
B6	白皮松	32	7	6	未挂牌古树
B7	白皮松	37	7	7	未挂牌古树
B8	白皮松	41	8	8	未挂牌古树
B9	柏树	9	6	3	未挂牌古树
B10	国槐	63	10	7	未挂牌古树
B11	柏树	15	6	4	未挂牌古树
B12	柏树	13	6	4	未挂牌古树

续表

编号	树种	规格			类别
		胸/地径（厘米）	高度（米）	树冠直径（米）	
B13	油松	31	9	6	未挂牌古树
B14	柏树	44	11	5	二级古树（110131B00707）
B15	柏树	49	12	5	二级古树（110131B00757）
B16	柏树	40	11	5	未挂牌古树
B17	白皮松	44	8	5	未挂牌古树
B18	白皮松	41	6	5	未挂牌古树
B19	油松	40	8	7	未挂牌古树
B20	油松	41	7	6	未挂牌古树
B21	油松	41	8	7	未挂牌古树
B22	白皮松	30	7	4	未挂牌古树
B23	白皮松	40	7	5	未挂牌古树
B24	油松	34	8	6	未挂牌古树
B25	油松	45	9	7	未挂牌古树
B26	油松	30	2	6	未挂牌古树
B27	油松	37	7	6	未挂牌古树
B28	柏树	36	12	4.8	未挂牌古树
B29	油松	30	10	5	未挂牌古树
B30	油松	34	12	5	未挂牌古树
B31	白皮松	42	5	8	未挂牌古树
B32	白皮松	33	4.5	8	未挂牌古树
B33	白皮松	36	6	8	未挂牌古树
B34	白皮松	51	11	5	未挂牌古树
C1	华山松	38	6	4.5	未挂牌古树
C2	华山松	29	5	4	未挂牌古树
C3	华山松	10	3	1.8	未挂牌古树
C4	柏树	33	9	4	未挂牌古树
C5	华山松	24	7	4	未挂牌古树
C6	华山松	30	8	6	未挂牌古树
C7	油松	38	6	6	未挂牌古树
C8	油松	44	9.2	8	未挂牌古树
C9	油松	31	4.8	5	未挂牌古树
C10	油松	36	6	7	未挂牌古树
C11	栾树	65	12	8	未挂牌古树
C12	油松	11	3	3	未挂牌古树
C13	油松	24	8.5	5	未挂牌古树
C14	油松	26	6	6	未挂牌古树
C15	油松	30	8	6	未挂牌古树

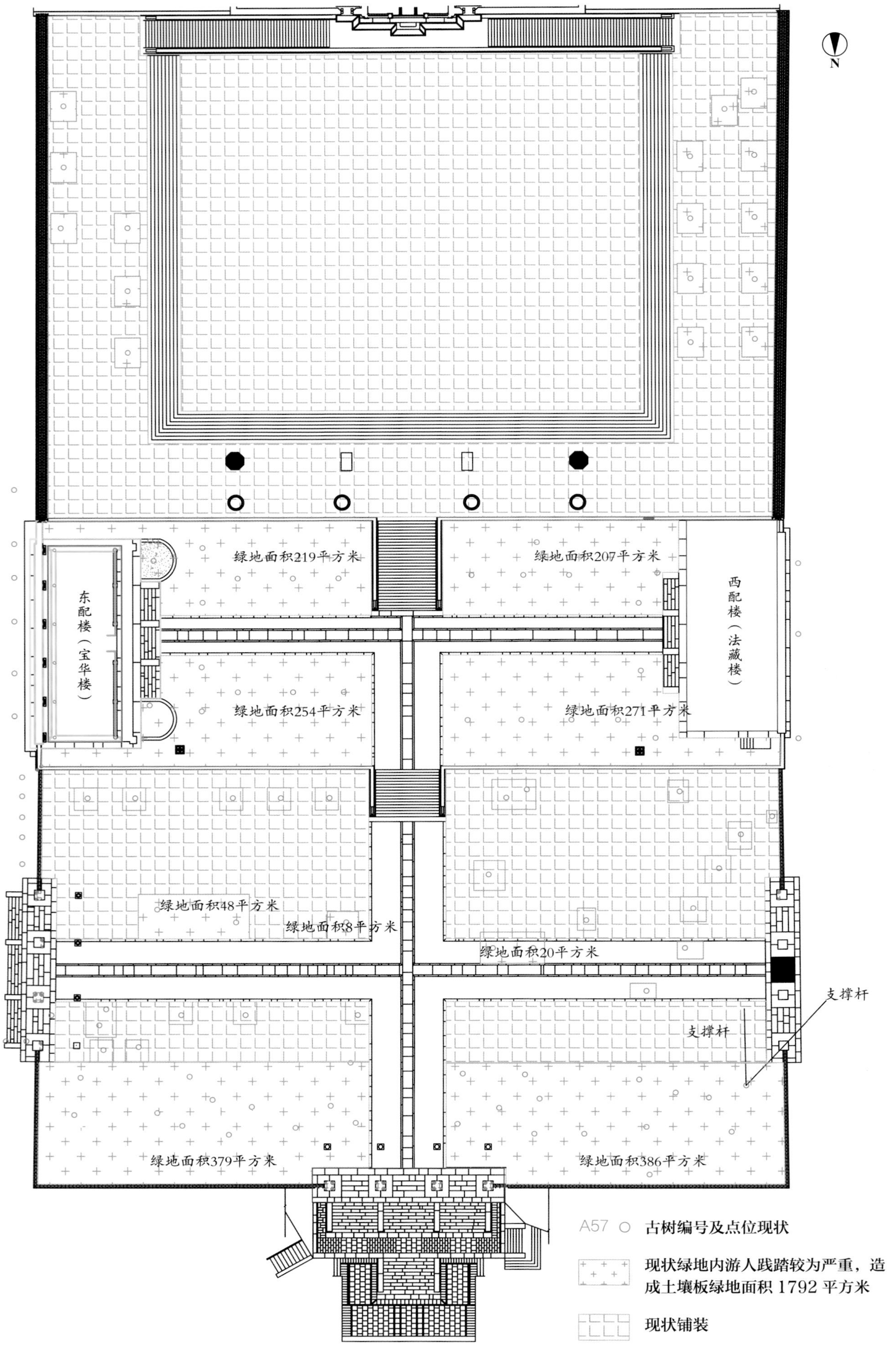

N
绿地面积219平方米
绿地面积207平方米
东配楼（宝华楼）
西配楼（法藏楼）
绿地面积254平方米
绿地面积271平方米
绿地面积48平方米
绿地面积8平方米
绿地面积20平方米
支撑杆
支撑杆
绿地面积379平方米
绿地面积386平方米

A57 ○ 古树编号及点位现状
现状绿地内游人践踏较为严重，造成土壤板绿地面积 1792 平方米
现状铺装

须弥灵境建筑群树木分布图

一层平台为松堂广场，在万寿山后山中御路中段，地面面积 2190 平方米。广场地面中间为御路，周围以传统花岗岩材质地面为主。一层平台共有树木 62 棵，其中一级古树 2 棵、二级古树 38 棵、未挂牌树木 22 棵，包括柏树 39 棵、油松 14 棵、白皮松 9 棵。树木的分布以十字御路为界限，分为四个区域，左上区域为白皮松，右上和左下区域为柏树，右下区域为油松。

一层平台左上区域白皮松现状

一层平台右上区域柏树现状

一层平台左下区域柏树现状

一层平台右下区域油松现状

二层平台高出一层平台约 2.6 米，地面面积 925 平方米，中部为御路。二层平台共有树木 34 棵，其中二级古树 2 棵、未挂牌树木 32 棵，包括白皮松 13 棵、油松 10 棵、柏树 8 棵、国槐 2 棵、山桃 1 棵。建筑基址前为白皮松、后为柏树，平台中间种植油松。

三层平台高出二层平台约 4.8 米，地面面积 3018 平方米，修缮前均为水泥方砖铺墁，修缮后恢复为青砖地面。三层平台共有树木 16 棵，均为未挂牌树木，包括油松 9 棵、华山松 5 棵、柏树 1 棵、栾树 1 棵。建筑基址东侧为华山松、西侧为油松。

二层平台树木现状

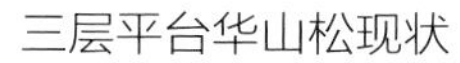

三层平台华山松现状

三层平台油松现状

（二）古树避让保护措施

通过实地勘察可知，项目周边植被覆盖率很高，古树树龄较长，生长良好，根部复壮及支撑措施较为完善。经与建筑施工图纸对比，确定施工区域内距离遗址较近的二级古树 3 棵，包括柏树 2 棵、油松 1 棵，需进行避让保护与枝条整理。

▼ 需避让保护古树勘察记录表

序号	树种	规格			古树级别及编号	位置
		胸 / 地径（厘米）	高度（米）	树冠直径（米）		
A4	油松	64	15.8	11.4	二级古树（110131B00166）	拟建西牌楼东北角
B14	柏树	44	11	5	二级古树（110131B00707）	拟建西配楼西侧
B15	柏树	49	12	5	二级古树（110131B00757）	拟建西配楼西侧

编号 110131B00166 的油松距拟复建西侧梵天牌楼遗址基础约 2.36 米，树干向西南方向倾斜，树冠稍向西南方向生长，树干顶部有硬性支撑杆 2 根，分别设置在古树的正南及西南方向。编号 110131B00707 的柏树平行于拟复建西配楼法藏楼遗址，距遗址基础 1.2 米，少量树冠分布在遗址上方。编号 110131B00757 的柏树平行于拟复建西配楼法藏楼遗址，距遗址基础 1.2 米，有一个分杈向遗址上方生长。

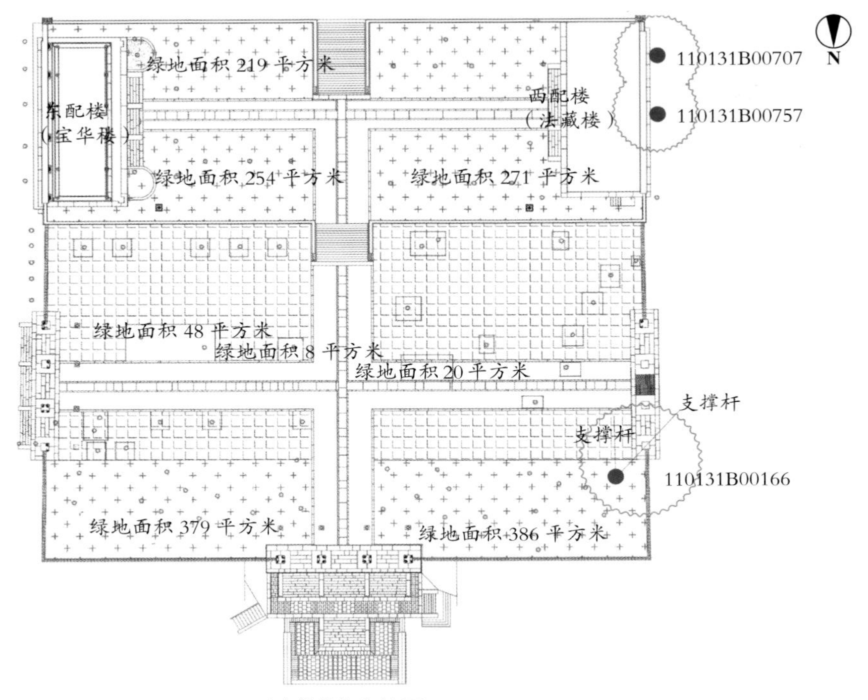

古树避让点位图

根据《北京市古树名木保护管理条例》中古树避让保护的相关要求，对本建设项目涉及的古树，从二层平台周边到一层平台区域，遵循“先保护，后施工”的原则，在工程的各个阶段分别采取相应的保护措施。

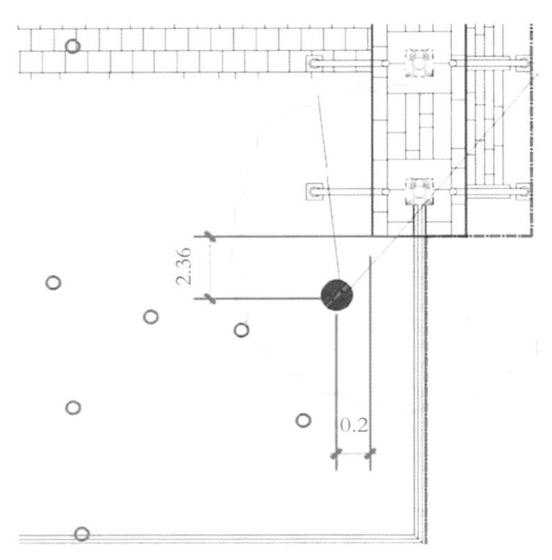

编号 110131B00166 的油松与原址距离

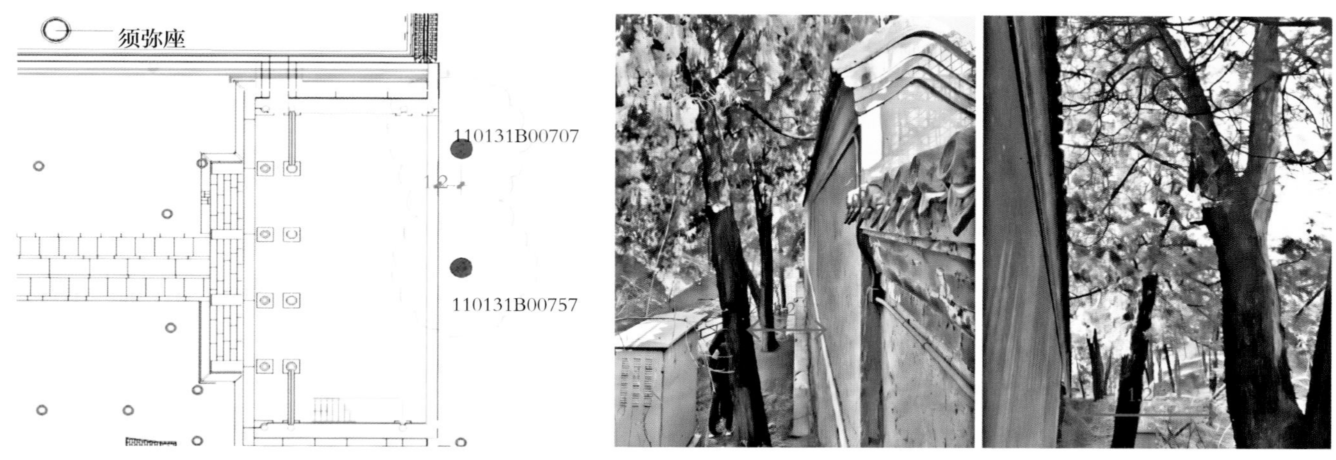

编号 110131B00757、110131B00707 的柏树与原址距离

1. 古树避让保护前期工作

首先进行现场勘测，明确 3 棵古树与建筑工程施工边线的位置关系。之后通过 3D 扫描技术将古树现状与建成后的牌楼位置进行比对，调整设计方案及尺寸，使建筑尽量避开古树，减少对古树的损伤。并且以原址保护古树为原则，在古树树冠垂直投影外缘 3 米的保护范围内，严禁建设任何地上和地下设施，避免出现动土、动用明火、排放烟气废气、倾倒污水污物等危害树木生长的行为，各类生产、生活设施也应避开古树，使新建建筑物对古树的影响降到最低。

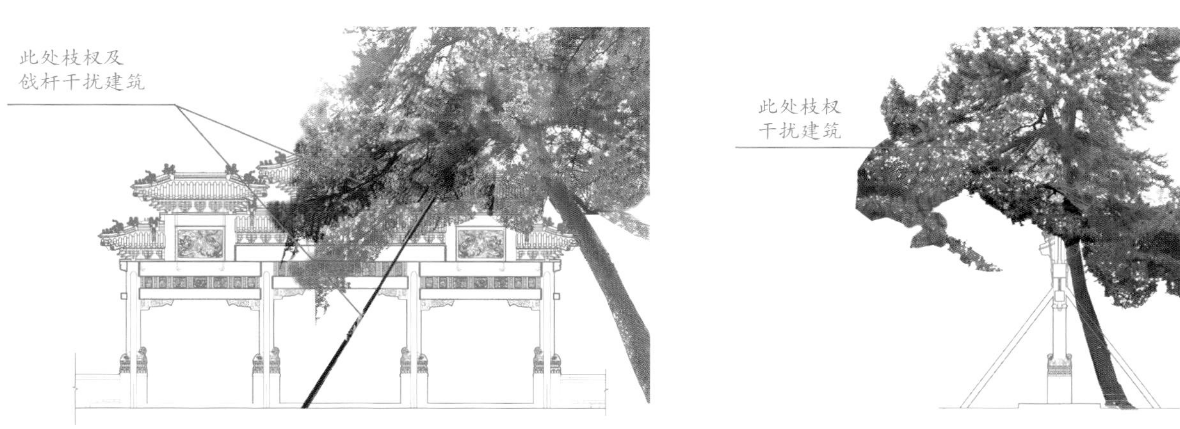

梵天牌楼复建后古树树枝对建筑的影响范围

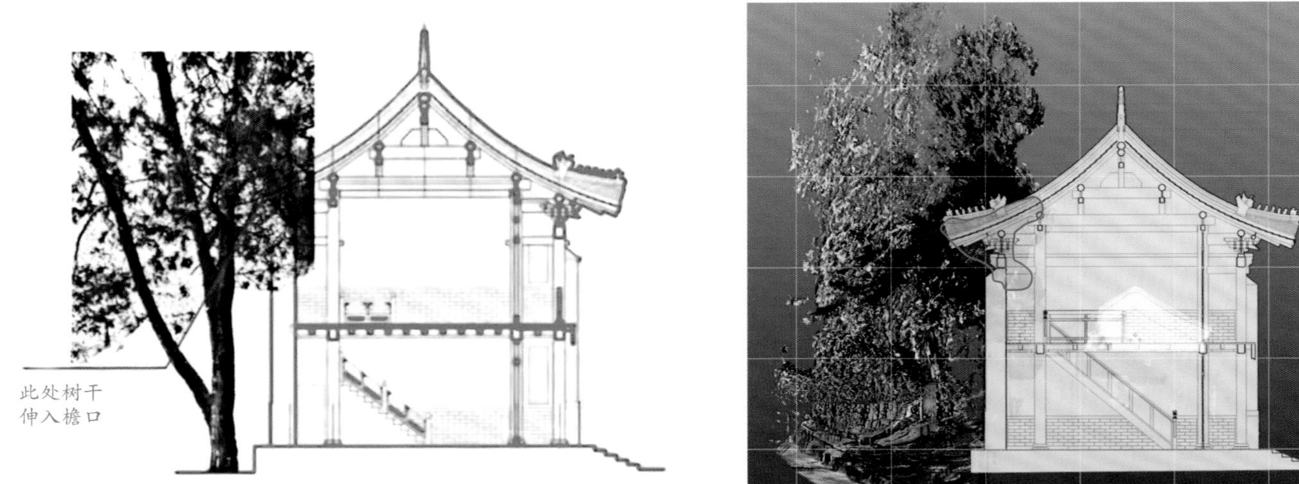

法藏楼复建后古树树枝对建筑的影响范围

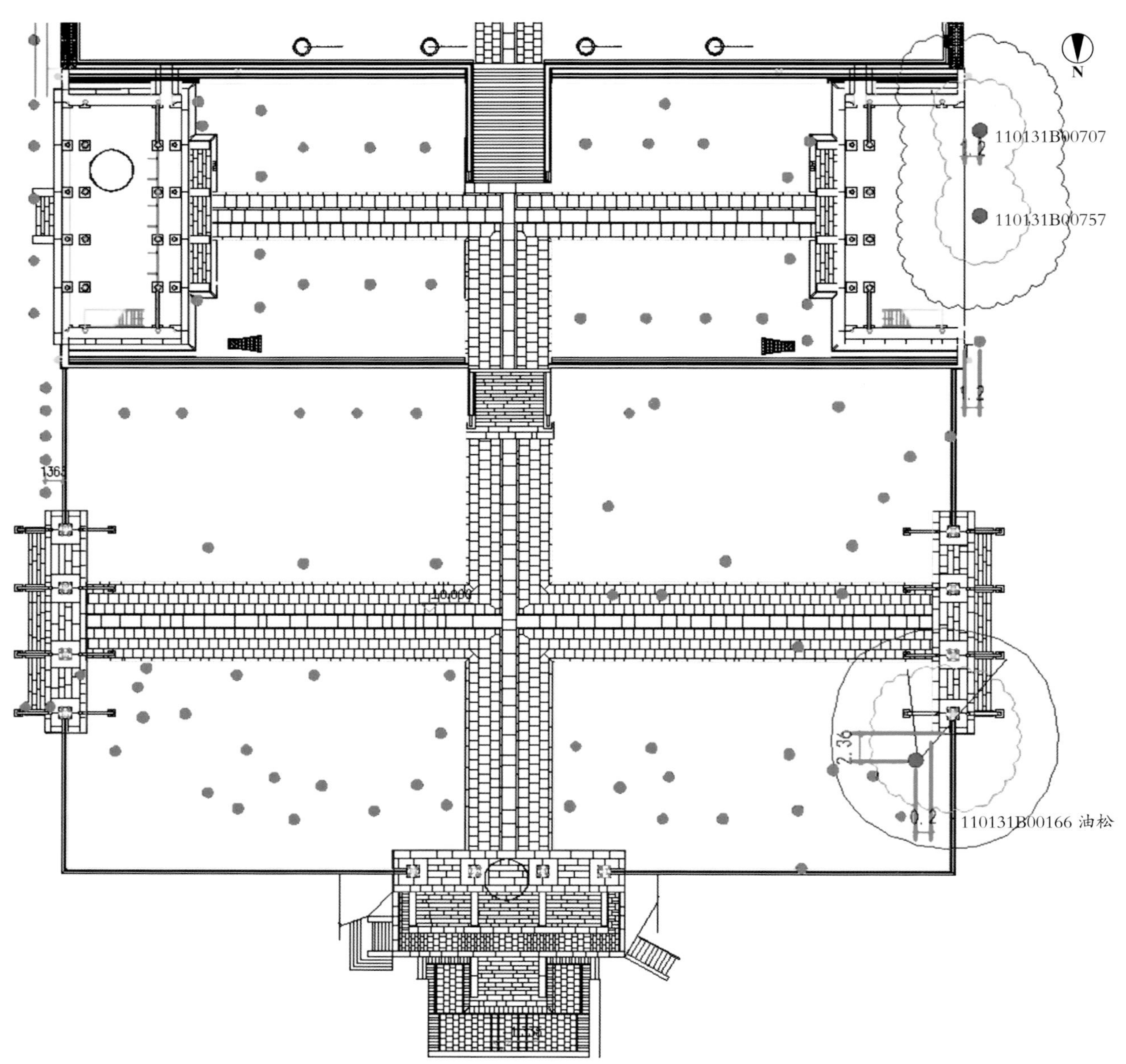

树冠外 3 米保护范围示意图

2. 古树避让保护实施阶段

北京市颐和园管理处成立了须弥灵境建筑群遗址保护与修复工程建设项目古树保护领导小组，具体负责避让保护古树方案的实施和监督，组织协调避让保护古树相关工作的开展。北京市颐和园管理处作为古树管护责任单位，与施工单位签订古树管护责任书，明确保护目标、责任和分工，并建立古树管护责任制度，加强对施工人员的宣传教育，提高古树保护意识。

安排专门管理人员对责任范围内的古树名木进行动态管理和定期检查，属一级保护的至少每 3 个月检查一次，属二级保护的至少每6个月检查一次，并及时做好巡视记录。发现古树名木生长出现异常或环境变化影响树木的情况，应及时采取相应保护措施。

在日常养护中加强对古树的观察和检查，如发现异常情况，如落叶、病虫害、环境变化等，应及时进行抢救、复壮。对衰弱、濒危古树应及时组织具有相应专业资质的绿化养护单位进行抢救和复壮。

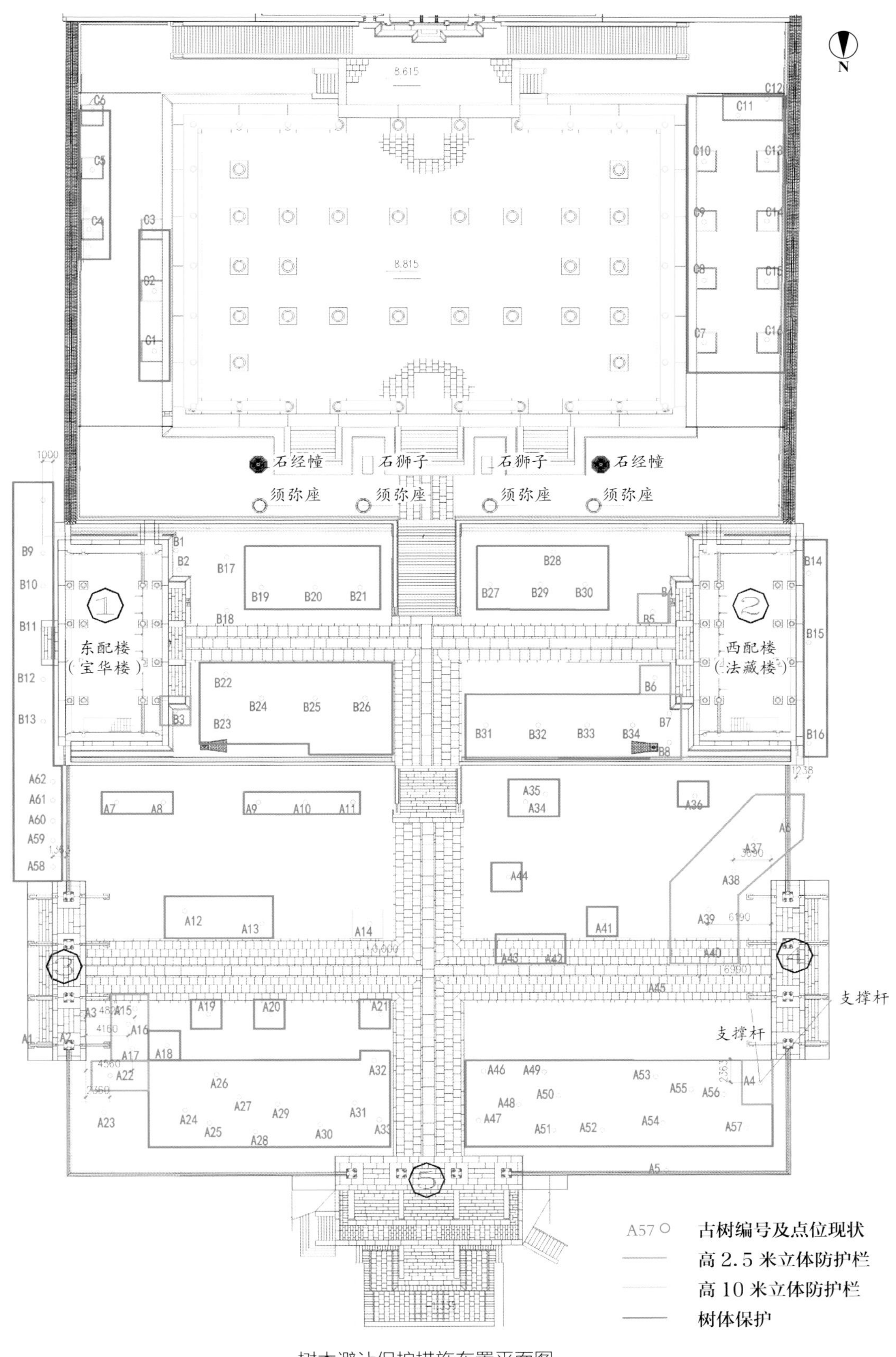

树木避让保护措施布置平面图

清理古树树下硬铺装，人工拆除并清理古树树冠垂直投影及其外缘3米范围的地面现有围台、硬铺装及铺装下面的水泥灰土层，清理根系土壤里可能有的砖头、渣土等。清理过程中注意保护古树地表、地下根系，然后回填，并在树冠垂直投影的边缘位置人工用土堆砌高15~25厘米的树池围堰，以便工程施工期间给古树定期浇水。

对施工区域内的所有树木主干整体缠绕草绳，从近根部包裹至分枝点处，避免施工期间损伤树皮。包裹前应进行杀菌处理，杀菌剂可采用800倍百菌清进行处理。此措施为临时保护措施，围挡搭建后立即拆除。

围绕施工范围内的树木四周，距树皮外0.5米处搭设立体防护栏。防护栏高度在2.5米左右，连接牢固，防止人为损坏或物体打击对树干表皮造成损伤。在防护栏外部装设2.5米高的金属板材围挡，并保留活动门，方便随时检查树木情况。搭建后立即拆除树木主干上缠护的草绳，以保持树干及根部通风干燥。部分距离待修缮的建筑较近的树木，还需在防护栏顶部外挂密目网10米，起到保护、防尘的作用。再在硬质围挡外面醒目处悬挂警示牌，提醒施工工程机械及人员不要对古树造成破坏。

树木周围的硬质围挡

树木主干缠护及防护栏

悬挂警示牌

古树木板防护

古树在进行避让保护措施的同时，根据建筑施工范围和专家意见，采用轻修剪的方式，整理有安全隐患的枯死枝、断枝、劈裂枝、病虫枝，平衡树势，提高树木本身的美观度，减少由原有病虫枝引发的病虫害，并防止由于病虫害损伤枝干，导致枝干坠落伤及行人，有效解决古树与建筑的矛盾。

编号 110131B00166 的油松枝条整理

编号 110131B00757、110131B00707 的柏树枝条整理

在整理古树枝条的同时，根据树冠的着力点适当调整古树支撑的角度，对古树进行加固，支撑选用直径 100、厚 5 毫米的钢管，与树体接触处加弹性垫层以保护树皮，支撑及加固材料均经过防腐蚀处理。

二、施工阶段保护措施

加强各个施工阶段立体防护栏的检查和维护，避免安全事故和损伤古树情况的发生。

加强各施工阶段树木的日常养护管理。干旱时及时浇水；出现重大病虫害及时上报、及时诊治；遇大雨时，做好排水防涝工作，防止水淹。

拆除地面和维修墙体时严禁在古树保护范围内堆物堆料，倾倒污水、油漆、涂料、机油、柴油、汽油等液体，特别是防止水泥、石灰等粉状物污染树冠和树坑。

在古树保护范围内严禁动用明火和进行电焊、氧焊、切割等；不得使用大功率、高热量的探照灯，防止强光和高温对树木造成损害。

施工过程

对于距离待修缮建筑近的古树，采取人工开挖基槽的方式。开挖时不能破坏树木的主根，挖至 2 米深时停止，对基坑边进行支护，防止因基坑坍塌而危及古树安全，并将基坑内裸露的树木根系盘拢在一起，保留少量原土，用草皮袋覆盖，经常派人浇水养护滋润，防止树木因水分流失而干枯。基础施工完毕立刻进行原素土回填。

三、后期保护措施

一是古树地下根系土壤改良。工程竣工后，按照园林部门和专家要求对古树采取适当养护措施，包括施肥、浇水、打药、土壤消毒、填土、更换质地差的土壤、修复木地台及养护池等。另外，为保证古树拥有良好的生长环境，在环境整治工程中拆除古树周边的水泥方砖，加大绿地面积，以改善土壤透水透气性能，促进古树生长。

二是主干保护。在树木主干活皮破损处用喷雾器人工喷洒甲基拖布津、多菌灵两遍，进行杀菌处理，然后人工涂刷 5% 硫酸铜消毒液，风干后喷洒杀菌剂，最后再涂抹伤口保护剂。主干已经枯死腐朽、木质裸露的部位，可人工涂抹熟桐油。

三是立体防护拆除。建设工程完成后，应拆除立体防护。首先拆除密目网，然后按照由上而下、先搭后拆、后搭先拆的原则，逐步拆除防护骨架。注意拆除各标准节时，应防止失稳。拆除过程中严禁将各构配件抛掷至地面，确保古树和施工人员不受到任何伤害。

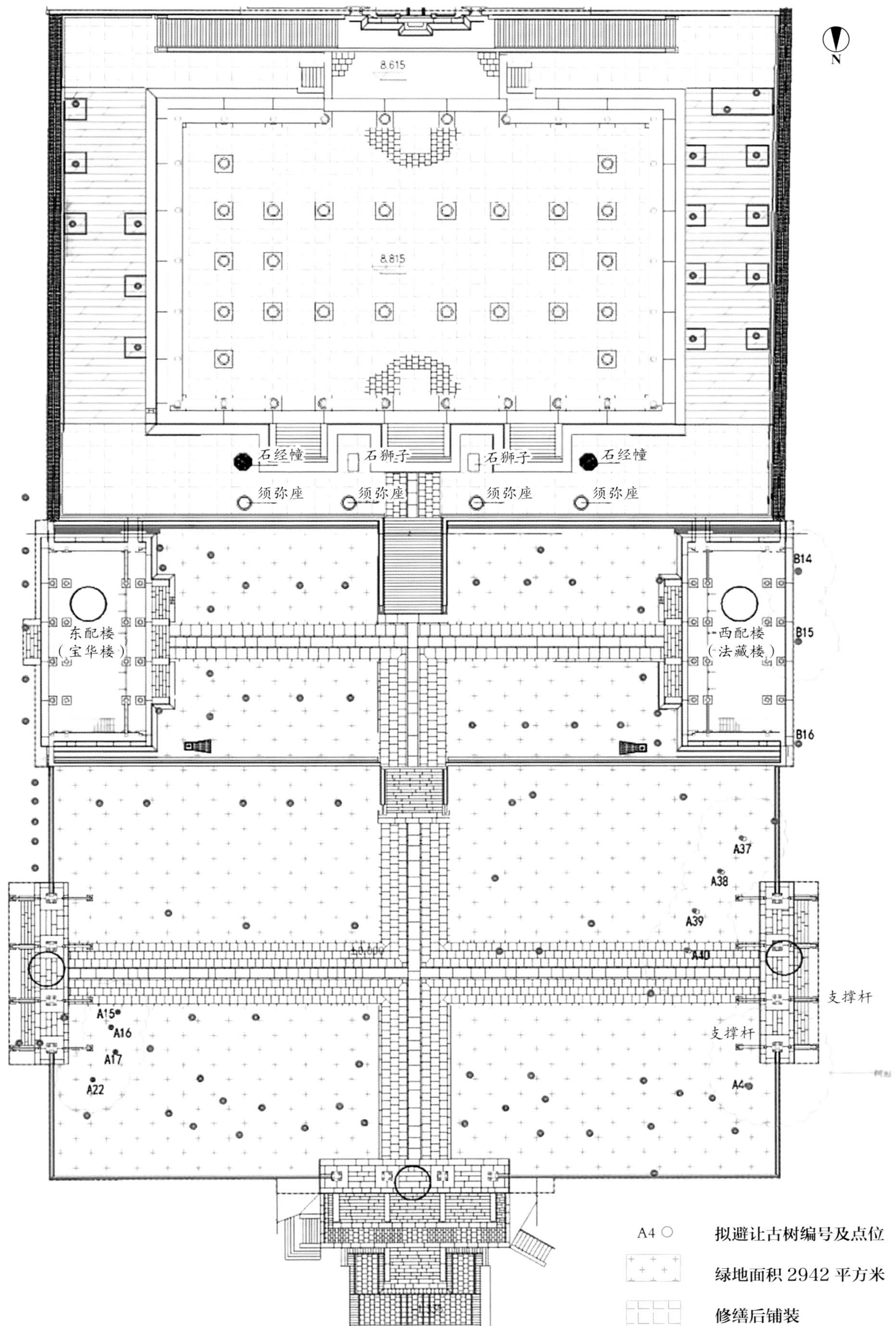

修缮后地面铺装平面布置图

附录

慈福牌楼

宝华楼

配楼屋面戗背

配楼屋面翼角细部与彩画

配楼二层天花及梁架彩画

配楼一层窗扇

须弥灵境大殿遗址（向东北拍摄）

须弥灵境建筑群二层至三层平台踏步及黄绿琉璃扶手墙

后　记

在国家文物局、北京市文物局、北京市文物工程质量监督站、北京市公园管理中心等政府部门的关心指导和鼎力支持下，以及张之平、吕舟、王世仁、张克贵、付清远、王立平、李永革、晋宏逵、范磊、乔云飞、尚国华、杨新、朱宇华等数十位文物古建专家、学者的建议与帮助下，通过多方的精诚协作，为期两年零四个月的颐和园须弥灵境建筑群遗址保护与修复工程圆满结束了。在此对关心、支持本工程的专家、领导及同仁表示感谢!

须弥灵境建筑群是乾隆皇帝精心营造的一处佛国胜境，是清代藏传佛教建筑中汉藏结合的典型代表，其建筑艺术令世人叹服。该建筑群几经战火，又经历次重建、修缮。2019 年开始的此次大修工程，以保护遗址为出发点，在保证遗址真实性与完整性的原则下，科学、合理、适度利用遗址，使用多种方式展现园林遗址原貌，真实、完整、准确阐释遗址价值，以促进公众认知，并形成舒适的游览服务环境。

自颐和园须弥灵境建筑群遗址保护与修复工程启动以来，北京市颐和园管理处、天津大学建筑设计规划研究总院有限公司（天津大学建筑学院）、北京兴中兴建筑事务所及北京国文琰文物保护发展有限公司紧密合作，各相关领域的专业人员积极交流，协调配合。颐和园古建工程科、工程队启动了相关文献档案收集与现状调查工作，结合修缮工程对修缮步骤、工艺进行了详细记录，积累了大量的一手材料。天津大学建筑学院系统、全面地梳理了须弥灵境的历史变迁，在此基础上，通过相关档案、样式雷图档、历史照片及现存痕迹等信息更精准地对组群建筑进行复原研究，并从不同层面阐释该建筑群的设计方法与策略，揭示了须弥灵境与云会寺、善现寺空间一体化关系的客观事实。其积累的大量样式雷档案积累及现状测绘成果，也为此次工程提供了大量基础资料。施工过程中的各作工匠自始至终的认真态度，对细节的一丝不苟，值得我们尊敬，他们辛勤的劳动、精湛的技艺与默契的共同协作使得工程的质量得以保证，使得传统技艺得以传承。

编委会

2022 年 11 月